1,000,000 Books

are available to read at

---◆---

www.ForgottenBooks.com

---◆---

Read online
Download PDF
Purchase in print

ISBN 978-0-259-06357-5
PIBN 10704689

1 MONTH OF
FREE
READING

at

www.ForgottenBooks.com

By purchasing this book you are eligible for one month membership to ForgottenBooks.com, giving you unlimited access to our entire collection of over 1,000,000 titles via our web site and mobile apps.

To claim your free month visit: www.forgottenbooks.com/free704689

English
Français
Deutsche
Italiano
Español
Português

www.forgottenbooks.com

Mythology Photography **Fiction**
Fishing Christianity **Art** Cooking
Essays Buddhism Freemasonry
Medicine **Biology** Music **Ancient
Egypt** Evolution Carpentry Physics
Dance Geology **Mathematics** Fitness
Shakespeare **Folklore** Yoga Marketing
Confidence Immortality Biographies
Poetry **Psychology** Witchcraft
Electronics Chemistry History **Law**
Accounting **Philosophy** Anthropology
Alchemy Drama Quantum Mechanics
Atheism Sexual Health **Ancient History**
Entrepreneurship Languages Sport
Paleontology Needlework Islam
Metaphysics Investment Archaeology
Parenting Statistics Criminology
Motivational

à M. le ... gen.al des chemins de fer
d'Orléans homm. de l'aut.
D. Dupuy

MÉMOIRES
D'UN
BOTANISTE

FLORULE

AUCH, IMPR. ET LITH., F. FOIX.

MÉMOIRES

D'UN

OTANISTE

ACCOMPAGNÉS DE LA

FLORULE

DES STATIONS DES CHEMINS DE FER DU MIDI DANS LE GERS

PAR

L'Abbé D. DUPUY

Professeur d'histoire naturelle au Petit-Séminaire d'Auch.

———

Avec Figures intercalées dans le Texte.

———

PARIS

F. SAVI, LIBRAIRE-ÉDITEUR.

24, rue Hautefeuille, 24.

—

1868

.084

TABLE GÉNÉRALE

DES

MATIÈRES CONTENUES DANS CE VOLUME.

———

ABRÉVIATIONS EMPLOYÉES DANS LA FLORULE.

c. Commun.

c. c. Fort commun.

c. c. c. Extrêmement commun.

R. Rare.

R. R. Fort rare.

R. R. R. Extrêmement rare.

H. Hiver.

P. Printemps.

E. Eté.

A. Automne.

H. P. Février et mars.

P. E. Avril et mai.

E. A. Août et septembre.

ADDENDA.

Page 134, ligne 31, *ajoutez :* A. éclatante, A. FULGENS *Gay D C.* fleurs d'un rouge éclatant, R. R. champ près du bois de Dufaur P.

Page 166, ligne 16, *ajoutez :* G. très épineux, G. HORRIDA *D C.* plante en touffes arrondies, serrées et très épineuses, R. R. R. mais commun sur les coteaux arides de la Lauze, à Sémézies E.

Page 237, ligne 19, *ajoutez :* Bette, BETA.

B. commune, B. VULGARIS *L.* c. c. c. les chemins, les jardins E.

Page 245, ligne 11, *ajoutez :* Châtaignier, CASTANEA *Mill.*

C. commun, C. VULGARIS *Lam.* c. les bois E.

Page 256, ligne 14, *ajoutez :* O. acuminé, O. SCOLOPAX *Cav.* labelle trilobé, appendice recourbé en dessus, c. c. les prairies P.

ERRATA MAJORA.

Page 46, ligne 22, au lieu de : l'arme le plus solide, *lisez:* l'arme la plus solide.

Page 110, ligne 17, au lieu dè : je la connais, pas autant, etc., *lisez* : je ne la connais pas autant, etc.

Page 140, ligne 35 et page 144, ligne 34, au lieu de : Teesdelia, *lisez* : Teesdalia.

Page 144, ligne 19, au lieu de : feuilles, etc., *lisez:* silicules, etc.— Ligne 20, idem.

Page 152, ligne 11, au lieu de : protifère, *lisez:* prolifère.

Page 169, ligne 10, au lieu de : Bongeana, *lisez* : Bonjeania.

Page 188, ligne 10, au lieu de : D. Sylvestris *L.,* *lisez* : D. Carota *L.*

Page 227, ligne 16, *ajoutez:* à étamines non fléchies, etc.

Page 236, ligne 11, au lieu de : Bête, *lisez:* Bette.

Page 242, ligne 29, au lieu de : A. glutineuse, *lisez:* A. glutineux.

Page 278, ligne 28 et page 280, ligne 9, au lieu de : Cetherac, *lisez:* Ceterach.

Page 284, ligne 22, au lieu de : par, *lisez:* pas.

Page 286, ligne 4, au lieu de : Angélique, *lisez* : Angelica.

Page 292, ligne 9, au lieu de: à Lectoure et Agen, *lisez:* à Fleurance et Lectoure.

a Lan-gon il faut s'ar-rê-

-ter c'est Bac-chus qui l'or-don-

-ne; a Lan-gon

il faut s'ar-rê--ter c'est Bac-chus

qui l'or-don---ne;

on ne sau-rait trop y fê--ter

le mo-ment qu'il y don---ne;

ah! qu'il m'en sou-vien-dra la-ri-

ra, que la li-queur y est bon-ne!

Couplets botaniques. P. 283.

Chan — tons amis, chantons goîment en-

som ble cha cun des lieux té moins de nos plai-

sirs, en les chantant avec vous il me

Sem — ble jo yen — se — ment en — cor les par cou-

rir. En les chantant avec vous il me

Sem — ble jo yen — se — ment en — cor les par cou-

rir. La premier couplet se répète
comme refrain.

AU LECTEUR.

Un grand nombre de mes anciens élèves et quelques autres personnes dont j'ai l'habitude de respecter les opinions et les conseils m'ont dit bien souvent : Vous devriez écrire vos mémoires.

C'était d'ordinaire au récit de quelque petite aventure piquante qui m'était arrivée sous l'incognito de la blouse et du chapeau de paille, que ce conseil m'était donné entre la poire et le fromage.

J'ai longtemps résisté à ces sollicitations et à la tentation de parler de moi.

Mais il y a quelque temps, ayant résolu de publier successivement une série de FLORULES DES PRINCIPALES STATIONS DES CHEMINS DE FER DU MIDI, j'ai pensé que, précédées de quelques pages moins sérieuses, elles seraient peut-être un peu plus goûtées d'un public qui n'aime guère les écrits scientifiques arides et trop sérieux.

Voilà pourquoi j'ai écrit ces mémoires dont je vous offre aujourd'hui, cher lecteur, les premiers chapitres.

Vous n'y trouverez rien d'extraordinaire. Vous n'y verrez que les anecdotes d'une vie commune passée tantôt à la ville, tantôt à la campagne, sur les livres et dans les champs, dans les plaines et sur les montagnes, sur les grandes routes et dans les wagons, beaucoup en province et par temps à Paris, presque toujours avec des amis.

Je les écris en chemin de fer : je vous les

livre pour les lire dans la solitude d'un wagon complet quand vous aurez le malheur d'y tomber, ce que je ne vous souhaite pas.

En wagon sur le chemin de fer du Midi
entre Hendaye et Port-Vendres.

D. D.

P. S.   UN EMPLOYÉ DU CHEMIN DE FER.

Mais pourquoi commencer par un embranchement?
et le dernier encore !

L'AUTEUR.

Ce que je sais le mieux c'est mon commencement.

MÉMOIRES

D'UN

BOTANISTE

PREMIÈRE PARTIE

dans laquelle il n'est nullement question
de **BOTANIQUE.**

CHAPITRE PREMIER.

Mon Père et ma Mère.

> Tes père et mère honoreras,
> Afin que tu vives longuement.

Je suis né le 16 mai 1812. Mon père était un habile armurier qui avait fait son tour de France en allant de Lectoure, sa ville natale, jusqu'à Bordeaux et St-André de Cubzac sur la Dordogne.

Je dois ajouter que plus tard, en 1817, il alla pédestrement jusqu'à St-Etienne en Forez.

C'était alors le lieu de l'Europe le plus célèbre pour la fabrication des armes à feu bourgeoises et militaires, comme on disait à cette époque.

Aussi, quand il fut de retour, les trente-sept officiers en retraite qui vivaient dans la patrie du maréchal Lannes le considérèrent comme un ouvrier consommé dans son métier. Il passait aux yeux de tous pour le premier armurier du département.

Il faut dire, pour rendre hommage à la vérité, que le pays ne comptait alors que trois ou quatre serruriers-armuriers, assez maladroits et dont mon père méprisait souverainement les chiens de platine placés de travers, les grands ressorts mal arrêtés ou les gachettes qui laissaient partir le fusil au repos.

Aussi venait-on de sept à huit lieues à la ronde pour acheter les fusils de chasse marqués sur la platine H. DUPUY. Le canon portait en-dessous, pour qui savait l'y trouver, la marque du célèbre Merley-Dumaret de Saint-Etienne. C'était à l'époque dont nous parlons le plus habile fabricant de canons pour les fusils de chasse.

Grâce à toutes les précautions que prenait mon père pour ne vendre jamais que des armes très solides et supérieurement confectionnées, sa réputation était parfaitement établie.

Sa renommée était telle que pas un chasseur, à dix lieues à la ronde, n'aurait osé se présenter à une partie de chasse, composée d'hommes un peu comme il faut, s'il n'eût possédé une arme sortie de la boutique de mon père.

Il en avait d'ailleurs pour tous les goûts et pour toutes les bourses; depuis le fusil à un coup, de 27 francs, jusqu'au fusil de grand luxe, à sous-garde, culasse et autres garnitures en argent ciselé dont le prix s'élevait jusqu'à 600 francs.

Les premiers étaient invariablement achetés par le cultivateur campagnard qui ne se fût pas senti en sûreté dans sa demeure s'il n'eût eu un fusil d'une dimension respectable suspendu au manteau de la cheminée dans la chambre commune (1).

Les derniers, dont il ne vendait guère que

(1) En patois *lou caouhadé*, le lieu où la famille se réunit pour se chauffer.

deux ou trois par an, étaient achetés par les plus riches bourgeois et les jeunes gentils-hommes du pays.

Les officiers retraités, capitaines pour la plupart, et les bons bourgeois qui formaient la plus nombreuse et la meilleure clientèle de mon père, choisissaient invariablement des fusils de dix louis, à canon tordu, d'une solidité à toute épreuve.

Les fusils de Liége, lourds et massifs, jouissaient auprès des chalands de mon père d'une réputation détestable. Le canon éclatait souvent dans la main du chasseur, le blessant presque toujours plus ou moins grièvement et lui donnant quelquefois la mort.

Les fusils de St-Etienne à canons tordus de Merley-Dumaret, étaient donc les seuls qu'un chasseur de bonne maison voulût avoir entre les mains.

La boutique de mon père, comme on l'appelait alors, et l'atelier, comme on l'appellerait aujourd'hui, était le rendez-vous de tous les chasseurs de l'endroit.

Pas une partie de chasse ne s'organisait ailleurs, et presque toujours c'était là qu'on se rendait, au retour, afin d'étaler aux yeux des fainéants ébahis et jaloux le butin que l'on avait rapporté; car à cette époque où tout le monde pouvait chasser, où les gendarmes ne faisaient point de procès-verbaux, il y avait force gibier dans nos campagnes. Le braconnage et les lacets étaient inconnus pour les cailles et les perdrix, comme pour les lièvres et les lapins. L'agriculture n'avait pas encore envahi tous les coins et recoins du pays et le gibier pouvait se cacher et se reproduire en paix.

Quelle quantité de pièces de toute sorte ne voyait-on pas étalées au retour de ces chasses où les lièvres, les perdreaux, les cailles et les bécasses, suivant la saison, sans compter les outardes, les sarcelles, les canards, les vanneaux, etc., étaient souvent une vraie charge pour les heureux chasseurs!

Mon père avait la politique en horreur pour plusieurs raisons.

D'abord, son père avait été un patriote honnête et de bonne foi à la révolution de 1789 : mais son beau-père, très légitimiste, ne pouvait rien tolérer de ce qui n'était pas dans le sens de ses opinions.

En outre, la boutique de mon père devenait souvent, comme tous les lieux de réunion d'alors, le théâtre de discussions très vives entre les ci-devant patriotes républicains ou Bonapartistes et les ultras, comme on disait à Lectoure de 1815 à 1822, en parlant des amis de la restauration.

Or, pour mon père, il n'y avait qu'une seule chose de réelle, les fusils et le bénéfice qu'ils devaient lui procurer pour l'aisance de sa femme et de ses enfants. Rien donc ne lui déplaisait comme tout ce qui pouvait troubler l'union et la concorde entre ses concitoyens, et, par suite, éloigner les chalands de sa boutique.

Mon père était, du reste, un homme très vaillant à l'ouvrage. Six heures du matin en hiver, et quatre heures en été, le trouvaient la lime à la main, ou bien attelé au soufflet de sa forge, pour faire ou tremper quelque pièce des fusils qu'on lui portait à réparer.

J'ai dit que mon grand-père paternel était un peu patriote; aussi ai-je trouvé à travers les papiers de sa maison plus d'assignats qu'il n'en eût fallu pour acheter une grosse métairie,

si l'on n'avait considéré que le titre de leur va-
leur, et moins qu'il n'en fallait, à leur déchéan-
ce, pour faire un déjeuner à peine passable.

Ma mère était, au moment où mon père
l'épousa, une jeune fille de vingt ans de
très bonne renommée, gaie, active et très
laborieuse. Aujourd'hui qu'elle est dans sa.
soixante-dix-septième année, elle a · conservé
une vigueur et une activité surprenantes pour
son âge. Elle fait encore, sans en être fatiguée,
ses huit kilomètres pour aller à la campagne,
ou pour en revenir; car elle n'a pas la patience
d'attendre sur la route la voiture qui doit
l'emporter ou la ramener.

A peine furent-ils mariés à la commune (et je
dois dire que mon père s'était hâté de contrac-
ter le mariage civil afin d'éviter de partir pour
l'armée), qu'on l'enrôla dans les gardes natio-
nales mobiles chargées de garder nos frontières.
Il fut désigné pour les Pyrénées-Orientales où ·
il fit, dit-on, un assez mauvais soldat. Mais
comme sa bourse était garnie d'un bon nombre de belles pièces d'or, il parvint, moyennant
cinquante louis, à se faire réformer.

Il rentra donc dans ses foyers où il fut plusieurs fois obligé de se cacher afin de ne pas être repris pour le service; et ce ne fut qu'en 1815 qu'il se trouva complètement affranchi de toute sollicitude à cet égard.

Dès que la tranquillité fut bien rétablie et que chacun put jouir des bienfaits de la paix, mon père s'empressa d'ajouter une nouvelle corde à son arc industriel. Il obtint un débit de poudre royale, et, plus tard, un débit de tabac. Ce ne fut qu'à son cœur défendant qu'il se résigna à demander ce dernier, sur une observation qui lui fut faite. Il était exposé, lui disait-on, à perdre son débit de poudre s'il n'y joignait pas un débit de tabac.

Il avait de la répugnance à s'en charger parce qu'il ne voyait là qu'un nouvel embarras qui n'ajouterait presque rien à ses bénéfices et qui lui causerait beaucoup d'ennuis. Car une des choses que mon père détestait par dessus tout, c'était d'être détourné de son travail quand il était occupé à faire ou à réparer une pièce importante ou délicate d'une platine ou de toute autre partie d'un fusil de chasse.

Mais il s'était trompé là-dessus, et ce furent les prévisions de mon grand'père qui se réalisèrent. Grâce au soin que ma mère apportait à la conservation des tabacs, grâce au caveau frais, sans être humide, dans lequel elle les tenait, grâce enfin à la progression toujours croissante de la consommation, le débit de mes parents devint le premier de l'arrondissement. Il fut bientôt en si grand renom que les gourmets de la poudre narcotique n'avaient confiance qu'au tabac du bureau de ma mère. Aussi ce débit si redouté devint-il une source nouvelle et abondante d'aisance dans la maison.

CHAPITRE SECOND.

Les Délassements des vieux troupiers.

> Arme..... bras.
> Reposez vos... armes !
> On n'en avait plus que faire.
> La guerre était finie.
> Chacun rentra dans ses foyers
> Et changea son fusil de munition
> Contre un bon fusil de chasse.
> (*Mémoires d'un vieux de la vieille.*)

Comme armurier, mon père était fort adroit à confectionner toutes sortes d'ouvrages en fer, en acier, en cuivre, en laiton et même en argent. La serrurerie ne lui était pas étrangère; mais il ne voulut jamais s'en occuper que pour sa propre maison. Ainsi mit-il à la porte intérieure de sa boutique une serrure à secret.

Aussitôt qu'on était entré, la porte se fermait sans laisser trace visible de loquet, et l'on ne pouvait plus sortir, à moins que quelque initié ne vînt ouvrir la porte. Aussi, dès qu'un paysan avait pénétré dans la boutique, les oisifs habitués, sous prétexte de froid en hiver et de courant d'air en été, s'empressaient-ils de lui recommander de bien tirer la porte pour la fermer.

Lorsqu'il avait terminé ses affaires avec mon père, le campagnard se disposait à sortir et cherchait le loquet de la porte. Il ne pouvait pas le trouver pour la bonne raison qu'il n'existait pas. Après un temps plus ou moins long, le paysan lançait un juron en déclarant qu'il ne savait pas ouvrir. Un oisif, à son tour, venait essayer et déclarait son impuissance. Mon père faisait semblant de joindre ses efforts à ceux du paysan et de l'oisif, et l'on finissait par conclure, à l'unanimité, que le campagnard avait faussé la serrure et perdu le loquet. Celui-ci protestait, mais il ne lui restait qu'un seul moyen pour sortir, c'était de passer par la fenêtre.

Or, pour le paysan, passer par la fenêtre, c'était passer sous les fourches caudines. Il lui en coûtait : car il voyait bien qu'il était la risée de toute la compagnie. Mais enfin, bon gré, mal gré, il était forcé, pour sortir de cette impasse, de s'exécuter et de passer par cette fenêtre d'ignominie. Il le faisait à la grande joie des assistants, qui lui lançaient leurs lazzis et un formidable hourrah au moment où il sautait dans la rue. Celui qui avait essayé d'ouvrir la porte après lui ne manquait jamais de sortir à ce moment et de lui demander s'il ne s'était pas blessé en tombant. Le bourgeois lui assurait qu'à présent la porte était ouverte, qu'on avait retrouvé le loquet et qu'il pouvait rentrer s'il avait oublié quelque chose. Mais le paysan s'enfuyait à toutes jambes, en les maudissant lui et les autres et en les envoyant à tous les d.......

Tel était, dans la boutique de mon père, l'un des passe-temps favoris de nos vieux soldats durant les loisirs de la demi-solde payée par le gouvernement de la Restauration aux anciens officiers de l'Empire.

Ces vieux troupiers avaient encore organisé une sorte de compagnie qu'ils avaient intitulée *la Compagnie des gens de repos.* Ils avaient mis à la tête un lieutenant retraité, qui ne se levait régulièrement qu'à onze heures et demie. Il se rendait, tous les jours, immédiatement après son lever, au jardin de l'évêché pour faire, avant son dîner, quelques tours de promenade sous les marronniers séculaires plantés par nos anciens évêques et seigneurs. Cette promenade hygiénique devait lui ouvrir l'appétit pour midi précis.

Au moment où ce malheureux sortait de chez lui, on l'accompagnait en lui fredonnant *la marche des gens de repos* (1).

Quelquefois aussi, lors du passage d'un médecin, partant à cheval pour aller voir un malade, ils envoyaient le carillonneur de la paroisse sonner l'agonie, sous prétexte qu'un tel était au moment de trépasser. Ils avaient tou-

(1) Air lent et saccadé, composé par l'un des musiciens de l'endroit.

jours tout prêt pour la circonstance le nom d'un homme qui se mourait d'accident ou de mort subite. Le vieux Simon allait tinter le glas de bonne foi, et bientôt il était, comme le médecin, l'objet de la risée de ces inutiles oisifs.

Quelques-uns s'occupaient sérieusement de l'éducation des chiens.

Je citerai à ce propos un de mes oncles, jeune encore et lieutenant de lanciers à la chute de l'Empire. Il avait admirablement élevé un beau chien caniche qui répondait au nom de *Waterloo*. Mon oncle lui avait donné ce nom en souvenir de la dernière bataille à laquelle il avait assisté.

Waterloo faisait notre joie. Il se tenait debout, assis, couché sur le dos, une patte en l'air. Il donnait la patte droite, la patte gauche, faisait le mort, etc.

On lui mettait de l'argent dans un panier, et puis, sur l'ordre de son maître ou de sa maîtresse, il partait pour aller chez le boucher ou chez le boulanger chercher la viande ou le pain de chaque jour.

On le voyait alors, comme toujours quand il était en mission, grognard comme un *vieux de la vieille* (1), et jamais un autre chien ne se permit de venir lui disputer ce qu'il portait dans son panier.

Mais son occupation la plus sérieuse était d'aller le matin, à huit heures, conduire ma petite cousine à la pension qu'elle fréquentait comme externe et d'aller la chercher pour la ramener à midi.

Au premier coup de l'angelus, *Waterloo* partait au galop; mais ce qu'il y avait de plus remarquable, c'est que l'on avait beau sonner quelques minutes auparavant pour un baptême, pour une agonie, pour une noce ou pour un enterrement, *Waterloo* ne bougeait pas. Il connaissait sa consigne. Il savait qu'il devait attendre l'angelus, il en connaissait parfaitement la sonnerie particulière.

Tels étaient les délassements de ces âmes sensibles retirées du service et rentrées dans la vie civile.

_____

(1) Abréviation qui désignait les soldats de la vieille garde.

CHAPITRE TROISIÈME.

Le Sacristain et le Sonneur de cloches.

> Une vieille église,
> Un vieux clocher,
> Un vieux curé,
> Un vieux sacristain,
> Un vieux sonneur,
> Trois espiègles enfants de cœur.
> (*The old Vicar.*)

La boutique de mon père était à côté de l'ancienne cathédrale, et je ne puis résister, à ce propos, au désir de vous faire connaître l'un des grands plaisirs de notre enfance qui ne se reproduisait que trois fois l'an, le mercredi, le jeudi et le vendredi saint.

Au moment de la terminaison de l'office, à Ténèbres, tous les officiants et assistants frappaient sur leurs livres ou sur leurs stalles, conformément au rite de l'église catholique. Or, il s'était, de temps immémorial, introduit un usage abusif à la porte de la cathédrale.

Le portaïl de l'église de St-Gervais, large de plus de quatre mètres, était, à ce moment suprême, assiégé par tous les garçons de huit à

quinze ans, armés d'un gros maillet longuement emmanché.

Au moment où les prêtres donnaient le si-
gnal de Ténèbres, tous les maillets tombaient
à la fois sur cette porte, et, comme autant de
béliers, la battaient à la démolir. Mais à l'ins-
tant même, par la petite porte de service,
le sacristain et le carillonneur, armés l'un et
l'autre d'un énorme balai de bruyère, tombaient sur nous à bras raccourci.

Je n'étais pas des plus courageux, et dès que
j'avais frappé mon coup, je m'empressais de
déguerpir et d'éviter par la fuite le balai de
SIMON le sonneur de cloches, et de BÉDÈS le
sacristain. Mais un grand nombre de mes camarades, plus âgés, plus forts et plus hardis
que moi, préféraient recevoir bon nombre de
coups et frapper à leur guise.

Cette pauvre porte! on dut la refaire en
1825. Les coups de maillets avaient creusé, à la
hauteur d'un mètre soixante centimètres environ, une trace de plus de trois centimètres
de profondeur dans la partie où les coups ré-
pétés depuis plus de vingt ans avaient fini par
éroder le bois à force d'écailles enlevées.

SIMON, le sonneur, était un fort brave homme; seulement, dès trois heures en été, et dès cinq heures en hiver, il ne manquait jamais de sonner l'angelus du matin. Les gens pieux l'en bénissaient de même que les gens occupés désireux de se lever de bonne heure pour se rendre à leur travail. Mais en revanche, les gens sans piété pestaient contre lui, de même que ceux qui, se couchant tard, détestaient de se lever tôt. Parmi ces derniers, on pouvait ranger tous les soldats de la compagnie des gens de repos.

BÉDÈS, le sacritain, était un petit vieillard maigre, acariâtre et portant la queue comme les anciens grenadiers de la vieille garde.

Cette queue faisait la joie de tous les enfants de chœur dont il était le chef et le maître. Aussi leur distribuait-il, souvent à tort et à travers, maintes et maintes taloches dont ils cherchaient perpétuellement à se venger.

Le cher homme était fort vieux, et lorsqu'il croyait avoir terminé sa besogne du moment, ce qui lui arrivait à toute heure, il avait l'habitude de s'endormir dans un fauteuil garni de paille éraillée par l'usage.

Or, un jour qu'il se livrait sans défiance aux douceurs de ce sommeil pris sur la longueur de sa journée, les trois gamins baptisés du nom de *clercs* ou *enfants de chœur* prirent une résolution subite. Cet âge est sans pitié, a dit le bon La Fontaine. Ils allumèrent un bout de cierge et mirent le feu à la queue du vieux BÉDÈS. Puis ils se croisèrent les bras et contemplèrent cet incendie d'une espèce nouvelle, contre lequel le sacristain n'était point assuré. Quand ils virent, cependant, le feu menacer d'envahir le chef du pauvre vieux, ils se mirent à l'éveiller en lui criant que sa queue brûlait. Encore à moitié endormi, le vieux Bédès distribuait, sans s'en rendre compte, et taloches et coups de pied. Mais dès qu'il put discerner la vérité, le manche à balai, son arme ordinaire, tomba sur le dos, les bras et les jambes des trois petits vauriens qui s'en vengeaient encore en écartant les coups, en s'y dérobant par leur souplesse, et en lançant quelques paroles injurieuses contre la queue du vieux sacristain.

La tour du clocher était carrée, massive, monumentale, quoique peu ornée, et haute de

près de quatre-vingts mètres. Elle était sur-
montée d'une flèche élancée de 50 mètres
d'élévation, qui lui donnait un aspect à la fois
gracieux et imposant. Mais en même temps
elle était en mauvais état et menaçait ruine.
L'évêque et le chapitre, pas assez riches pour la
réparer, avaient eu recours à la bienveillance
du Roi. On leur avait fait force promesses.
C'était en 1783, les finances étaient obérées.
Le roi ne put pas tenir ses engagements. Le
feu du ciel y étant, d'ailleurs, tombé plusieurs
fois, on finit par se résigner à démolir cette
flèche, l'orgueil et l'ornement de la vieille cité.
La grosse tour est encore aujourd'hui surmon-
tée d'une balustrade en pierres de taille.

L'un des spectacles qui m'ont le plus étonné
dans mon enfance et que j'ai le plus admiré,
c'était de voir deux jeunes gens se poursuivant
au galop sur ces dalles étroites, à quatre-
vingts mètres au-dessus du sol, au risque de
se précipiter sur le pavé de la rue.

CHAPITRE QUATRIÈME.

Ma première enfance.

> Il était faible, chétif et rachi-
> lique; on croyait généralement
> qu'il n'arriverait jamais à l'âge
> de siéger à la chambre des
> lords.
>
> (SIR WILLIAM MEATH.)

Pendant la révolution, mon grand'père et ma grand'mère maternels avaient rendu quelques services à deux religieuses Clarisses. Forcées de quitter leur beau couvent, en 1791, elles avaient toujours continué de vivre, après leur expulsion, d'une manière conforme à la règle de leur ordre autant que leur situation le permettait. Aussi tenaient-elles une petite école de filles (1).

Dès que je fus venu au monde, ces bonnes sœurs déclarèrent à mes parents qu'aussitôt

(1) Le couvent des Clarisses était dans la belle construction où se trouve aujourd'hui le pensionnat des sœurs de Nevers à Lectoure.

que je pourrais un peu bégayer, elles se chargeaient de commencer mon éducation.

J'étais né à peine viable, petit, chétif et bien peu de chose, pour me servir de l'expression patoise de mon grand'père. On a longtemps conservé à la maison une sorte de petite soupière en terre grise vernissée, qui fut ma première baignoire.

Aussitôt après ma naissance, mon grand-père, robuste et excellent ouvrier, affirma que je ne serais jamais un homme solide et qu'on devait diriger mes premiers efforts vers les études.

En conséquence, à l'âge de deux ans et demi, je fus mis à l'école chez les bonnes sœurs, et, à cinq ans, je lisais assez couramment.

J'étais faible, délicat, maladif, et, comme tel, j'avais l'esprit vif et ouvert. Aussi, quand en hiver je rentrais de l'école, à demi-transi de froid, je m'empressais d'aller prendre mon coin et tout en me chauffant, quel n'était pas mon bonheur de lire, à la lueur de la chandelle de résine qui brûlait dans la cheminée, le *Dictionnaire de la Fable*, de Chompré, l'*Ami des*

Enfants de Berquin, et surtout *les Contes des Fées* de Perrault ou bien ceux de madame Le-Prince de Beaumont.

Un peu plus tard, *Robinson Cruosoë, l'Histoire de Marins célèbres, les Beautés de la Nature* en France, *la Morale en action, le Peuple instruit par ses Vertus,* etc., firent les délices de ma jeune tête et de mon jeune cœur.

Mes premiers souvenirs remontent à 1814. Je vois encore notre maison encombrée de soldats anglais, et un officier me menant à sa chambre où il me donnait des bonbons qui furent si bien de mon goût que je répétais mes visites le plus souvent que je le pouvais.

Un autre souvenir de ma première enfance m'est resté bien moins agréable. J'avais deux ans à peine lorsque je fus atteint d'une maladie grave. J'étais si chétif que tous les médecins déclaraient qu'il serait bien difficile de me faire vivre. Un vieux docteur, grand ami de ma famille, avait ordonné une potion probablement de mauvais goût. Je pleurais, je me dépitais; et, comme tous les enfants, je refusais le remède. Mon grand'père, après avoir épuisé tous les moyens de persuasion, prit le verre de la main droite et me serra le nez de la main gauche. Je fus bientôt forcé d'ouvrir la bouche pour respirer. Le cher homme put, par ce moyen, me faire avaler la potion qui devait me guérir.

A peine commençai-je à bégayer que ma mère, ma grand'mère et deux jeunes tantes, sœurs de ma mère, m'apprirent à faire le signe de la croix, à dire : Jésus et Marie, je vous donne mon cœur, à faire une courte invocation à l'ange gardien, et toutes les autres petites formules que les parents chrétiens s'empressent d'enseigner à leurs enfants.

Les bonnes sœurs Clarisses continuèrent ce que mes parents avaient commencé, et je ne doute pas aujourd'hui que ce ne soit à cette atmosphère religieuse dont je fus entouré que j'aie dû la vocation dont je remercie tous les jours la divine Providence.

Au mois de septembre 1817, j'avais cinq ans passés. Nous avions eu, quelques jours auparavant, la visite d'une dame d'Auch, imprimeur de la préfecture, qui nous avait beaucoup pressés d'aller voir la fête patronale si renommée de cette ville.

Cette fête se célèbre à Auch le premier dimanche qui suit le 8 septembre, jour de la Nativité. La foire du lendemain attire aussi une multitude de gens qui vont y faire toute sorte d'acquisitions, et notamment acheter tout ce qui peut être utile pour les vendanges, la fabrication et la conservation des vins. On promit donc cette visite, mais le difficile était de partir pour faire les quatre lieues de pays, comme on disait chez nous (trente-six kilomètres), qui séparaient Auch de Lectoure.

J'étais si content de faire un voyage que tous les jours je rappelais à ma mère la promesse qu'elle avait faite.

Toutes mes courses jusqu'à ce jour s'étaient bornées à franchir en charrette découverte la distance qui sépare Lectoure *du Petit.* C'était le nom du hameau où ma grand'mère était née. Nous y avions une petite métairie à laquelle, tous les quatre ou cinq ans, les économies de mon père ajoutaient tantôt un pré, tantôt un champ. C'était une grande fête pour moi quand on voulait bien m'y mener. Cela m'arrivait de loin en loin et presque régulièrement toutes les fois qu'on devait faire la lessive et que le temps était beau. J'étais heureux lorsque placé entre deux grands sacs de linge et assis sur un troisième plus petit, à côté de ma grand'mère, nous entreprenions, quatre fois l'an, ce voyage de trois ou quatre heures. Il ne fallait rien moins en ce temps-là pour faire trois kilomètres et demi. Mais aussi les chemins étaient si mauvais que le moindre trajet devenait un voyage laborieux. Je me souviens de toute la peine qu'avaient les pauvres vaches de la métairie pour faire trois quarts de kilomètre à l'heure.

Ainsi n'était-il pas étonnant que la perspective d'un voyage à Auch me sourît beaucoup.

Nous partîmes, enfin, le 6 septembre, à cinq heures du soir, par la brouette de BÉDOUT qui faisait, entre Lectoure et Auch, deux fois la semaine, le service des dépêches de Paris aux Pyrénées.

Cette brouette était une charrette à deux caissons servant de siége, attelée d'un seul cheval. Des cerceaux, fixés des deux côtés du plancher, sur lesquels était clouée une toile écrue, qui plus tard fut enduite d'une couche de peinture, défendaient les voyageurs contre les injures du temps.

En hiver, on y gelait; en été, c'était un véritable étouffoir.

Avant de partir, nous fîmes halte, une heure durant, sur la porte du bureau de la poste aux lettres pour attendre le paquet.

Une seconde heure se passa avant que chacun fût allé chercher ce qu'il avait oublié, comme aussi avant que le sieur BÉDOUT eût pris toutes les commissions verbales des quatre marchands de la grand'rue de Lectoure. On s'arrêtait encore à bien des portes pour entendre les recommandations des mères de famille dont les enfants étaient à Auch en apprentissage, et à qui l'on envoyait la chemise, le mouchoir et la pitance de la semaine.

Nous partîmes, enfin, et qui pourrait aujourd'hui se figurer que pour faire trente-six kilomètres il ne fallait rien moins que quatorze heures et demie. Mais aussi, l'on marchait toujours au pas. Le trot était une allure inconnue au cheval de la brouette. On s'arrêtait pour boire à toutes les maisons ou chaumières placées à portée de la voix le long de la route.

On prenait partout des commissions orales,

et l'on faisait toutes celles qu'on avait reçues et qu'on n'avait pas oubliées.

On donnait, au moins, trois fois l'avoine au cheval durant ce voyage. Entre deux et quatre heures du matin, on s'arrêtait à la métairie du Longar, appartenant à une dame de Lectoure, et les cinq voyageurs de la brouette déjeunaient sans façon, après avoir fait lever le métayer qui, du reste, en avait l'habitude le jour du passage du courrier.

A huit heures et demie du matin, nous arrivâmes au terme de notre voyage.

Il ne me reste aucun souvenir des particularités de notre séjour à Auch, c'est pourquoi je vous en fais grâce.

Trois jours après, nous rentrâmes à Lectoure. Beaucoup plus heureux que le paysan des environs de Carcassonne (1) qui ne put voir cette ville avant de mourir, j'avais vu le chef-lieu de mon département avant d'être entré dans la vie.

A notre retour, la brouette s'arrêta devant

_____

(1) Allusion à la chansonnette si chantée, il y a quelques années dans le midi, dont la ritournelle était :

Et je n'ai pas vu Carcassonne !

la porte du directeur de la poste aux lettres.

C'était un vieux grognard, toujours bourru, mais d'une probité parfaite.

Il n'y avait pas alors de facteurs ruraux. Voici comment se faisait le service.

Le samedi, jour de marché, et le dimanche, jour où les campagnards se rendaient à la ville, le directeur de la poste se plaçait en travers de la porte de son bureau qui donnait sur la rue. Il examinait un à un tous les individus, hommes ou femmes qui passaient. S'il en voyait un qui demeurât dans le voisinage de l'un des particuliers pour lesquels il était arrivé une lettre par la poste, il l'appelait et lui criait :

« Tu diras à un tel..... qu'il y a, chez moi, depuis huit jours, quinze jours, etc., une lettre pour lui, qu'il vienne la chercher. Elle coûte tant...... »

Un bourgeois, à cette époque, tutoyait toujours un paysan ou une paysanne. On faisait la commission quand on le pouvait. Et les lettres restaient encore huit jours, quinze jours, souvent un mois et plus, avant que le destinataire ne vînt les réclamer.

Quand il arrivait au bureau de la poste, le campagnard tournait et retournait la lettre dans ses mains pendant un quart d'heure, et faisait cent questions au buraliste qui finissait par ne plus répondre. Comme il y avait quatre sous au moins et vingt-deux sous au plus à payer, la conclusion était fréquemment : « Monsieur B... On doit s'être trompé, cette lettre n'est pas pour moi, vous pouvez en faire ce que vous voudrez, c'est quelqu'un qui, peut-être, a voulu se gausser de vous ou de moi. Bonsoir. »

M. B...., peu patient de son naturel, envoyait le paysan au d.... et s'écriait en jurant et en le poussant par les épaules : « Ces malotrus de paysans sont tous les mêmes. Je devrais brûler toutes les lettres qui leur sont adressées et ne jamais en faire venir aucun chez moi. »

Mais il avait intérêt à les appeler, ses émoluments étant au prorata de ses recettes. Il continuait donc, malgré sa mauvaise humeur, à se mettre en vedette sur sa porte le samedi et le dimanche.

Ainsi se faisait le service des postes pour

la campagne avant que les facteurs ruraux eussent été inventés.

A six ans, j'étais capable de faire passablement une lecture à haute voix. On me mit alors chez un instituteur de nos parents, qui m'apprit à écrire ou plutôt à former les lettres. J'éprouvai plus d'ennuis et de difficultés pour l'écriture que je n'en avais eu pour apprendre à lire couramment.

Vers cette époque, on voulut organiser l'enseignement mutuel dans les écoles primaires de France. On transforma l'ancienne chapelle du collège en salle commune. Le long des murs on avait établi des demi-cercles en fer autour de chacun desquels étaient rangés une dizaine d'écoliers tandis que le centre était occupé par le *moniteur*. Ce *moniteur* était un des élèves les plus âgés et les plus habiles. Mais Dieu sait quelle était son habileté! Radicalement incapable d'enseigner, nullement respecté par ses petits écoliers, qui se regardaient toujours comme leur égal, il ne faisait faire aucun progrès. Aussi, cette méthode d'enseignement fut-elle bientôt supprimée ou plutôt elle tomba d'elle-même.

C'est, du reste, le sort réservé dans l'organisation de l'enseignement des garçons ou des filles à toutes les institutions qui blessent la raison et les bonnes traditions.

CHAPITRE CINQUIÈME.

J'entre au Collége.

> Vite, mes plumes,
> Mon canif,
> Mon encrier,
> Mon dictionnaire,
> Mon rudiment,
> Mon épitome !
> Tout fut inutile.
> On déclara que j'étais un âne
> Et que je serais un âne.
>
> (LADY WILSON.)

A huit ans, j'entrais au collège pour commencer mon latin, sachant à peine faire quelques pages d'écriture mal formée; car, en ce temps-là, quelqu'un qui apprenait le latin jouissait rarement du privilége d'écrire lisiblement.

Témoin le maire de ma ville natale, qui, du reste, eût passé partout pour un homme d'esprit.

Un jour, après avoir écrit plusieurs lettres,

il voulut les relire avant de les envoyer. Ne pouvant y parvenir, il consulte son secrétaire qui ne réussit pas mieux que lui. Après tout, dit-il, nous sommes bien bons de nous en inquiéter, ce n'est pas notre affaire : C'est à celui qui les recevra de savoir les lire. Ecrivez lisiblement l'adresse, dit-il au secrétaire de la mairie, et faites-les partir.

Je commençai mes études classiques avec une douzaine de camarades dont il ne reste plus aujourd'hui que les deux qui furent dans leur enfance les plus frêles et les plus maladifs.

Comme celles de la plupart des enfants, mes premières années de collége se passèrent dans une alternative de travail et de repos ou plutôt de paresse; car quel est l'enfant qui n'a pas été quelquefois paresseux?

Je dois pourtant à la vérité de dire que d'ordinaire je travaillais passablement et que j'étais l'un des bons élèves de ma classe.

En 1825 je faisais ma sixième. Nous avions pour professeur un homme grand, maigre, efflanqué, pas toujours peut-être assez ami de son devoir et de la justice.

Nous l'accusions d'un peu de partialité.

On disait même que les bons dîners qu'il faisait chez M. N... lui faussaient un peu les idées sur les places que le fils de ce bourgeois devait avoir aux compositions hebdomadaires.

Quoi qu'il en soit, le commencement de cette année fut très malheureux pour moi. Je n'avais aucun succès dans mes études.

Le principal du collége se doutant un peu de quelques petites misères voulut un jour corriger une de nos compositions. D'après la correction du professeur j'avais l'une des dernières places, et le camarade, dont j'ai parlé plus haut, avait obtenu l'une des premières. Or, après la correction du principal, il se trouva que nous dûmes changer de position.

Je montai, l'autre descendit.

CHAPITRE SIXIÈME.

La Carabine.

> Ce n'était pas le tueur de Daims,
> Mais pour les moineaux,
> Les bec-figues,
> Les alouettes,
> Les merles,
> Les grives,
> Et tout autre menu gibier,
> Il n'eut jamais son pareil.
>
> (*Revolver's Minute Book.*)

Mon père voulut m'encourager.

Si ce cher père eût été un marquis, il m'eût promis un joli cheval, s'il eût été marchand tailleur, il m'eût promis un bel habit, s'il eût été cordonnier, il m'aurait promis une paire de bottes neuves. Il était armurier, il me promit un joli petit fusil si j'avais un prix à la fin de l'année. Il le fit fabriquer à St-Etienne en recommandant à son commettant de faire faire l'arme le plus solide possible, sans regarder au prix, parce qu'il la destinait à être mise entre les mains de ses jeunes enfants. J'avais deux ans de plus que mon frère, qui devait être bientôt beaucoup plus habile chasseur que moi. Ce frère était aussi robuste que je l'étais peu. Aussi mon père le destina-t-il dès son enfance à lui succéder un jour dans son état.

Le bien désiré petit fusil arriva deux mois avant la St-Louis (25 août), jour de la distribution solennelle des prix dans tous les colléges de France, en 1823. Il était constamment sous mes yeux, quand je rentrais à la maison, et je puis dire que je fis tout mon possible pour le mériter.

J'eus bien des palpitations de cœur à la séance de cette distribution des prix; mais enfin je fus couronné, non pas une fois, mais trois fois, et le fusil fut le soir même ma propriété. Je pus enfin le toucher, le manier, l'ajuster, toutes choses qui m'avaient été interdites jusqu'à ce jour.

Pour comprendre toute ma joie, il faudrait avoir, comme moi, assisté tous les jours à des dissertations sur la chasse, sur les armes à feu, sur leur beauté, leur solidité, leur légèreté, en un mot sur tout ce qui constitue la bonté jointe à l'élégance d'une arme de luxe.

Or, cette petite carabine était la plus jolie comme la plus solide miniature que l'on pût imaginer en ce genre. Il n'était pas, dans ma ville natale, un seul garçon de onze à seize ans qui n'enviât mon bonheur.

Le lendemain du 25 août, mon père, qui était bien le meilleur, des pères, fut prié, conjuré, supplié sous toutes les formes de nous mener, mon frère et moi, essayer le petit fusil.

Je crois bien que notre bonne mère, sans compter mon grand'père et ma grand'mère joignit en secret ses instances aux nôtres pour déterminer notre père à nous accorder cette faveur. Aussi fit-il ce jour-là ce qu'il ne faisait que dans les plus grandes occasions. Il perdit pour son travail une demi-journée! Cette perte lui paraissait fort considérable, car notre père ne rêvait que gain par un travail honnête, afin d'augmenter l'aisance de sa famille.

Ce jour-là, nous nous hâtâmes de dîner, et, dès midi et demi, nous étions prêts. Mon père, au départ, portait le fusil, et ce fut pour nous une bien grande joie, lorsque, arrivés en pleine campagne, il nous fut permis de nous en charger.

Je manquai beaucoup d'oiseaux par trop de précipitation dans les mouvements, mais enfin j'en tuai quelques-uns, mon père en ajouta un bon nombre, car il était habile tireur, et Dieu sait si la brochette que nous rapportâmes le soir nous parut, au souper, un délicieux manger.

Tous les dimanches, après les offices, mon père nous accompagnait à une petite chasse le long des haies et dans les champs voisins de la ville. Nous rapportions toujours, au mois de septembre et d'octobre, quelques oiseaux de vendanges fort gras.

C'était le suprême bonheur de notre âge; ces heureux moments devinrent bientôt un peu plus fréquents.

Le temps des vacances n'était pas entièrement consacré aux amusements et à l'oisiveté. Mes parents n'étaient pas en position de me donner un précepteur : mais un jeune homme laborieux, intelligent et instruit, fils du meilleur ami de mon père, recevait chez lui, pendant les vacances, un certain nombre d'enfants du collège auxquels il donnait, tous les jours, quelques heures de répétition. Je fus admis chez lui. Comme il ne voulut pas recevoir de rétribution à cause de l'intimité qui régnait entre nos deux familes, mon père lui prêta un bon fusil, lui donna de la poudre et du plomb à discrétion, et plusieurs fois dans la semaine j'étais autorisé à aller à la chasse avec mon répétiteur, lorsque les classes étaient finies et que mes devoirs avaient été bien faits et bien soignés.

Comme je m'appliquais pour mériter cette récompense!

En ce temps-là, on ne prenait pas de permis de chasse et les gendarmes ne poursuivaient jamais un chasseur, à moins qu'il ne fût reconnu dans le pays pour un vrai braconnier et pour un mauvais sujet.

CHAPITRE SEPTIÈME.

La Chasse et la Pêche.

> Soixante-quatre cailles
> Dans ma gibecière!
> Douze livres de gougeons
> En une seule pêche à la ligne!
> (*Le nouveau* M. DE CRAC.)

Vers la même époque, dans les premiers jours de septembre, j'eus un autre grand bonheur de chasse.

Un avocat, notre voisin et notre ami, me promettait, depuis longtemps, de me mener à la chasse à la tirasse.

Cette chasse n'est plus ni pratiquée ni même connue aujourd'hui; c'est pourquoi je vais la décrire avec quelques détails.

La tirasse était un filet carré d'environ 15 mètres de côté, destiné à la chasse aux cailles. Il était fabriqué avec un fil de chanvre fin, tordu à cinq ou six bouts, et à mailles suffisamment étroites pour empêcher les cailles de passer au travers. Ce filet était entouré de cordelettes de trois côtés, et sur le quatrième, une corde grosse comme le doigt dépassait de deux ou trois mètres de chaque côté, de telle sorte que le filet étendu put être traîné par deux hommes qui le tiraient par ces bouts de cordes.

A cette époque, on ne fauchait pas encore les blés. On les coupait à la faucille et après la moisson il restait, debout dans les champs, des chaumes de trente à cinquante centimètrès de haut. Les cailles y trouvaient un abri en même temps qu'une nourriture abondante par les épis échappés à la main du moissonneur et à l'œil des glaneuses.

Or, voici comment on faisait, dans ces chaumes, la chasse à la tirasse.

Des chiens d'arrêt étaient dressés à l'avance. La voix ferme du maître et le collier de force leur avaient enseigné leur métier.

Les chasseurs se tenaient sur le point culminant de la pièce de chaume de manière à la bien apercevoir tout entière pendant que le chien la parcourait dans tous les sens. Dès qu'il flairait une caille, il en suivait doucement la piste, se mettait en arrêt à deux ou trois pas du menu gibier, et se tenait immobile, la tête en avant dans la direction de la caille, et la queue roide comme un bâton. D'ordinaire, la caille ne bougeait pas, fascinée par le regard du chien ou alourdie par la chaleur du jour.

L'animal était dressé à se maintenir à l'arrêt jusqu'à l'arrivée des chasseurs.

· Dès que ceux-ci l'apercevaient, ils accouraient et se plaçaient à vingt ou trente mètres de la tête du chien. Là ils déployaient la tirasse rapidement et en silence, prenaient, chacun, l'un des bouts de la grosse corde et avançaient le plus vite possible jusqu'à ce que le chien fût couvert par le filet. Au commandement du chasseur, la bête se précipitait sur la caille, la saisissait quelquefois dans sa gueule et la tuait. Le plus souvent, l'oiseau s'envolait aux approches de l'animal, mais il était arrêté par le filet, et le chasseur était bientôt maître de la caille qu'il mettait toute vivante dans son havresac.

Il arrivait bien souvent qu'on prenait plusieurs cailles à la fois.

Je me souviens qu'un jour j'en avais treize

sous ma tirasse; je pus en saisir onze et deux parvinrent à s'échapper.

Revenons à mes joies à propos de cette chasse.

Un dimanche soir de la fin d'août, l'ami de mon père dont je vous ai parlé plus haut lui proposa d'aller à la chasse et de me mener avec eux. J'avais dix ans. Le chien d'arrêt qui devait nous servir, excellent pour la chasse au fusil, n'avait jamais été tirassé. On était exposé à le voir se précipiter sur les cailles, comme dans la chasse au tir, lorsqu'il verrait les chasseurs assez rapprochés. Il fallait donc le dresser à demeurer en arrêt jusqu'à ce qu'il fût couvert par le filet.

Je fus, en conséquence, chargé de le suivre d'assez près afin de pouvoir, dès que le chien serait à l'arrêt, le retenir en me cramponnant à sa queue jusqu'à ce que la tirasse nous eût couverts tous les deux.

Vous comprendrez facilement mon bonheur, lorsqu'après les plus grands efforts, j'eus réussi à faire prendre deux cailles sous le filet.

Après trois coups, le chien était dressé et je pus me dispenser de mon laborieux exercice.

Bref, quelques heures de chasse nous suffi-
rent pour ramener un chien qui se laissait très
bien tirasser et pour rapporter une quinzaine
de cailles dans notre gibecière.

La prise paraîtrait fort belle aujourd'hui;
c'est à peine, en effet, si dans ces mêmes
contrées, on réussit à trouver, dans le même
espace de temps, en 1867, trois ou quatre de
ces oiseaux.

Je puis citer, à ce propos, le fait suivant
dont, comme témoin oculaire, je garantis
l'exactitude.

Un de nos voisins, excellent chasseur, et un
jeune homme qu'il menait avec lui partent un
jour pour la chasse à une heure et demie après-
midi, accompagnés d'un seul chien de grande
taille bien connu dans tout le pays pour l'un
des plus solides à l'arrêt. A six heures, ils ren-
traient avec soixante cailles vivantes qui passaient la tête à travers les mailles de la carnas-
sière, et quatre cailles mortes que le chien avait
tuées sous la tirasse.

Il est bon d'ajouter, pour dire la vérité tout
entière, que ces chasses n'étaient pas ordinai-
res. Ce n'était qu'à la saison de la passe,

du quinze août au quinze septembre, qu'on pouvait espérer de pareils succès.

On appelle temps de la passe l'époque où les cailles se réunissent, à l'arrière-saison, par petites bandes de six à vingt individus pour quitter le pays et émigrer vers des climats plus doux.

En ces temps-là que je puis louer, sous le rapport de l'abondance du gibier et de la facilité que l'on avait à le prendre, sans m'exposer à être appelé *Laudator temporis acti*, chaque maison à demi bourgeoise avait dans notre ville une volière à cailles. Elle était couverte d'une toile destinée à empêcher ces oiseaux de se briser la tête contre les barreaux supérieurs dans leurs sautillements continuels de bas en haut. Cette volière, à la fin de la saison, était communément garnie de cent à trois cent cailles qu'on engraissait et conservait une partie de l'hiver, à la grande satisfaction des gourmets fins et délicats.

Puisque nous sommes sur ce chapitre, qu'on me permette de parler encore d'une autre chasse qui faisait les délices des enfants de mon temps (de 1820 à 1830); c'était la chasse à l'IRAGNON.

L'iragnon ou araigne est un filet triple qui forme un carré long· de deux mètres de hauteur sur trois mètres de largeur.

Les deux filets extérieurs sont en fil de lin ou de chanvre teints en vert ou en brun. Ils sont formés de grandes mailles carrées de dix à douze centimètres de côté, se correspondant parfaitement, de manière à ce que les fils soient exactement les uns vis-à-vis des autres, simulant ainsi un seul et même filet. Entre les deux se trouve un filet en soie verte ou couleur de feuilles mortes à mailles assez petites pour ne pas laisser passer les plus petits de nos oiseaux, un rouge-gorge par exemple. Ce filet très ample est attaché par les quatre coins aux quatre angles des filets à larges mailles, et dans ses mailles les plus extérieures est passée une tresse ou cordon qui le maintient de la grandeur des premiers. Ceux-ci sont attachés de chaque côté à cinq ou six anneaux en fer ou mieux en laiton. Ces anneaux glissent le long de bâtons un peu plus élevés que le filet, qui y est fixé lui-même vers le haut par le coin supérieur des filets à larges mailles.

Chaque bâton est muni à son extrémité inférieure d'une pointe en fer de 15 à 18 centimètres de long. Ces pointes sont destinées à le ficher en terre.

L'iragnon se pose perpendiculairement aux haies : l'un des bâtons est attaché au moyen d'une ∽ en fer qui, de l'autre côté, est accrochée à un gros brin de la haie. Le second bâton est fiché en terre comme le premier par la pointe de son extrémité inférieure. Il est retenu en outre par une corde fixée, d'un côté, à mi-hauteur du bâton lui-même, et de l'autre, à une forte cheville en fer de vingt à vingt-cinq centimètres de long. Cette cheville est aiguë du bas, et ouverte en anneau du haut pour pouvoir y rattacher la corde. Enfoncée dans la terre à coups de talons de souliers ou de bottes, elle tient parfaitement tendu l'iragnon dont la soie est ramenée vers le haut.

Le filet ainsi posé, deux chasseurs vont à l'extrémité de la haie, en décrivant un demi-cercle, afin de ne pas épouvanter les oiseaux. Arrivés là, ils frappent légèrement sur la haie avec de longues gaules de manière à ce que les oiseaux la suivent sans être trop effrayés.

Au moment où ils arrivent vers les filets, car il y en a d'ordinaire un de chaque côté de la haie, on presse un peu vivement. Les pauvres petites bêtes se précipitent alors vers l'iragnon qu'elles ne voient pas à cause de sa couleur.

Lorsque les oiseaux ont donné, la tête la première, contre le filet en soie, celui-ci cède et fait une bourse retenue du haut par les larges mailles des filets en fil, et ces petits volatiles s'y trouvent enfermés et suspendus dans le filet en soie.

Mon père avait fait venir un iragnon de Bordeaux, et à peine avions-nous cinq ou six ans, que, le dimanche soir, il nous donnait, accompagné de ma mère, le plaisir de nous faire prendre quelques oiseaux.

Cette chasse, dans les bonnes maisons de campagne, était encore l'un des amusements favoris des jeunes filles et des jeunes dames à la saison des vendanges, en même temps qu'elle faisait notre joie pendant toutes les vacances. Au commencement, nous prenions les petits oiseaux, et, vers la fin, les merles et les grives.

Il nous arrivait souvent, par une journée

d'automne un peu sombre, de rentrer, le soir, avec cinquante, soixante et jusqu'à cent oiseaux de vendanges, fins gras, comme rossignols, fauvettes à tête noire ou rousse, becfigues, rouges-gorges, etc. C'était là le menu gibier. Les merles et les grives étaient les grosses pièces de la chasse à l'iragnon. Un jour, dans une seule battue, je pris six merles de vendanges dans le même filet.

Aujourd'hui, la loi que tous les sénateurs et députés ont trouvée fort sage interdit ces chasses aux enfants, sous prétexte de ne pas détruire ces pauvres bêtes, si utiles elles-mêmes pour la destruction des insectes nuisibles. Mais sans vouloir ici blâmer nos législateurs, nous croyons qu'on passe à côté de l'une des vraies causes de la disparition de la plupart des oiseaux.

Les progrès de l'agriculture qui suppriment petit à petit les halliers, les haies touffues, les bois-taillis, etc., ont certainement contribué pour beaucoup à cette destruction, en faisant disparaître les lieux de refuge et de nidification cachée.

Il est encore une autre cause dont on ne

parle jamais, parce qu'il semble que tous les amis du progrès intellectuel doivent se taire là-dessus. C'est la vulgarisation des écoles dans les communes rurales. En effet, à la saison des couvées, les enfants, en allant à l'école et au retour, sont pour la plupart occupés à chercher et à lever les nids des pauvres oiseaux.

Nous pouvons ajouter que les mesures de police sont entièrement insuffisantes et inefficaces pour atteindre ou prévenir ces sortes de délits.

Bien que naturaliste, et peut-être parce que je le suis, je veux signaler encore une cause qui semble très minime et qui pourtant a de l'importance; c'est la passion des collections d'œufs chez les amateurs d'ornithologie.

Un collectionneur, en effet, désire avoir une espèce d'œufs qu'il ne possède pas. Il écrit de tous côtés à ses amis et connaissances pour se procurer l'espèce ou les espèces qui lui manquent. Il offre un appât en argent pour obtenir cet œuf si désiré. Mais comme ceux qui le cherchent le font sans connaître les œufs indiqués, ils en détruisent souvent plusieurs milliers pour en avoir un seul.

C'est encore bien pis, lorsque ce sont des marchands d'objets d'histoire naturelle qui font le commerce des œufs pour collections. Ils se mettent en relation avec des centaines de personnes et sont cause d'une immense destruction par la recherche des espèces rares, qui ne sont connues ni de leurs correspondants, ni des personnes que ces derniers emploient pour parvenir à se les procurer.

Je veux, à ce propos, vous rapporter un fait qui s'est passé en Algérie, sous le règne de Louis-Philippe. Je le tiens d'un officier supérieur de l'armée d'Afrique :

On voulut, vers 1836, si ma mémoire est fidèle, peupler quelques parcs royaux de perdrix rouges. Comme ces oiseaux abondent en Algérie, on ne trouva rien de mieux que de mettre nos soldats en campagne à la recherche des œufs de ces jolis oiseaux.

L'officier dont j'ai parlé plus haut m'assurait que l'on en avait déniché plus de cent mille, qui furent à peu près tous inutiles pour le but qu'on s'était proposé; car ils perdirent leur faculté reproductive avant d'être arrivés à leur destination.

Il ne faut pas se figurer que le menu gibier fût le seul abondant. Les lapins nuisaient aux récoltes, tant ils étaient nombreux, et les lièvres venaient de temps en temps faire en ville une promenade sentimentale. Je me souviens d'avoir vu trois fois l'un de ces animaux traverser les rues de Lectoure, ce qui prouvait que s'ils étaient traqués par les chiens, ils l'étaient à une bien petite distance de la ville.

Mais ce qu'il y avait de plus surprenant, c'est que la grosse bête venait, la nuit, picorer à travers nos rues désertes.

Mon père était, comme je l'ai dit, un ouvrier vaillant à l'ouvrage. Au lieu de se retirer à 10 heures du soir, comme il en avait l'habitude, un travail commencé, souvent même un peu pressé, le retenait quelquefois jusqu'à 11 heures ou minuit.

Si sa boutique était au centre de la ville, la maison de mon grand'père, où il se retirait tous les soirs, était située sur les remparts. Pour s'y rendre, il fallait passer par une rue tortueuse et déserte, entre les murs élevés du jardin de l'évêché et ceux du jardin de l'ancien couvent des Capucins.

Or, il est arrivé plusieurs fois à mon père de chasser devant lui, à coups de pierre, entre onze heures et minuit, les loups qui venaient, poussés sans doute par la faim, fouiller partout pour chercher une nourriture plus abondante et plus facile que celle qu'ils trouvaient dans la forêt voisine.

Cette forêt, c'était le *Bois du Ramier,* d'une contenance de plus de neuf cent concades, selon la mesure ancienne du pays, équivalant à près de mille hectares d'aujourd'hui.

Un jour, le duc de Roquelaure voulant, par un de ses bons mots, en obtenir du roi la propriété, lui dit : Vous devriez bien, Sire, me donner ces broussailles qui croissent au-dessous de Lectoure. Mais le roi, qui connaissait l'importance du cadeau, lui répondit : Mais mon cher Roquelaure, j'ai besoin de mes broussailles pour chauffer mon four.

Cette forêt, récemment défrichée, dont il ne reste plus que des lambeaux, était située à 2 kilomètres en droite ligne, vers le sud, au-dessous de la ville et au-delà de la rivière, entre Lectoure et Fleurance.

De l'extrémité du petit jardin attenant à la

maison de mon grand'père, sur les anciens remparts de la ville, j'ai souvent entendu, le soir, les hurlements de ces bêtes sauvages et quelquefois féroces.

Mais que je vous conte un fait qui, certainement, devra paraître incroyable aujourd'hui.

Il n'y avait pas, en 1822, d'abattoir public à Lectoure. Chacun des deux bouchers par lesquels la ville était approvisionnée tuait le bœuf à Noël, à Pâques, au carnaval et pour la foire de Saint-Martin dans leur arrière-boutique. C'est ainsi qu'on appelait une sorte de salle fermée jusqu'à hauteur de ceinture d'homme, placée dans les soubassements de notre vieille halle. Le reste du temps, c'était le veau qui était la seule viande de boucherie dont on fît usage à Lectoure, si l'on excepte le temps de Pâques, où un agneau était égorgé dans chaque maison qui jouissait d'un peu d'aisance.

Or, un matin que le boucher allait dépecer le veau tué la veille, quel ne fut pas son étonnement de trouver cinq louveteaux dans son échoppe.

4

La mère louve les avait sans doute menés à
une riche picorée et les avait passés par dessus
la porte basse qui fermait l'étal. Mais, troublée
par quelque passant dans l'exercice de ses
fonctions, elle avait abandonné sa progéni-
ture trop faible encore pour franchir seule la
porte de l'abattoir.

Le lendemain, tous les habitants de la ville
allaient voir dans les fossés de la sous-pré-
fecture (l'ancien évêché) ces cinq jeunes lou-
vards, dont le grand louvetier du roi dut regretter certainement la mort prématurée et
sans honneur.

Mais si les chasses dont nous avons parlé
faisaient notre joie, la pêche était aussi l'un
de nos délassements favoris.

En ces temps-là, les ruisseaux et les petites
rivières étaient extrêmement poissonneux, et
pourtant on pêchait sans aucune entrave.
L'administration des eaux et forêts, pas plus
que celle des ponts et chaussées, pas plus que
les cantonniers, gendarmes ou gardes-cham-
pêtres ne venaient troubler l'heureux pêcheur
dans ses exploits.

Chacun pêchait pour son plaisir; personne

n'allait à la pêche par spéculation et pour en faire métier.

Je me souviens d'avoir vu en 1826 quatre de nos compatriotes faire une pêche merveilleuse. Ils s'étaient réunis pour acheter un petit bateau; aussi reçurent-ils immédiatement, par acclamation, les surnoms de *Jean-Bart, Ruyter, Tourville* et *Dugay-Trouin*. Chacun put les voir, ce jour-là, tirer d'un seul filet placé dans un fossé, pendant un débordement de la rivière, trente-cinq belles carpes qui faisaient l'admiration de tous les assistants. Cette pêche serait aujourd'hui considérée à juste titre comme tout à fait miraculeuse.

Bien que la chasse me plût beaucoup, la pêche était ma passion favorite.

Un jour, à l'âge de onze ans, n'ayant aucun engin pour me livrer à cet exercice dans un ruisseau dont l'eau claire me laissait voir une multitude de petits poissons, je m'avisai d'aller emprunter une corbeille à un paysan du voisinage, et le soir je rapportais en triomphe à la maison une longue enfilée de menu frétin.

Si la pêche à la ligne ou au filet était ma joie, elle faisait la désolation de ma mère et de ma

grand'mère qui tremblaient toujours, quand
nous étions au bord de l'eau, de nous voir
victimes de quelque accident.

A proportion que nous grandîmes, mon frère
et moi, elles finirent par s'habituer à nous voir
braver le danger avec prudence, et je jouis de
la satisfaction de me livrer à mon délassement
favori, les jours de congé et pendant les vacances, sans être préoccupé de la pensée que
nous étions un sujet d'inquiétude pour nos
bons parents.

Plus tard, à l'âge de quinze ans, j'allais souvent par les beaux jours des mois de juillet,
d'août et du commencement de septembre, à la
chasse aux poissons. Quand je les voyais à
fleur d'eau, je leur tirais un coup de fusil à la
tête, et lorsque j'avais été assez heureux pour
les atteindre, un second bonheur plus grand
encore c'était d'aller les chercher à la nage.

Pour en finir avec la pêche et ne plus avoir
à y revenir, je vais vous citer un extrait d'un
conte de Fées inédit intitulé: *Le petit poisson
aux yeux d'or,* dans lequel j'ai tracé quelques-
uns de mes souvenirs les plus précieux.

« De tous les temps j'ai beaucoup aimé la

pêche à la ligne. On a eu beau se moquer de moi, on a eu beau me dire sous toutes les formes que ceux qui s'adonnent à cette innocente récréation sont un peu de l'ordre des petites bêtes qu'ils cherchent à capturer : j'ai eu beau lire tout ce qui a été dit et écrit sur les malheureux pêcheurs des bords de la Seine et du canal St-Martin; j'ai toujours fait peu de cas de ces assertions qui m'ont paru, sinon fausses, du moins exagérées.

Je leur ai toujours opposé mes petits succès.

Ainsi l'un des meilleurs souvenirs de mon enfance est celui des trois jours de congé qui nous furent donnés au collége à l'occasion du sacre de Charles X.

Nous allâmes les passer aux champs. J'avais treize ans, mon frère en avait onze et mon cousin en avait quatorze.

Pas très loin de la campagne de mon oncle coule un ruisseau dans lequel, disait-on, fourmillaient les goujons, ce poisson favori des petits pêcheurs à la ligne.

Nous partions le matin de bonne heure et nous ne rentrions qu'à midi pour dîner. Nous repartions immédiatement après ce repas pour

4*

ne rentrer qu'à huit heures du soir au moment du souper.

Telle fut notre vie pendant ces trois heureuses journées du mois de mai 1825.

J'allais presque oublier de vous dire le motif de notre joie.

Ce motif, c'était notre bonheur à la pêche à la ligne. Chaque jour, en effet, était marqué par de nouveaux succès. Le premier jour, novices encore, nous prîmes six livres de poisson : le second jour, un peu plus experts, nous en prîmes huit, et le troisième, notre pêche s'éleva jusqu'à douze livres.

Jugez de notre bonheur lorsque nous rentrions après chaque séance et que nous étalions notre prise sur la table de la cuisine. Le roi Charles X à qui nous devions ces joies faciles n'était certainement pas notre égal, et nous n'aurions pas échangé sa couronne contre notre ligne de crin de cheval.

Nous avions bien quelques légères contradictions journalières. Ainsi notre tante aimait un peu à gronder son petit monde. A notre retour, nous étions sûrs d'être accueillis par quelques horions. Hélas! nous étions toujours si crottés ! Comment ne pas l'être lorsqu'entre dix et quatorze ans, on a élu domicile au bord d'un ruisseau et qu'on y patauge sans cesse. C'était tantôt pour aller décrocher une ligne embarrassée dans les broussailles du bord, et tantôt pour empêcher un beau goujon tombé de l'hameçon de regagner son élément.

Nous avions tous les jours quelque accroc à nos habits. Comment ne pas en avoir à notre âge quand on passe toute la journée à travers les ronces qui croissent si vigoureuses au bord de l'eau.

Heureusement cette chère tante était un peu gourmande; heureusement que la savoureuse friture de goujons lui faisait oublier les accrocs et la boue dont nos habits étaient chargés.

Une légère recommandation d'être plus soigueux à l'avenir était tout ce que nous avions à redouter après le dîner pour la soirée, et après le souper pour le lendemain.

Ces trois journées passèrent si vite ! Il fallut rentrer au collège. Adieu les joies du ruisseau. Nous nous en consolâmes par l'espérance de

les retrouver. Cette espérance a été vaine.
Jamais, jusqu'à présent, je n'ai revu de ruisseau si poissonneux. Jamais je n'ai pu refaire
une pêche aux goujons si miraculeuse.

Et pourtant aujourd'hui que je suis vieux,
j'aime la pêche à la ligne comme je l'aimais à
douze ans. Ce qui prouve une fois de plus la
vérité de cette pensée de la sainte écriture : Le
vieillard au bord de la tombe aime ce qu'il a
aimé quand il était jeune.

Vous conterai-je ma joie la première fois
qu'ayant placé un gros hameçon au bout de la
corde de ma toupie et l'ayant amorcé d'un
gros ver, j'y trouvai le lendemain une superbe
anguille qui me parut la plus belle prise qu'un
pêcheur pût jamais faire.

Vous dirai-je que, quarante-deux ans après,
j'allai voir un de mes amis dont la délicieuse
habitation est située dans une île assez rapprochée de l'embouchure d'un beau fleuve. Là,
je pêchais à la ligne le long des berges de cette
île enchantée avec le même entrain qu'à douze
ans.

Je vois encore les vingt-neuf jolis poissons
qu'avec les deux enfants de cet ami nous dé-

posions dans un panier après une pêche de deux heures autour de l'île à la marée montante.

CHAPITRE HUITIÈME.

Mon grand'père et ma grand'mère.

> Il n'avait jamais été soldat.
> Mon aïeule savait lire, mais pas écrire.
> Elle faisait à merveille
> La confiture,
> Les pâtés,
> Les gateaux :
> En un mot, c'était une femme accomplie.
>
> (*The Great Mother.*)

Mon grand père maternel était le plâtrier le plus en renom de son endroit. C'était l'ouvrier préféré dans tous les châteaux et grandes maisons à plusieurs lieues à la ronde.

Compagnon du devoir, il avait fait son tour de France qu'il avait poussé jusqu'à Nantes, la ville la plus renommée pour les fins ouvrages de son état, comme moulures, corniches, cul de lampes, etc. Parfaitement honnête et très poli, ouvrier habile et intelligent, il fut, de 1816 à 1825, année de sa mort, membre du Conseil municipal de la ville de Lectoure.

Aussi pas un ouvrage ne se faisait pour la commune avant qu'il n'eût donné son avis, et sans qu'il eût été chargé d'en examiner les plans et devis en projet, comme il en véri-fiait la bonne exécution après l'achèvement des travaux.

Grâce à son travail, à son économie bien entendue, et à quelques champs et vignes que ma grand'mère lui avait apportés en dot, il jouissait d'une honnête aisance dans sa posi-tion. Il se considérait comme le patron de sa famille et venait souvent au secours de ses frère, cousins ou arrière-cousins, moins à leur aise que lui.

Le jour de Noël, j'avais à peine cinq ans qu'il me conduisit le premier à la messe de minuit où je dormis entre ses genoux, enveloppé dans les replis de son ample manteau bleu. Mais aussi quel bonheur après la messe! Tous les parents et amis étaient réunis autour de la table de notre grande salle à manger. Une immense souche brûlait dans le foyer. Tout le monde, et nous étions nombreux, se chauffait en mangeant la daube de bœuf que ma grand'mère faisait à merveille. On y ajoutait des saucisses, le mets favori des enfants, et le vin du crû de huit ou dix ans auquel venaient se joindre quelques bouteilles de vin blanc.

Les raisins séchés au four, ainsi que les figues séchées au soleil, les noix, les amandes et les noisettes sans compter un gâteau que ma grand'mère avait pétri de la plus fine fleur de farine, avec des œufs, du beurre et de l'anis, faisaient les honneurs du dessert.

A cette époque, chaque maison un peu aisée avait son four. La veille de ces solennités, ma bonne grand'mère voulant bien traiter les convives de son mari, ne manquait jamais de cuire du pain frais, en même temps que le gâteau dont je viens de vous parler.

Au dessert, on trinquait, on buvait à la santé du grand'père, de la grand'mère, etc., et les enfants dont les bras étaient trop courts pour atteindre d'un côté à l'autre de la table, ne manquaient jamais d'en faire le tour afin de n'omettre la santé d'aucun convive.

Le pinot (1) de ma grand'mère était la liqueur du dernier coup. Il était renommé dans toute la ville, mais aussi quels soins ne prenait-elle pas pour le bien faire? Comme elle le décantait souvent pour lui donner toute la limpidité possible! Comme elle savait le cacher ensuite pour qu'on ne le trouvât pas de dix ans! Car ce n'était qu'après dix ans qu'il lui paraissait digne d'être offert à ses convives.

Ma grand'mère était alerte, vaillante et d'une mémoire prodigieuse.

Elle savait la parenté de tout le monde, et j'ai vu bien souvent des hommes de loi venir la consulter sur les personnes et les choses du temps passé. Elle était née à la campagne et néanmoins, chose rare à cette époque pour une fille de sa condition, on l'avait envoyée à la ville pour apprendre à lire.

Elle se maria en 1790, et c'était elle qui, dans son quartier, faisait la lecture du journal si tristement intéressant à cette époque.

Elle faisait le raisiné à la perfection, et l'une

(1) Liqueur de ménage composée de jus de côte-rouge additionné d'un quart d'eau-de-vie et relevé de canelle, de girofle et de muscade.

de ses occupations favorites était de ramasser en leur saison et faire sécher à l'ombre toutes les herbes qui pouvaient servir aux tisanes dans les diverses maladies.

Ainsi la fleur de sureau, de coqueliquot, de violettes, de guimauve, les feuilles de menthe, la sauge, la petite centaurée, le serpolet, le capillaire, etc., étaient cueillis tous les ans et préparés avec le plus grand soin. Les voisins et les voisines qui le savaient venaient puiser à cette sorte de pharmacie domestique peut-être un peu trop négligée de nos jours.

Les petits talents de ma grand'mère nous ont laissés dans la grande salle, la nuit de Noël, au réveillon.

Le jour des Rois, un immense gâteau était servi le soir à neuf heures après la partie d'écarté, de sizette ou de bête-ombrée qu'on jouait à la maison régulièrement tous les dimanches et fêtes, de Noël au Mardi gras.

A Pâques, on se réunissait autour de l'agneau Pascal et la veille on faisait une fournée de tortillons.

Les tortillons étaient des tourteaux de fleur

de farine d'œufs et d'anis, bouillis d'abord et
ensuite passés au four, pour lesquels le
Fénétra (1) de la ville de Lectoure était fort
renommé.

En été, de temps en temps, le dimanche
on jouait une *Caillade* (2) qui se mangeait le
dimanche suivant. Les cerises, les prunes, les
abricots, les pêches, selon la saison, l'accom-
pagnaient toujours, ainsi que le gâteau cuit la
veille au four de la maison.

En ce temps-là, les ouvriers ne se croyaient
pas obligés d'aller dépenser leur argent au
café : on demeurait en famille; ceux qui avaient
quelque aisance faisaient les honneurs de
leur maison; ceux que la fortune avait moins
favorisés étaient appelés par les voisins plus
à leur aise. Chacun cherchait à faire plaisir à
l'autre et à lui rendre tous les services dont
il était capable.

A la saison des fruits que personne ne
songeait à vendre, celui qui possédait un beau
cerisier dans sa vigne n'avait pas de plus

(1) On donnait ce nom à une sorte de foire aux tortillons qui
se tenait le dimanche et le lundi de Pâques sur la promenade du
Bastion.
(2) Terrine de lait caillé aromatisé de laurier-cerise.

grande jouissance que de convier pour un dimanche soir les jeunes gens et les jeunes filles de ses amis et alliés qui venaient, sous l'œil de leurs grands parents, en tout honneur et toute joie, manger les fruits de l'arbre planté le jour de la naissance de l'un des assistants. Car alors on ne manquait presque jamais de planter un arbre à fruit le jour du baptême d'un enfant.

Telles étaient les joies de l'honnête artisan dans mon pays natal. Toutes les parties de plaisir étaient réservées pour le dimanche après les offices; car tout le monde avait alors le bon esprit d'aller à l'église plutôt qu'au cabaret. Les cafés étaient inconnus et les jours de la semaine étaient, du lundi matin au samedi soir, entièrement consacrés au travail. On se reposait le dimanche, on s'amusait le dimanche, et l'on avait ainsi du courage pour travailler tout le reste de la semaine.

CHAPITRE NEUVIÈME.

Le voyage à Bordeaux.

NICODÊME (un maçon.)

Des vaisseaux!
Des vaisseaux!
Toujours des vaisseaux!
Du vin!
Du vin!
Toujours du vin
De Bordeaux!
Voilà le bonheur!!!

JEAN-BART (un matelot.)

Je ne dis pas non.
Mais mourir à terre
Comme un bœuf!!!

(*Dialogues intéressants.*)

Aux vacances de 1824 les nécessités de son commerce appellèrent mon père à Bordeaux, à l'époque des foires d'automne, qui s'y tenaient au mois d'octobre.

Mon grand'père dont la parole était toujours accueillie avec respect et écoutée avec déférence, déclara qu'on devait profiter de ce voyage pour me faire voir Bordeaux. Il fut donc arrêté que je serais de la partie qui devait durer huit jours entiers.

Ma mère fit nos porte-manteaux, et Dieu sait ce qu'elle y entassa, en prévision de toutes les éventualités et de tous les accidents qui auraient pu nous arriver dans ce long voyage.

Vous comprendrez facilement quelle joie dut être la mienne. J'allais voir une ville dont le port était encore le plus renommé de France, dont le théâtre lui était envié par les Parisiens eux-mêmes, dont la rue du *Chapeau-Rouge* n'avait pas, disait-on, sa pareille à Paris. Enfin, et c'était pour moi le suprême de l'idéal, j'allais voir des vaisseaux! Je ne les connaissais encore que par *Robinson Crusoë*, l'*histoire des naufrages* et celle *des marins célèbres*.

Mon grand-père aimait beaucoup les huîtres, et à cette époque c'était une grande rareté d'en voir à Lectoure. Il recommanda donc à mon père de ne pas oublier d'en porter au retour.

Que je vous conte comment mon grand-père s'y était pris pour me faire manger la première. C'était en 1818. Un de ses anciens ouvriers lui avait, en revenant de son tour de France, rapporté de Bordeaux un panier d'huîtres.

Mon grand-père m'en offre une, après l'avoir ouverte. Je la regarde d'assez mauvais œil, et je déclare que je ne les aime pas. Mon aïeul avait pour principe qu'on devait habituer les enfants à manger de tout, mais qu'on devait le faire doucement et autant que possible sans les forcer.

Je n'avais encore jamais eu en ma possession une pièce blanche de vingt-quatre sous. Il en met une à côté de moi et me l'offre à la condition que je mangerai l'huître. Je fus tenté, je pris l'huître dans ma bouche, mais je fus immédiatement obligé de la rejeter. Ce que voyant, le cher grand-père qui tenait fort à ses idées, délie les cordons de sa bourse de cuir, en tire une belle pièce de six francs et me l'offre, si je parviens à avaler la seconde huître qu'il m'avait préparée.

Cette fois je me dis à moi-même que je serais bientôt possesseur du bel écu. Je ferme les yeux, je mets encore l'huître dans ma bouche, mais j'ai beau l'y rouler dix fois, mon œsophage s'obstine toujours à ne pas s'ouvrir;

je fus réduit à perdre encore une fois mon cher écu de six livres.

Le lendemain, mon grand-père qui voulait absolument m'habituer à manger des huîtres s'y prit d'une autre façon. Il détacha les petites que l'on trouvait attachées sur la coquille des grosses et parvint ainsi à m'habituer si bien à les trouver bonnes, qu'à l'époque de notre voyage à Bordeaux, je l'aurais eu bientôt ruiné, s'il eût voulu mettre un écu de six livres sous chacune des huîtres que j'aurais mangées à mon déjeuner.

La seconde recommandation de mon grand-père fut de ne pas me laisser repartir de Bordeaux sans m'avoir conduit au théâtre et mené voir jouer une belle pièce.

Nous partîmes enfin au jour fixé; mais trois heures seulement après l'heure indiquée par le voiturier.

Vers le soir nous arrivâmes sans encombre à Agen, après huit heures de marche. Je dis de marche parce que la route étant très accidentée jusqu'à Astafort (1), tout le monde descendait

(1) Petit chef-lieu de canton à moitié distance entre Lectoure et Agen.

aux côtes qu'invariablement on montait à pied. Comme d'ailleurs les chevaux marchaient beaucoup moins vite que les hommes, il arrivait souvent que, parvenus au haut de la montée, nous descendions à pied la pente du revers, et que la voiture ne nous rejoignait qu'à mi-descente.

Nous couchâmes à Agen, et après force recherches et pourparlers, comme nous étions sept voyageurs, un voiturier voulut bien se charger de nous remettre le lendemain matin à bord du bateau à vapeur qui, tous les jours, partait à 7 heures de Langon pour Bordeaux.

Cette partie du voyage ne se fit pas aussi heureusement que la première. Quelque temps avant d'arriver à Marmande l'une des jantes d'une roue se brisa. On la relia tant bien que mal avec des cordes; tous les voyageurs descendirent et l'on marcha pour ne pas fatiguer la voiture déjà chargée par les bagages.

Enfin à 9 heures et demie du soir nous entrions à Marmande dans une mauvaise auberge dont l'hôtesse nous déclara qu'à pareille heure elle n'attendait plus de voyageurs, que les boutiques et étals de boucher étaient fermés et que tout ce qu'elle pouvait faire, c'était de nous offrir du pain, du vin et du fromage.

Heureusement chacun de nous avait quelque provision, l'un du veau rôti froid, l'autre un poulet, un troisième des saucisses dans le ventre d'un pain double, un autre enfin je ne sais quoi.

Tout fut mis en commun, et nous fîmes un souper qui ne fut pas trop mauvais, bien qu'il n'ait pas fait autant de bruit que celui de la chanson d'un vieux chanoine.

Je vous la donne telle qu'il nous l'a chantée bien souvent, d'une voix encore fraîche et suave, à l'âge de plus de 74 ans.

Le Souper de Marmande (1).

A Langon il faut s'arrêter,   } bis.
C'est Bacchus qui l'ordonne;
On ne saurait trop bien fêter
Le moment qu'il y donne!
Ah! qu'il m'en souviendra!
    La ri ra!
Que sa liqueur y est bonne!!

(1) Voir, pour l'air, la musique à la fin du volume.

Bien dispos, bien gai j'arrivai $\Big\}$ bis.
Sur le soir à Marmande;
A l'auberge je ne trouvai
Ni pain, ni vin, ni viande.
Ah! qu'il m'en souviendra!
      La ri ra!
Du souper de Marmande!!

Conduisez ces messieurs là-haut $\Big\}$ bis.
Où la chambre est plus grande;
En y montant j'aurais plutôt
Voulu qu'on en descende!
Ah! qu'il m'en souviendra!
      La ri ra!
Du souper de Marmande!!

D'un aloyau de gros bétail $\Big\}$ bis.
On nous a fait l'offrande;
Mais on avait de gousses d'ail
Parfumé cette viande.
Ah! qu'il m'en souviendra!
      La ri ra!
Du souper de Marmande!!

A regret on nous a donné $\Big\}$ bis.
Cette chair si friande;
Pour entremets, du lait tourné,
Pour dessert une amande.
Ah! qu'il m'en souviendra!
      La ri ra!
Du souper de Marmande!!

Jamais Bacchus ne fut le dieu } bis.
Du vin fait à Marmande; ·
Chez l'apothicaire du lieu
On fait cette provende.
Ah! qu'il m'en souviendra!
    La ri ra!
Du souper de Marmande!!

En quelque temps que le destin } bis,
Me ramène à Marmande,
Si l'on me rattrappe au *Dauphin* (1)
Je veux bien qu'on me pende!
Ah! qu'il m'en souviendra!
    La ri ra!
Du souper de Marmande!!

Nous avions soupé. La roue n'était pas encore réparée. Il pleuvait. On ne pouvait sortir. Que faire?

En ce temps-là presque personne ne fumait. C'est une ressource pour attendre.

Parmi nos compagnons de voyage se trouvait un sergent des grenadiers de la garde royale. Il allait au Théâtre-Français lorsque son gousset était garni. C'était un joyeux compagnon. Avant de s'engager, il avait fait ses humanités.

(1) Nom de l'auberge de Marmande où se fit le souper.

Je le vois encore ayant mis bas sa capote et relevé les manches de sa chemise pour bien faire ressortir les muscles de ses bras nerveux. Il avait refoulé tout son monde contre les murs de la salle pour en laisser le centre libre.

Après avoir pris une pose académique, il nous donna une scène de déclamation.

Oh! comme je l'admirais quand il s'écriait:

Quoi! le sénat romain jusque-là me rabaisse!
Au tribunal du peuple il veut que je paraisse!
Un tribun factieux, un vil Sicinius
De l'aveu du sénat va juger Marcius, etc., etc.

. . . .
. . . .

(*Coriolan* par LA HARPE.)

Comme il nous ébahissait lorsque de sa voix stridente et à demi étouffée il disait cette imprécation de Camille:

Rome, l'unique objet de mon ressentiment,
Rome, à qui vient ton bras d'immoler mon amant,
Rome qui t'a vu naître et que mon cœur abhorre,
Rome enfin que je hais parce qu'elle t'honore;
Puissent tous ses voisins, ensemble conjurés,
Saper ses fondements encore mal assurés.

Puissé-je de mes yeux y voir tomber la foudre,
Voir ses maisons en cendre et ses palais en poudre,
Voir le dernier Romain à son dernier soupir,
Moi seule en être cause, et mourir de plaisir!

(*Horace* de P. Corneille.)

Au plus beau de la déclamation, nous sommes interrompus par les cris et les jurons du voiturier qui nous appelle pour remonter dans la patache.

Chacun se précipite, l'orateur commence un discours: il nous supplie d'attendre quelques minutes. Peine perdue, on s'empresse de se placer, ou plutôt on s'enfonce comme l'on peut dans la machine roulante; car, sous prétexte de rendre service, le voiturier avait ajouté quatre nouveaux voyageurs au chargement déjà complet de sa voiture.

Cette fois nous arrivâmes sans nouvel encombre à Langon au moment où le bateau allait partir.

A l'époque dont je vous parle, les bateaux à vapeur étaient une grande nouveauté. De tous nos compagnons de route, le sergent de la garde et le commis d'une maison de Bordeaux étaient les seuls qui les eussent déjà

5*

vus. Je n'ai pas besoin de vous dire avec quelle curiosité je visitai notre bateau dans tous ses détails.

Mon père, comme fin ouvrier en fer, eut bientôt fait connaissance avec le mécanicien, et nous eûmes la faveur spéciale de descendre dans l'intérieur et d'examiner une à une toutes les pièces de cette curieuse machine.

A trois heures et demie nous débarquions sur le quai. Déjà depuis un quart d'heure nous contemplions le pont de Bordeaux, tout récemment livré, dont on parlait alors dans toute l'Europe.

On en avait regardé longtemps l'établissement comme impossible sur ce point de la rivière, la marée paraissant un obstacle insurmontable. Mais le génie des constructions au XIXe siècle s'était révélé dès que la Restauration avait rendu la paix à l'Europe. Le pont de Bordeaux avait été l'un des premiers et est demeuré l'un des plus hardis monuments du premier quart de notre siècle.

A peine débarqués nous nous dirigeâmes vers la *rue des Menus* où l'on nous avait indiqué une sorte de pension bourgeoise, honnête, pas trop chère, assez confortable, avec des chambres à coucher simples, mais propres.

L'hôtesse était une bonne femme de quarante à cinquante ans, courte, épaisse, et rondelette, fort attentionnée pour ses hôtes. Elle fut toujours aux petits soins envers moi; je m'en montrai reconnaissant, et lorsque nous partîmes, chacun promit de revenir. Elle me glissa au moment du départ un petit Chouanne avec des friandises que les enfants dédaignent rarement.

En quelques instants nous fûmes installés dans la chambre que nous partagions avec un de nos compatriotes; je pris la main de mon père; et nous voilà dans les rues de Bordeaux. Bientôt nous fûmes sur le port où je m'extasiais devant tous ces vaisseaux de formes si diverses, de couleurs si variées dans leurs pavillons et leurs flammes.

Mon père avait habité Bordeaux pendant deux ans. Il pouvait donc répondre à toutes mes questions, et Dieu sait si j'en fis sur tout ce qui regardait la construction, le gréement et la nationalité de chacun des navires du port.

De là nous allâmes à la Bourse, à la rue du

Chapeau-Rouge, aux fossés de l'Intendance;
je contemplai avec une admiration dont j'ai
gardé le souvenir le plus précieux la splendide
façade du Théâtre, les flèches et l'église de
St-André, les caveaux de St-Michel, la Porte
Salinières, le château Trompette, etc., etc. Mais
une des curiosités qui me frappèrent le plus
ce fut le mouton de l'horloge de St-Surin, allant
donner un coup de tête vers la cloche chaque
fois que l'horloge sonnait un coup.

Je ne puis comparer mon ébahissement en
voyant cette merveille qu'à celui d'un petit
enfant en face d'une pendule à Coucou.

Je visitai toutes les curiosités de la foire et de la
ville, et les six jours francs que nous y passâmes
furent pour moi comme six heures bien vite
écoulées. Mon père était fort occupé par les
achats qu'il avait à faire. Je brûlais d'aller au
théâtre. Grâce à la recommandation de mon
grand-père, j'étais bien sûr que j'aurais cette
douce satisfaction.

Ne pouvant m'y conduire lui-même à cause
de ses affaires très nombreuses, mon père me
confia, pour m'y mener, à l'un de ses amis.

J'allai donc voir enfin une représentation

tant désirée! Je fus servi plus qu'à souhait. On joua *Fernand Cortès* ou la *Conquête du Mexique*. Là je vis des Sauvages, des Caciques avec leur splendide couronne de plumes aux reflets métalliques. Je fus surtout émerveillé autant qu'étonné par l'incendie des vaisseaux du célèbre et hardi aventurier dont j'avais déjà lu l'histoire.

Je ne crois pas que jamais rien, dans ma vie, m'ait fait une plus grande impression que cette soirée dont je conserve encore le souvenir aussi frais que je l'avais à douze ans.

Il fut, du reste, très heureux pour moi d'être allé au grand théâtre ce soir-là; car le lendemain les longs bras du télégraphe de St-Michel jouèrent toute la matinée. Le résultat de ces mouvements fut bientôt connu. Par suite des services funèbres qui se firent dans toute la France pour le roi Louis XVIII, mort quelque temps auparavant, les théâtres furent fermés pendant plusieurs jours. Tous les vaisseaux du port prirent le deuil dans la soirée en renversant leurs pavillons, et, dans toutes les églises, des messes furent chantées solennellement avec ornements noirs.

Quelques heures avant notre départ nous nous rendîmes sur une place où l'on voyait d'énormes monceaux d'huîtres. Mon père en demanda un mannequin qui fut rempli à la pelle. On le lui remit moyennant un petit écu (2 francs 75 centimes). Il tenait près de huit cents huîtres. Oh! l'heureux temps, doivent s'exclamer les gourmands d'aujourd'hui.

Nous rentrâmes à Lectoure un peu moins lentement que nous n'étions allés à Bordeaux.

J'étais radieux. Je faisais à tout le monde un récit détaillé des merveilles que j'avais vues. Mes grands parents, mon père et ma mère, étaient heureux de voir que j'avais, à leur point de vue, tiré profit de mon voyage. Mais ce bonheur ne devait pas durer longtemps.

J'avais eu la cervelle renversée par toutes les splendeurs dont j'avais été le témoin. Mon ardente imagination était perpétuellement en travail au souvenir du mouvement, du commerce, et des vaisseaux.

La ville de Bordeaux, quoique bien déchue, tenait encore un bon rang parmi les villes maritimes.

Avant la révolution de 1789, elle était la

première de nos villes de commerce. Mais la
perte de notre colonie de St-Domingue lui porta
le coup le plus funeste qu'elle pût recevoir.

Comme j'étais incapable d'apprécier la dif-
férence qu'il pouvait y avoir entre ces deux
époques de la vie commerciale de Bordeaux,
ma tête s'était fort enthousiasmée pour le mouvement actuel de ce beau port.

Ma mère vit bientôt que j'étais dans une
grande inquiétude d'esprit. Un mois après
mon retour, elle m'en demandait doucement le
motif. Après avoir éludé quelques moments,
je finis par lui avouer ma répugnance à con-
tinuer mes études de latinité. Je voulais quitter les livres pour entrer dans une maison de
commerce à Bordeaux.

Ma mère fut désolée. Elle fit part de ces
confidences à son père et à son mari qui
partagea ses inquiétudes. Mais mon grand-
père, toujours homme de bon conseil, les ras-
sura.

« Vous verrez, leur dit-il, que dans quelques
jours ces idées-là lui passeront. Dites-lui seulement que ceci mérite réflexion; que s'il per-
sévère dans ses idées, nous ne nous y oppo-

serons pas; mais qu'il lui sera toujours fort
utile, même pour entrer dans le commerce,
d'avoir autant d'instruction que possible. Cette
parole sera pour lui un encouragement à s'ap-
pliquer à son travail avec ardeur. »

Je continuai mes études, et, conformément
aux prévisions de mon grand-père, un mois
après je ne songeai plus à ces idées extrava-
gantes qui m'avaient, un moment, boule-
versé.

LE ROI

ET

LA REINE LEM.

(Extrait des Mémoires d'un botaniste
pour l'année 1865.)

Le 1ᵉʳ juillet 1865, j'allais prendre des bains
à N... Il y avait là pour inspecteur des eaux
le docteur L..., avec lequel j'étais depuis longtemps lié d'amitié.

Je me logeai dans l'établissement thermal,
à quatre pas des appartements de l'inspecteur.
Son salon devenait, le soir, un lieu de réunion
où quelques amis, clients et connaissances du
bon docteur allaient se distraire des ennuis d'un
séjour peu récréatif pour la plupart des personnes qui fréquentent ces eaux thermales fort
en renom.

L'ennui ne me regardait pas. Grâce à mes

excursions quotidiennes de botanique, je ne le connaissais point; mais je n'étais nullement fâché de retrouver, le soir, après mes courses, quelques visages connus, et de gais propos relevés souvent de bonne musique. Je ne suis pas musicien; j'aime néanmoins, je n'ose pas dire la bonne musique, je ne m'y connais pas, mais bien la musique sympathique.

Aux eaux de N..., nous étions servis à souhait. Plusieurs des habitués du salon chantaient et touchaient le piano. Entre autres, une aimable et pieuse Bordelaise, Mlle E. A..., chantait et s'accompagnait à ravir.

Un soir, toute l'assistance avait comploté de me faire chanter. J'avais beau dire que je ne savais pas, rien n'y faisait, on insistait toujours. Poussé à bout, je répondis que je voulais bien m'exécuter, et que, pour prouver ma bonne volonté, je donnerais une leçon de botanique, terminée par une chansonnette.

La leçon fut acceptée.

Le lendemain, heureusement pour moi, il plut à torrents toute la journée. Il me fut impossible d'aller faire une excursion ce jour-là. J'écrivis donc la bluette suivante, que je débitai le soir à la veillée, à la stupéfaction de tout le monde; car presque tous mes auditeurs étaient en jeu dans le récit, et l'on n'osait ni louer ni blâmer, de peur, sans doute, de se louer ou de se blâmer soi-même.

A MLLE E. A.....

MADEMOISELLE,

Vous avez voulu que je m'exécute, je le fais, mais ce sera aux dépens de votre oreille si délicate, de votre patience et de votre résignation. Je vous ai promis une leçon de botanique; voici comment je tiens ma promesse :

Il y avait une fois un roi et une reine qu'on appelait le ROI LEM et la REINE LEM.

Le bon Dieu ne leur avait donné qu'un enfant, et cet enfant était une fille.

Elle eut pour marraine une fée qui la doua de beaucoup de qualités, mais qui lui laissa quelques défauts.

Le Roi LEM était très bon, mais, en bien cherchant, on pouvait lui trouver quelques faiblesses. Par exemple, il aimait à ne pas se lever trop matin. Aussi, les malins de son royaume lui chantaient-ils tout doucement, de peur de le réveiller :

Il était un roi d'Yvetot
Peu connu dans l'histoire,
Se levant tard, se couchant tôt,
Dormant fort bien sans gloire,
Et couronné par Jeanneton
D'un simple bonnet de coton,
Dit-on.
Oh! oh! oh! oh! ah! ah! ah! ah!
Quel bon petit roi c'était là!
Là, là.

Il aimait beaucoup son peuple et s'appliquait à faire le bonheur de ses sujets; seulement, il ne pouvait pas supporter de les voir souffrir. Il avait le cœur si bon qu'il eût mieux aimé en voir cent de morts que d'en voir un seul de malade. Aussi était-il allé voyager loin, bien loin, au pays des Fées et des Génies, pour leur enlever de ruse ou de force tous leurs secrets dans l'art de guérir.

Il alla visiter les Indiens, les Perses, les Arabes, les Egyptiens, les Ethiopiens et beaucoup d'autres peuples inconnus.

Quand il revint dans son royaume, il était gros, gras, dodu et faisait plaisir à voir. Il devint l'idole de ses sujets, et chacun voulait être malade, rien que pour le plaisir d'être guéri par lui.

L'histoire raconte force cures merveilleuses qu'il opéra, mais elle se tait sur tous ceux qu'il envoya dans l'autre monde : car les courtisans de ce temps-là, comme ceux d'aujourd'hui, s'empressaient de raconter les exploits et de faire ressortir les vertus de leurs souverains, mais ils se gardaient bien de publier ni leurs défaites ni leurs défauts.

Le Roi LEM s'ennuya de sa solitude. Il voulut épouser la princesse NA dont on lui avait fait un grand éloge. Mais comme il n'était pas très confiant de son naturel, il se déguisa en astrologue et se rendit à la cour du Roi NÉ, père de la princesse.

Il sut bientôt capter leurs bonnes grâces, et quand il vit qu'il était aimé et que la princesse méritait toute son affection, il se fit connaître. Ce que voyant, le Roi NÉ, ravi de s'allier à un prince aussi distingué, lui accorda volontiers la main de sa fille.

Après des noces splendides, le Roi et la Reine Lem prirent le chemin de leur royaume.

La Reine Lem était belle, gracieuse et pleine de cœur. Aussi fut-elle bientôt adorée de tous ses sujets, et le Roi Lem était fier et heureux de découvrir tous les jours de nouvelles qualités dans la Reine sa femme.

La naissance d'une jeune princesse vint mettre le comble à leur bonheur. On convoqua toutes les Fées des environs pour assister au baptême. Il y en eut aussi qui vinrent de fort loin : les unes sur un char de feu, les autres traînées dans les airs par des guêpes, des colombes, des oiseaux de paradis, des cygnes et même des dragons ailés.

Les sujets du Roi Lem étaient tout ébahis en voyant un spectacle si nouveau pour eux.

Le baptême se fit avec beaucoup de pompe. On chercha longtemps pour savoir le nom qu'on donnerait à la jeune princesse.

Les unes voulaient l'appeler *Belle,* les autres *Jolie,* d'autres *Charmante, Aurore,* ou même *Œil de Soleil,* etc., etc. Mais comme c'était une vieille Fée, grande amie du Roi Lem, qui était la marraine, elle s'y opposa, prétendant que souvent les jolis noms portaient malheur comme les jolis visages. Elle voulut l'appeler Neth parce que ce nom n'avait aucune signification connue.

Neth fut donc baptisée. Chacune des Fées la doua de son mieux; mais comme je l'ai déjà dit, sa marraine lui laissa des imperfections parce que rien n'est haïssable comme une princesse ornée de trop de perfections. Elle est bientôt infatuée de sa petite personne : elle devient fière, orgueilleuse, hautaine et méprisante pour le pauvre monde; en un mot, insupportable à tous.

Mais la jeune princesse Neth sut éviter tous ces écueils grâce à sa marraine et aux soins du Roi et de la Reine qui ne la perdirent jamais de vue, et la firent élever sous leurs propres yeux. Elle devint bientôt une princesse presque accomplie et aimée de tous ceux qui la connaissaient.

Or, la réputation du Roi Lem croissaît tous les jours. Chacun voulait être guéri par lui. Il avait fait bâtir son palais d'Eté dans une gorge de montagnes inaccessibles. C'est là que deux dragons à neuf têtes gardaient les *Eaux merveilleuses* dont le Roi se servait pour guérir tous les maux.

Seulement, pour avoir le droit d'aller visiter le Roi LEM, il fallait être au moins perclus, manchot, pied bot, boiteux, rhumatisant, etc.

Les Dragons avaient ordre de dévorer quiconque se serait permis de venir dans son royaume sans une bonne maladie.

En ce temps-là, le Roi LEM fut visité par un Ermite qu'il avait connu dans ses voyages et qui était tout juste assez malade pour ne pas être dévoré par les Dragons.

Il vint aussi quelques Fées et quelques Génies qui, le soir, formaient la cour du Roi, de la Reine et de la Princesse.

Dans ces soirées on jasait, on babillait, on chantait, on riait, etc., etc.; car le Roi LEM, très sérieux le jour, aimait la gaîté le soir. Il aimait aussi l'eau pure pour les autres, mais pour lui, il la coupait avec du vin de Bordeaux, de bon cognac, de vieil armagnac ou mieux encore avec du rhum de la Jamaïque.

Ainsi pouvait-il suffire à la besogne sans rien perdre de son embonpoint qui faisait la joie et la gloire de ses sujets.

Le vieil Ermite s'amusait le soir avec le Roi. Il l'égayait par ses gais propos à ses propres

dépens et quelquefois aux dépens du Roi lui-
même ou de ses courtisans; car l'Ermite était
botaniste, et

> Le Botaniste jeune ou vieux
> Est toujours gai, toujours joyeux.

Mais que je vous fasse connaître un peu les
autres courtisans du Roi LEM.

C'était d'abord une grande Fée, toujours
bonne, gracieuse et souriante, avec un air de
grande dame qui ne la dépare en rien. Elle
ne chantait pas, quoiqu'elle eût été élevée aux
Oiseaux (1), car elle était malade, et le Génie,
son mari, lui avait bien recommandé de ne
pas se fatiguer et de suivre de point en point
les prescriptions du Roi LEM.

Malgré toutes ses qualités, elle avait aussi
ses faiblesses.

Ainsi, elle avait besoin d'embrasser de temps
en temps bien tendrement la Reine LEM,

De jeter une jolie croix d'or émaillé autour
du cou de la jeune princesse NETH,

De rentrer chez elle à travers l'orage, le vent,
la grêle et la pluie,

(1) Madame D..., qui avait été élevée au couvent des *Oiseaux*,
à Paris.

De retenir qu'une plante portait le nom d'*Erodium,* etc., etc. (1).

Même par tendresse maternelle, elle avait appris le grec; aussi son fils, reconnaissant, s'écriait-il de temps en temps en lui sautant au cou:

« Que pour l'amour du Grec maman je vous embrasse.»

Enfin, mais, je vous en prie, n'en dites jamais rien à personne, dans sa piété, elle était un peu janséniste à ce que prétendaient l'Ermite et le Roi LEM.

Puis venait une autre Fée que tout le monde désignait sous le nom de la FÉE CHARMANTE. De taille moyenne, simple et gracieuse, bonne, toujours prête à faire plaisir, elle était l'ornement et la joie de la cour du Roi LEM, comme à l'église elle faisait l'admiration et le plaisir des anges. Je la connais, pas autant que je le voudrais pour vous faire son histoire, mais voici ce qu'on en dit parmi les courtisans du Roi.

Elle est née dans cet heureux pays qu'on nomme LE BORDELAIS. Une feuille de vigne fut

(1) Allusions à divers souvenirs et circonstances de notre séjour aux eaux de N...

son berceau, le jus du sauvignon fut le lait dont
on la nourrit. Toutes les Fées du pays vinrent
la douer à sa naissance; mais celle qui lui laissa
les traces les plus profondes fut la Fée HARMONY.
Aussi faut-il la voir promener ses doigts agiles
sur l'harmonium ou le piano; aussi faut-il entendre les accents mélodieux qui sortent de sa
gorge de rossignol. Elle aime beaucoup à con-
sacrer sa jolie voix au bon Dieu et à la Sainte-
Vierge, et il serait difficile d'imaginer quelque
chose de plus harmonieux et de plus suave
que ses accords si purs et si doux qu'ils sem-
blent s'échapper de la bouche d'un ange.

N'allez pas croire toutefois que la bonne Fée
CHARMANTE soit mélancolique ou trop sérieuse.
Elle est gaie comme un oiseau : elle est à croquer
quand elle chante le CHEVALIER FRACASSE ou la
VIEILLE MARQUISE ; elle se donne alors un petit
air mutin qui ne va pas mal à sa gracieuse
figure. Toutefois on l'aime mieux encore dans
l'expression séraphique imprimée à son visage
par un motet bien empreint de piété.

Je voudrais en savoir davantage pour vous en
dire plus long sur le compte de cette aimable
Fée placée sous la garde d'un vieux Génie qui

la couve du regard et qui semble l'aimer comme sa fille.

Tous les courtisans du Roi Lem sont en grand émoi : on dit que la jeune princesse Neth va bientôt quitter le royaume. Sa renommée s'est étendue dans les Etats les plus éloignés. On sait qu'elle est bonne, pieuse et spirituelle. Aussi tous les jeunes princes se sont-ils empressés de se mettre sur les rangs pour obtenir sa main. Mais elle les voit tous avec la plus grande indifférence. Elle ne dit du mal d'aucun, mais d'aucun non plus elle ne dit beaucoup de bien. Dans la foule de ses admirateurs un seul paraît l'aimer plus que les autres, mais il se garde bien de le dire parce qu'il se sent trop petit prince pour aspirer à l'honneur d'être préféré : et pourtant c'est lui que le cœur de la princesse a distingué.

Le Roi Lem, d'abord un peu inquiet de l'indifférence de sa fille, n'a pas tardé, dans sa perspicacité, à en pénétrer le vrai motif. Il a fait venir le prince Nel; il l'a examiné de la tête aux pieds pour savoir s'il n'était pas malade. Après un sérieux examen il ne lui a reconnu qu'une légère maladie qu'il s'est chargé de guérir.

Et l'on dit parmi les courtisans :

> Qu'à la Saint Barthélemy,
> Tout perdreau devenant perdrix
> Le gibier abondera
> Et que la noce se fera.

Et le Roi et la Reine LEM sont au comble du bonheur.

Et l'Ermite se caresse la barbe, heureux du bonheur de ses amis,

Et sa joie se traduit par cette chansonnette que la Fée CHARMANTE chantera :

LE BOTANISTE (1)

Sur l'air de : CADET ROUSSELLE.

> Le botaniste est bon enfant,
> Mais blagueur par tempérament;
> Je vais vous conter son histoire,
> Ses vertus, ses défauts, sa gloire;
> Ah! ah! oui vraiment,
> Le botaniste est bon enfant.

(1) Cette chansonnette, pleine d'esprit, fut chantée pour la première fois à une herborisation de M. de Jussieu, en 1845, par M. de S., l'un des jeunes botanistes les plus assidus aux charmantes excursions qui se faisaient tous les dimanches sous la direction du spirituel professeur des herborisations à la campagne.

Le botaniste, jeune ou vieux,
Est toujours gai, toujours joyeux;
En fait d' souci il ne connaît guère
Que le *Calenduta vulgaire* (1).
    Ah! ah! etc.

Le botaniste a sur le flanc
Un' grosse boîte de fer blanc (2),
Et certes, la boîte de Flore
Vaut mieux que celle de Pandore.
    Ah! ah! etc.

Le botaniste a sur le dos
Un vieux carton qui n'est pas beau (3);
Du nom de Cartable il le qualifie
Par goût pour la synonymie.
    Ah! ah! etc.

Le botanist' porte à la main
Un outil qu'il nomme un chourin (4).
Cette arme n'est pas élégante,
Mais par contre elle est fort gênante.
    Ah! ah! etc.

Le botanist' n'est pas gourmand
Mais il mange agréablement,

(1) Nom botanique du *Souci*.
(2) La boîte d'herborisation à renfermer les plantes qui s'y
conservent fraîches pendant toute une journée.
(3) Carton à serrer les plantes.
(4) Poignard de l'assassin dans les *Mystères de Paris*.

Et se content' d'une omelette
Qui soit suivi' de côtelettes.
    Ah! ah! etc.

Le botanist' n'est pas pochard
Mais il a l'vin fort égrillard,
Et sur lui l'ciel trop d'eau déverse (1)
Pour qu'à table encor il s'en verse.
    Ah! ah! etc.

Le botaniste sans humeur
Boit de la piquette ou du meilleur (2),
Et mêm' quand l'vin n'est pas potable
La bièr' lui semble délectable.
    Ah! ah! oui vraiment, etc.

Le botaniste, grand fumeur,
Du petit verre est amateur,
Et si pour digérer il fume
Il prend la goutte pour le rhume.
    Ah! ah! etc.

Après avoir bien déjeuné,
Après avoir fumé, chanté,
Le botanist' pense à ses plantes
Il s'en fich' comm' de l'an quarante.
    Ah! ah! etc..

(1) Par la pluie dans les herborisations.
(2) Allusion à l'habitude de l'ouvrier de Paris qui, deman-
dant un canon de vin chez le marchand du coin, ne manque
jamais de dire : donnez-moi-sen et du meilleur.

Le botanist' quand il fait chaud
Sait se rafraîchir comme il faut;
Le botanist' quand le froid pique
Met au feu toute sa boutique.

    Ah! ah! etc.

Bien qu'il soit brave et plein d'honneur
Le botanist' n'est pas q'relleur,
Et jamais aucun bruit de guerre
Ne courut dans son atmosphère.

    Ah! ah! etc.

Le botaniste après dîner
Aime parfois à rimailler,
Et si la rime n'est pas riche
De calembourgs il n'est pas chiche.

    Ah! ah! etc.

Quand l'botaniste est fatigué
Il n'aim'pas à rentrer à pied,
Mais en wagon il préfère
Rouler comme un millionnaire.

    Ah! ah! etc.

Messieurs, vous v'nez de démontrer
De ce refrain la vérité;
Car m'écouter avec patience
C'est prouver jusqu'à l'évidence

    Ah! ah! oui vraiment,
    Que l'botaniste est bon enfant. } bis.

FLORULE

DES

PRINCIPALES STATIONS

DES CHEMINS DE FER DU MIDI

DANS

LE GERS

AVANT-PROPOS.

En 1847 j'écrivais en tête de ma Florule du Gers les lignes suivantes :

« La Flore du département du Gers n'a pas encore été faite.

Dans l'Annuaire de l'an xii (1804) un homme qui ne signa pas son travail (1), donna une liste de nos plantes indigènes, dans laquelle il s'en trouve un grand nombre absolument étrangères à notre sol. Un nombre plus grand encore de celles qui vivent dans notre département n'y sont point mentionnées.

En 1815, de Candolle indiquait dans son sixième volume de la *Flore Française*, un catalogue des plantes des environs d'Eauze, fourni par M. Laïral (2). Des recherches inutiles dans les archives de la

---

(1) Cazeaux, d'après De Candolle, Flore Française, vol. vi, p. 647. Ce renseignement est inexact; nous apprenons lorsque cette note est déjà imprimée que ce catalogue fut donné par M. de Laclaverie-Soupets, alors professeur d'Histoire Naturelle à l'École centrale du Gers.

(2) Note inédite des plantes observées à Eauze, prés Condom, département du Gers, communiquées en 1807, par le préfet du Gers. D. C. loc. cit , p. 648.

Préfecture nous ont vivement fait regretter de ne pouvoir en prendre connaissance.

Un de nos concitoyens, THORE de Montaut (Gers), se fit un nom dans les annales de la botanique par sa *Chloris des Landes* (an IX, 1801) dans laquelle il mentionne un assez grand nombre des plantes de l'ouest du département du Gers.

M. DE ST-AMANS avait souvent herborisé aux environs de Lectoure et de Condom. Sa *Flore Agenaise*, excellente pour le temps où elle a été faite (1821), mentionne exactement le résultat de ses recherches.

M. NOULET, dans sa *Flore du bassin sous-Pyrénéen* (1837), a donné la plupart des végétaux vasculaires du pays. Il avait souvent herborisé dans notre département. Son supplément est venu presque compléter en 1846 ce qui avait échappé à ses premières recherches.

M. de Belloc-Bordeneuve avait recueilli beaucoup de plantes aux environs d'Auch, de Valence, etc.; j'ai pu profiter de ses explorations. En mourant, il nous a laissé son herbier, et durant sa vie j'avais eu souvent occasion de recueillir de sa bouche des renseignements utiles.

Herborisant depuis une douzaine d'années sur les divers points du département, j'ai beaucoup exploré les environs d'Auch, de Gimont et de Lectoure; j'ai fait un grand nombre de courses dans l'Armagnac, aux environs d'Eauze, Cazaubon, Nogaro, le Houga, etc., etc. Les bords de l'Adour ont été plusieurs fois le but de mes excursions.

Deux pharmaciens habiles m'ont communiqué le

résultat de leurs recherches autour de Mirande et de la Bastide-d'Armagnac. Ce sont MM. Bonpunt et Lafargue.

Plusieurs de mes bons amis et anciens élèves ont également herborisé avec beaucoup de fruit sur divers points du département, et c'est à eux surtout que je suis redevable d'un grand nombre de plantes rares du pays. Je dois citer en particulier.

MM. Irat (Albert), de Puycasquier.
    L'Abbé Rous, de Bivès (1).
    St-Martin (Aimé), d'Auch.
    L'Abbé Lassalle, d'Estang.
    L'Abbé Rozes, de Vic-de-Bigorre.
    Lasserre (Narcisse), de Panassac.

Je suis heureux de pouvoir leur donner ici cette marque de ma reconnaissance et de mon affectueux souvenir. »

Je n'ai aujourd'hui que quelques mots à ajouter :

Vingt et un ans se sont écoulés depuis que je traçais ces lignes. Je n'ai jamais cessé de chercher et de fouiller dans tous les coins et recoins du département, et cependant il reste encore beaucoup à faire.

Dans ces dernières années, je me suis spécialement appliqué à la recherche des plantes qui croissent aux abords des diverses stations des chemins

(1) M. l'abbé Rous a continué, depuis, ses patientes recherches. Il m'a fourni tous les ans une foule de documents précieux sur des plantes rares, critiques ou nouvelles pour la flore du pays.

de fer qui traversent ou qui traverseront sous peu le département du Gers.

Un grand nombre de mes anciens élèves m'ont apporté des plantes rares ou nouvelles pour nos contrées.

Ainsi,

MM. DE CARSALADE DUPONT, de Simorre;

BETH, de Semboués sur les bords de l'Arros;

RIBAUT, de Riscle sur les bords de l'Adour,

m'ont fourni de précieuses indications sur plusieurs plantes recueillies par eux dans leurs localités respectives et que je n'avais pas eu le bonheur de rencontrer.

Je dois encore à M. l'abbé LARDOS, de Pellefigue, canton de Saramon, la connaissance de quelques plantes très rares.

M. l'abbé MIÉGEVILLE, missionnaire dans le diocèse de Tarbes, si connu de tous les botanistes par ses travaux et ses recherches dans les parties les plus élevées des Hautes-Pyrénées (1) et par son remarquable travail sur les saxifrages de cette région, a bien voulu me fournir des renseignements précis et circonstanciés sur les plantes des environs de Garaison. Je l'en remercie de tout mon cœur.

Enfin, M. BOUTIGNY, sous-inspecteur des eaux et

_____

(1) Inséré dans le Bulletin de la Société de botanique de France. M. l'abbé Miégeville habite pendant tout l'été la résidence des missionnaires à NOTRE-DAME DE HÉAS, l'un des points temporairement habités, les plus élevés des Pyrénées.

forêts à Auch, botaniste aussi distingué qu'habile forestier, a bien voulu me communiquer une foule d'espèces critiques, qui m'avaient échappé et que je n'aurais probablement pas eu la bonne chance de connaître sans lui; qu'il en reçoive ici toute l'expression de mon affectueuse reconnaissance.

Comme je destine cette florule, non-seulement aux agriculteurs et amateurs du département, mais encore aux jeunes étudiants des collèges, séminaires et pensions du pays, j'ai conservé une forme simple et précise, prenant souvent des caractères qui n'ont pas toute la rigueur de la science, mais qui présentent l'avantage de la facilité pour l'étude.

Je me suis abstenu d'adopter les genres difficultueux, fondés sur des caractères minutieux quoique vrais, mais difficiles à saisir pour des commençants.

Ne voulant pas toutefois laisser mes chers élèves dans l'ignorance absolue de l'état actuel de la Botanique descriptive, j'ai eu soin d'indiquer par un renvoi au bas de la page les noms des principaux genres nouvellement adoptés avec celui de leurs auteurs.

D'un autre côté, pour que mon livre ne fût pas inutile aux vrais botanistes, j'ai donné l'indication de l'habitat général de chaque plante lorsqu'elle est commune, me réservant de fournir la citation des localités précises où on la trouve toutes les fois qu'il s'agit d'une plante rare.

Enfin, cédant à des observations qui m'ont été faites bien des fois, je donne à la fin du volume :

1º L'indication des plantes utiles et celle des plantes nuisibles en agriculture;

2º L'indication des plantes usuelles dans la médecine domestique;

3º L'indication des plantes utiles dans l'économie domestique et de celles qui peuvent, par suite d'une erreur, devenir des poisons dangereux;

4º L'indication des plantes utiles dans les arts industriels;

5º Enfin la liste, pour chacune des stations principales des chemins de fer dans le Gers, des plantes rares ou spéciales que les amateurs peuvent recueillir en rayonnant autour de la station.

Puisse le travail que je présente aujourd'hui ne pas être entièrement inutile aux Botanistes et à nos bien aimés compatriotes.

Auch, le 28 février 1868.

D. DUPUY.

FLORULE
DES STATIONS DU GERS

VÉGÉTAUX VASCULAIRES

à fleurs distinctes, Cotylédonés.

1re Classe. DICOTYLÉDONÉS,
Graines germant avec deux ou plusieurs cotylédons.

1re Sous-Classe. THALAMIFLORES,
Plantes à corolle polypétale; pétales et étamines insérés sur le réceptacle et non adhérents à l'ovaire.

A, Etamines libres.

† *étamines très nombreuses.*

I. RENONCULACÉES *Juss.* styles et stigmates nombreux non rayonnants.

II. NYMPHEACÉES *D C.* stigmates sessiles rayonnants.

III. PAPAVÉRACÉES *D C.* 1 style, 4 pétales, capsule multisperme.

XIV. TILIACÉES *Juss.* 1 style, 4 pétales, capsule paucisperme.

VI. CISTES *Juss.* 1 style et 5 pétales.

†† *12 ou 24 étamines.*

VIII. RÉSÉDACÉES *D C.*

††† *5 ou 10 étamines.*

XI. CARYOPHYLLÉES *Juss.* pétales onguiculés ou ongulés, capsule polysperme dentée s'ouvrant d'ordinaire au sommet.

IX. DROSÉRACÉES *D C.* calice à 4 sepales, 5 pétales marcessants, capsule à 3-8 valves.

7*

XX. Coriariées *D C.* calice 5-partite, fruit à 5 coques, arbrisseaux non sarmenteux.

XIX. Vignes *Juss.* fruit en baie, arbrisseaux sarmenteux.

XVIII. Acérinées *D C.* fruit à 2 cárpelles ailés.

†††† *6 étamines dont 2 plus courtes que les 4 autres.*

V. Crucifères *Juss.* 4 pétales en croix, fruit en silique ou en silicule.

B, 5 étamines soudées ordinairement par les anthères.

VII. Violariées *D C.* calice à 5 sepales, corolle à 5 pétales, l'inferieur éperonné, capsule à 3 valves, polysperme.

C, Etamines soudées par les filets.

† *Tous les filets soudés en un faisceau (Monadelphes).*

XII. Linées D C. capsule globuleuse.

XIII. Malvacées *R. Brown,* carpelles en anneau autour d'un axe central.

XV. Geraniacées *D C.* capsule allongée, feuilles non trifoliées.

XVI. Oxalidées *D C.* capsule allongée, feuilles trifoliées.

†† *Tous les filets soudés en deux faisceaux (Diadelphes).*

IV. Fumariacées *D C.* fleurs irrégulières, calice à 2 sépales, 6 étamines, fruit uniloculaire.

X. Polygalées *Juss.* fleurs irrégulières, calice à 5 sépales, 8 étaminés, fruit biloculaire.

††† *Filets réunis en trois faisceaux au moins.*

XVII. Hypéricinées *D C.*

2e Sous-Classe. Calyciflores,

Plantes à corolle polypétale ou monopétale, corolle ou étamines insérées sur le calice.

A, **Fleurs hermaphrodites**.

† *Corolle polypétale.*

* *étamines libres très nombreuses.*

XXV. Rosacées *Juss.* corolle rosacée à 5 pétales.

** *2, 4 ou 8 étamines.*

XXVIII. Circeacées *Lindl.* 2 étamines.

XXVII. Haloragées *Brown*, 4 ou 8 étamines, fruit à 4 coques monospermes.

XXVI. Onagrariées *D C.* 8 étamines, fruit à 2 ou à 4 loges polyspermes.

*** *3, 10 ou 12 étamines.*

XXIX. Lythrariées *Juss.* 1 style et 1 stigmate.

XXXI. Portulacées *Juss.* 1 style et 3-5 stigmates.

XXXIV. Saxifragées *Vent.* 2 styles.

XXXIII. Crassulacées *D C.* 3-12 styles.

**** *5 ou par exception 4 étamines.*

XXXII. Paromychiées *St-Hil.* herbes, 1 style et 1 stigmate simple.

XXI. Celastrinées *Brown*, arbrisseaux, 1 style, ovaire libre.

XXII. Rhamnées *Brown*, arbrisseaux, 1 style, ovaire adhérent au calice.

XXXVI. Araliacées *Juss.* arbrisseaux grimpants et cirrheux

XXXV. Ombellifères *Juss.* 2 styles, fleurs en ombelle, très rarement en tête.

***** *étamines soudées par les filets en deux faisceaux (Diadelphes).*

XXIV. Papilionacées *Juss.* corolle papilionacée, un légume pour fruit.

† † *corolle monopétale.*

* *fleurs réunies sous un involucre commun.*

XLII. Dipsacées *Juss.* 4 étamines libres.

XLIII. Composées *Adans.* 5 étamines réunies par les anthères.

** *fleurs non réunies sous un involucre commun.*

⚥ *Herbes.*

XLI. Valerianées *D C.* 1 ou 3 étamines.

XL. Rubiacées *Juss.* 4 étamines.

XLVI. Campanulacées *Juss.* 5 étamines, un stigmate 2-5 fide.

XLV. Lobeliacées *Juss.* 5 étamines, un stigmate urcéolé ou cilié.

XLVIII. Monotropées *Nutt.* 8 ou 10 étamines; herbes parasites sur les racines des arbres.

⚥ ⚥ *Arbrisseaux* (sauf une exception pour le *Sureau yeble* qui est une grosse herbe).

XXXVII. Cornées *D C.* 4 étamines.

XXXIX. Caprifoliacées *Juss.* 5 étamines.

XLVII. Ericacées *Juss.* 8 étamines, fruit capsulaire.

XLVII bis. Vacciniées *D C.* 8-10 étamines, fruit en baie.

B, **Fleurs unisexuées.**

† *herbes.*

XLIV. Ambrosiacées *Link.* fruits épineux.

XXX. Cucurbitacées *Juss.* fruits non épineux.

†† *arbrisseaux.*

XXXVIII. Loranthées *Juss.* arbrisseaux parasites sur les arbres, 4 étamines.

XXIII. Thérébinthacées *Juss.* arbres ou arbrisseaux non parasites, 5 étamines.

3e Sous-Classe. Corolliflores.

Calice monosépale, corolle monosépale, hypogyne.

A, **Etamines didynames (4 étamines dont 2 plus courtes que les 2 autres).**

LIX. Labiées *Juss.* 4 graines nues au fond du calice (1).

(1) Pour employer l'expression de Linné.

LVII. Scrophularinées *Brown*, fruit capsulaire à 2 loges polyspermes.

LVIII. Orobanchées *Juss.* fruit capsulaire à une seule loge polysperme.

B, **Etamines à peu près d'égale longueur.**

† *2 étamines.*

XLIX. Jasminées *Juss.* arbres ou arbrisseaux.

LXI. Lentibulariées *Rich.* herbes à corolle éperonnée.

LX. Verbénacées *Juss.* herbes à corolle sans éperon subcampanulée.

LVI. Véronicées *Benth.* herbes à corolle sans éperon rotacée.

† † *4 ou 8 étamines.*

LXIII. Globulariées *D C.* corolle tubuleuse à 4 lobes inégaux.

LI. Gentianées *Juss.* corolle tubuleuse à lobes égaux.

LXIV. Plantaginées *Juss.* corolle scarieuse, fleurs en épi.

LIII. Cuscutées *Coss. et Germ.* herbes parasites sur les autres, fleurs en paquets.

† † † *5 étamines.*

LII. Convolvulacées *Juss.* 1 style, ovaire simple entouré d'un anneau à la base.

LV. Solanées *Juss.* 1 style, ovaire simple sans anneau, étamines alternes avec les lobes de la corolle régulière ou un peu irrégulière.

LXII. Primulacées *Vent.* 1 style, étamines opposées aux lobes de la corolle, ovaire uniloculaire, polysperme.

LIV. Borraginées *Juss.* 1 style, ovaire bilobé ou quadrilobé, biloculaire ou quadriloculaire, loges monospermes.

L. Apocynées *Juss.* 2 styles.

4ᵉ Sous-Classe. A P É T A L E S.

Plantes sans pétales ni corolle.

A, **Herbes ou sous-arbrisseaux.**

† *une étamine.*

LXXII. Hippuridées *Link.* 1 style, ovaire uniloculaire.

LXXVI. Callitrichinées *Lév.* 2 styles, ovaire quadriloculaire.

† † 3-5 *étamines.*

LXXIII. Osyridées *Juss.* 3 ou 5 étamines, ovaire soudé avec le calice.

LXX. Urticées *Juss.* 4 étamines, ovaire non soudé avec le calice.

LXVIII. Cannabinées *Endl.* 5 étamines, calice à un seul sépale, ovaire non soudé avec le calice; plantes dioïques.

LXV. Amaranthacées *Juss.* 3 à 5 étamines, calice à 3-5 sépales, capsule pluriloculaire; plantes hermaphrodites ou monoïques.

LXVI. Chénopodées *Vent.* 3 à 5 étamines, calice à 3-5 sépales, capsule uniloculaire; plantes hermaphrodites, monoïques ou dioïques.

† † † *plus de cinq étamines.*

LXXIV. Aristolochiées *Juss.* 6 étamines, perigone corolliforme terminé en languette.

LXVII. Poligonées *Juss.* 4 à 10 étamines, 2 à 3 styles; plantes à feuilles engaînantes.

LXXI. Daphnoïdées *Vent.* 8 à 10 étamines, 1 style; plantes à feuilles non engaînantes.

LXXV. Euphorbiacées *Juss.* 9 à 12 étamines, fruits à 2 ou 3 coques.

LXXVII. Cératophyllées *Gray.* 10 à 25 étamines, fruit uniloculaire; plantes aquatiques.

B, **Arbres.**

LXIX. Ulmacées *Mirb.* fleurs hermaphrodites, fruits ailés.

LXXIX. Conifères *Juss.* arbres monoïques, un cône pour fruit, quelquefois en forme de baie.

LXXVIII. Amentacées *Juss.* arbres monoïques ou dioïques à fleurs mâles en chatons n'ayant jamais un cône pour fruit.

2ᵉ Classe. MONOCOTYLÉDONÉS.

Graines germant avec un seul cotylédon.

1ʳᵉ Sous-Classe. Pétaloïdées.

Périanthe au moins à trois divisions pétaloïdes.

A, Ovaire soudé avec le tube du périanthe.

† *plantes à fleurs hermaphrodites.*

LXXXVI. Orchidées *Juss.* 1 ou 2 étamines au plus, ovaire uniloculaire.

LXXXIV. Iridées *Juss.* 3 étamines, ovaire triloculaire.

LXXXV. Amaryllidées *R. Brown.* 6 étamines, ovaire triloculaire.

† † *plantes dioïques.*

LXXXVII. Hydrocharidées *D C.* 2 étamines, 3 à 6 stigmates, fruit capsulaire indéhiscent.

LXXXIII. Dioscorées. 6 étamines, fruit en baie.

B, Ovaire non soudé avec le tube du périanthe.

LXXXII. Asparaginées. *Juss.* 1-3 styles et 1-3 stigmates, ovaire à 3 loges biovulées.

LXXXI. Liliacées *D C.* 3 styles soudés en un seul, 3 stigmates, capsule à trois loges polyspermes.

LXXX. Alismacées *D C.* 6-25 styles, carpelles très nombreux, indéhiscents, renfermant un très grand nombre de graines.

2ᵉ Sous-Classe. Apétales

périanthe herbacé, scarieux ou nul.

A, Périanthe nul.

LXXXIX. Lemnacées *Dub.* 1 étamine, un ovaire uniloculaire renfermant de 4 à 7 graines, plantes réduites à quelques petites feuilles nageant sur l'eau.

CXI. Thyphacées *Juss.* 3 étamines, fleurs en longs épis, ovaires uniloculaires, uniovulés.

XC. Aroidées *Juss.* étamines très nombreuses, fruit en baie.

B, **Périanthe scarieux.**

XCII. Joncées *D C.* 3-6 étamines, 3 stigmates filiformes, capsule 1-3 loculaire polysperme.

C, **Perianthe herbacé.**

LXXXVIII. Potamées *Juss.* 1-4 étamines, ovaire à 4 carpelles uniovulés.

XCIII. Cypéracées *Juss.* 2-3 étamines, fleurs en épis solitaires à l'aisselle d'une bractée scarieuse, une seule graine.

XCIV. Graminées *Juss.* 2-3 étamines, fleurs en épis, entourées de deux bractées (glumelles), une seule graine.

VÉGÉTAUX ACOTILÉDONÉS.

A, **Plantes munies de feuilles (frondes).**

XCV. Fougères *Juss.* fructification sur la face inférieure des feuilles, rarement en un épi naissant sur la feuille.

XCVI. Marsiléacées *Brown.* fructification dans une sorte de capsule sessile ou pédicellée sur le rhizome — plantes aquatiques.

XCVII. Lycopodiacées *Rich.* feuilles petites conniventes, fructifications à l'aisselle des feuilles.

B, **Plantes sans feuilles à rameaux cylindriques.**

XCVIII. Equisétacées *Rich.* fructifications en épi au sommet des tiges ou des rameaux.

XCIX. Characées *Rich.* fructifications le long, à l'aisselle ou au sommet des rameaux.—Plantes immergées dans les eaux.

I. RENONCULACÉES *Juss*.

A, *Fleurs régulières.* † *périgone simple.*

1. Clématite, CLEMATIS *L.* feuilles opposées.

2. Anémone, ANEMONE *L.* involucre à trois feuilles éloignées de la fleur.

6. Hellebore, HELLEBORUS *L.* calice à 5 sépales grands, pétaloïdes et persistants, fleurs vertes.

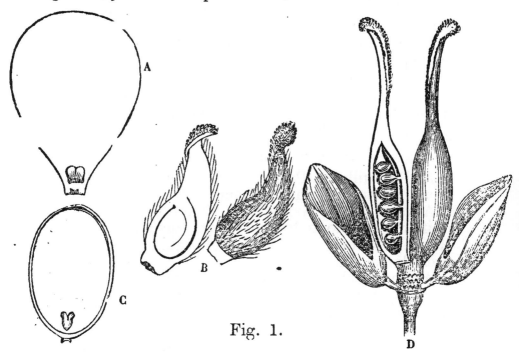

Fig. 1.

3. Populage, CALTHA *L.* point d'involucre, fleurs grandes, jaùnes.

B, *Fleurs régulières.* † † *périgone double.*

4. Ficaire, FICARIA *Dill.* calice à 3 sépales, corolle à pétales munis d'une feuille nectarifère à la base.

5. Renoncule, RANUNCULUS *L.* calice à 5 sépales, corolle à pétales comme dans les *Ficaria*.

Fig. 1. — A pétale du *R. acris;* — B fruit de l'*Hepatica triloba;* — C coupe de iruit du *Myosurus minimus;* — D pétales et fruit de l'*Isopyrum Thahctroides.*

7. Nigelle, NIGELLA *L*. calice à 5 sépales moyens, pétaloïdes et caducs, fleurs vertes.

8. Adonis, ADONIS *L*. calice à 5 sépales non pétaloïdes, corolle 3-7 pétales non nectarifères à la base, carpelles en épi ovale.

9. Isopire, ISOPIRUM *L*. calice à 5 sépales pétaloïdes caducs, fleurs blanches, capsules à plusieurs graines.

C. *Fleurs irrégulières*.

10. Ancolie, AQUILEGIA *L*. corolle à plusieurs éperons.

11. Pied d'Alouette, DELPHINIUM *L*. corolle à un seul éperon.

1. Clématite, CLEMATIS *L*.

C. Vigne blanche, C. VITALBA *L*. arbrisseau sarmenteux à fleurs blanches et à odeur de fleur d'oranger, c. les haies E.

2. Anemone, ANEMONE *L*.

A. Pulsatille, A. PULSATILLA *L*. graines à aigrettes, fleurs violettes. R. dans les landes P.

A. des bois, A. NEMOROSA *L*. fleurs blanches, tige uniflore. R. le long des ruisseaux, bois d'Auch, du Ramier, Rieutort, Panassac, Marignan, Moussat, près Barcelonne, etc. P.

A. Renonculoïde, A. RANUNCULOIDES *L*. fleurs jaunes, tige 2-3 flore, rarement uniflore. R. R. le long des ruisseaux. Rieutort près Lectoure; bois d'Ornézan, Panassac, etc. P.

A. Couronnée, A. CORONARIA *L*. fleurs d'un rouge vineux. R. R. R. Panassac, probablement échappée des jardins P.

3. Populage, Caltha *L*.

P. des marais. C. PALUSTRIS *L*. fleurs grandes, jaunes. c. c. dans les marais et au bord des mares, des marnières, dans l'Armagnac P.

4. Ficaire, FICARIA. *Dill*.

F. Renonculoïde, F. RANUNCULOIDES *Mœnch* fleurs jaunes, médiocres. c. c. c. les champs, les bois, partout P.

5. Renoncule, RANUNCULUS *L.*

A, *Fleurs blanches.*

R. Hétérophylle, R. HETEROPHYLLUS *Willd.* feuilles supérieures subreniformes, les inférieures à divisions capillaires. c. c. c. les fossés de l'Armagnac P. E.

R. Tripartite, R. TRIPARTITUS *D C.* feuilles supérieures à trois ou cinq lobes, à divisions profondes. c. c. dans les fossés de l'Armagnac P. E.

R. à feuilles de lierre, R. HEDERACEUS *L.* fleurs très petites, feuilles toutes subréniformes 3-5 lobées. c. c. fossés de l'Armagnac P. E.

R. Tricophylle, R. TRICOPHYLLUS *Chaix.* toutes les feuilles à divisions capillaires divergentes.

Var. *a,* divisions capillaires fines. R. CAPILLACEUS *Thuil.* c. c. c. dans tous les fossés.

Var. *b,* divisions raides et plus larges. R. CŒSPITOSUS *Thuil.* c. au bord des mares et des fossés dont l'eau s'est un peu retirée P. E.

R. Flottante, R. FLUITANS *Lam.* feuilles à divisions capillaires très allongées. c. dans les eaux courantes de l'Armagnac et des bords de l'Adour E.

B, *Fleurs jaunes.* † *Feuilles simples.*

R. Grande douve, R. LINGUA *L.* fleurs grandes, tige dressée. R. fossés, marnières, de l'Armagnac, Eauze, Lelin, etc. E.

R. Flammette, R. FLAMMULA *L.* fleurs petites, tiges couchées et redressées. c. c. c. dans les lieux humides et marécageux E. A.

C. *Fleurs jaunes.* † † *Feuilles lobées.*
* *Calice réfléchi.*

R. Bulbeuse, R. BULBOSUS *L.* collet bulbeux. c. c. c. partout E.

R. des mares, R. PHILONOTIS *Retz.* collet non bulbeux, c. dans les terrains boulbeneux ou sablonneux, Panassac, Seissan et tout l'Armagnac E.

R. à petites fleurs, R. PARVIFLORUS *L.* fleurs petites, jaune de soufre, feuilles velues, fruit à bec large court et droit, c. haies, jardins, etc. E.

R. Scélérate, R. SCELERATUS *L.* fleurs très petites, feuilles glabres, carpelles très nombreux en tête allongée, R. R. dans l'eau des fossés bourbeux, Auch à la Patte-d'Oie, Montestruc, Mirande fossés près du château, R. fossés et mares de l'Armagnac E.

* * *Calice non réfléchi.*

R. Villeuse, R. Villosus *St-Am.* fleurs très grandes, tiges et feuilles velues, ces dernières maculées, c. c. les bois des coteaux E.

R. Rampante, R. Repens *L.* tige à rejets rampants, c. c. c. les prés humides P. E.

R. Acre. R. Acris *L.* feuilles inférieures lobées, palmées, c. c. c. les prés, les bords des chemins, etc. E.

R. Bouton d'or, R. Auricomus *L.* feuilles inférieures, reniformes, orbiculaires, R. bois d'Auch, Ornézan, Marignan, Castex, etc.

R. des champs, R. Arvensis *L.* fruits hérissés d'aiguillons, c. c. c. les champs E.

6. Hellebore, Helleborus *L.*

H. fétide, H. Fœtidus *L.* tige très feuillée, très rameuse du haut, fleurs rosées au bord, c. les bois rocailleux, c. à Lectoure, St-Clar, Condom, etc. H.

H. vert, H. Viridis *L.* tige peu feuillée, peu rameuse, fleurs très vertes, R. bois frais, le long des ruisseaux, bois d'Auch, Durand, Marignan l'Armagnac H. P.

7. Nigelle, Nigella *L.*

N. de Damas, N. Damascena *L.* un involucre à folioles pinnatifides, c. c. les champs E.

N. d'Espagne, N. Hispanica *L.* point d'involucre, graines lisses et non ponctuées, c. c. les champs E. A.

8. Adonis, Adonis *L.*

A. d'été, A. Æstiva *L.* fruit à une dent éloignée du bec, R. champs des bords de l'Adour P. E.

A. à fleurs couleur de flamme, A. Flammea *L.* fruit à une dent rapprochée du bec, R. les champs à Auch, Lectoure, Condom, Lombez P. E.

A. d'automne, A. Autumnalis *L.* fruit sans dent, c. c. les champs E. A.

9. Isopire, Isopirum *L.*

I. à feuille de Pigamon, I. Thalictroides *L.* ra-

cines grumeuses, R. R. R. bois d'Auch, Sarrant, Lamothe-Goas P.

10. Ancolie, AQUILÉGIA *L.*
A. commune, A. VULGAIRS *L.* fleurs grandes,
bleues, c. c. les bois P.

11. Pied d'Alouette, DELPHINIUM *L.*

P. consoude, D. CONSOLIDA *L.* capsules petites
glabres, c. les champs E. A.
P. pubescent, D. PUBESCENS *D. C.* capsules grosses, pubescentes, c. c. les champs E. A.

II. NYMPHÉACÉES *D. C.*

1. Nénuphar, NYMPHÆA *Smith.* calice à 4 sépales.
2. Nuphar, NUPHAR *Smith.* calice à 5 sépales.

1. Nenuphar, NYMPHÆA *Smith.*
N. blanc, N. ALBA *L.* fleurs très grandes, blanches, c. c c. étangs, marnières, fossés et rivières
de l'Armagnac E. A.

2. Nuphar, NUPHAR *Smith.*
N. jaune, N. LUTEUM *Smith.* fleurs jaunes, moyennes, c. les rivières, le Gers, l'Osse, l'Auroue, etc. E.

III. PAPAVERACÉES *D. C.*

1. Pavot, PAPAVER *L.* fruit ovoïde.
2. Chélidoine, CHÉLIDONIUM *Tourn.* fruit allongé,
uniloculaire.
3. Glaucie, GLAUCIUM *Tourn.* fruit allongé, biloculaire.

1. Pavot, PAPAVER *L.*
A, *Fruit hérissé.*
P. Hybride, P. HYBRIDUM *L.* capsule ovoïde, globuleuse, R. Tournecoupe, Auch, Gimont, sur les
murs E.
P. à massues, P. ARGEMONE *L.* capsule allongée
en massue, c. les champs sablonneux, sur les murs,
etc. E.

8

B, *Fruit lisse.*

P. coquelicot, P. Rhœas *L.* fleurs très grandes, d'un beau rouge, c. c. c. champs cultivés E.

P. Dubium *L.* fleurs petites, rouge pâle, c. champs cultivés E.

2. Chélidoine, Chélidonium *Tourn.*

C. grande éclaire, C. Majus *L.* fleurs jaunes, suc orangé, c. c. c. sur les murs E.

3. Glaucie, Glaucium *Tourn.*

G. jaune, G. Luteum *Scop.* feuilles épaisses, fleurs très grandes, jaune orangé, r. r. revers au midi, Tournecoupe, Homps, Mauvezin, etc. E.

IV. **FUMARIACÉES** *D. C.*

Fumeterre, Fumaria *L.*

A, *Pédicelles droits.*

F. officinale, F. Officinalis *L.* fleurs en épi lache (F. *Officinalis*) ou serré (F. densiflora *Parl.*), sépales égalant le tiers de la longueur de la corolle, c. c. c. les champs, le long des murs, etc. P. E. A. la var. *densiflora* plus commune que le type.

F. de Vaillant, F. Vaillantii *Lois.* fleurs très petites, blanches, avec une tache pourpre au sommet, sepales 8 à 10 fois plus courtes que la corolle, feuilles très menues, toute la plante glauque. r. r. aux environs de Lectoure E. A.

B. *Pédicelles recourbés vers le bas.*

F. grimpante, F. Capreolata *L. R.* petioles très volubiles, les haies, les champs à Ste-Marie, près Gimont, à Plaisance E.

V. **CRUCIFÈRES.**

A, **Siliqueuses.**

† *Siliques indéhiscentes.*

1. Ravenelle, Raphanistrum *Tourn.* siliques toruleuses.

† † *Siliques déhiscentes.*

* *calice ouvert*, ☿ *siliques à valves sans nervures.*

2. Cardamine, Cardamine *L.* stigmate entier, graines unisériées.

3. Diplotaxide, Diplotaxis *D. C.* stigmate entier, graines bisériées, silique tétragone.

4. Cresson, Nasturtium *Br.* stigmate subbilobé, graines bisériées, silique cylindrique.

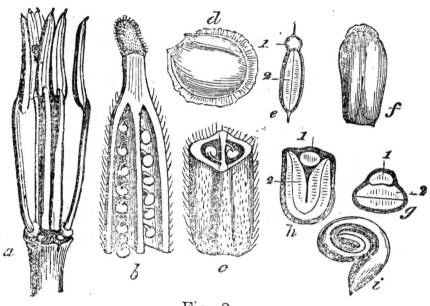

Fig. 2.

** *calice ouvert*, ☿ ☿ *siliques à 3 nervures au moins sur chaque valve.*

5. Moutarde, Sinapis *L.* style long et conique.

6. Sisymbre, Sisymbrium *L.* style court, non conique.

Fig. 2. — *Checranthue cheiri: a* étamines; — *b* partie de l'ovaire coupée longitudinalement; — *c* idem transversalement; — *d* graine, — *e* coupe transversale de la graine, 1 radicule, 2 cotylédons; — *f* graine du *Diplolaxis muralis;* — *g* coupe transversale, 1 radicule, 2 cotylédons, — *h* graine du *Branica campestris* coupée transversalement, 1 radicule, 2 cotylédons; — *i* embryon du *Bunias crucago.*

* *calice non ouvert,* ⚥ *gibbeux à la base.*

7. Giroflier, CHEYRANTHUS *L.* silique tétragone, stigmate à deux lobes divergents.

8. Vélar, ERYSIMUM *L.* silique tétragone, stigmate obtus.

9. Julienne, HESPERIS *L.* silique cylindrique, stigmate à deux lames dressées conniventes.

** *calice non ouvert,* ⚥ ⚥ *non gibbeux à la base.*

+ *graines bisériées.*

10. Roquette, ERUCA *Tourn.*

+ + *graines unisériées.*

11. Chou, BRASSICA *L.* graines globuleuses.

12. Barbarée, BARBAREA *Brown.* graines comprimées, valves carénées.

13. Arabette, ARABIS *L.* graines comprimées, valves non carénées.

B, Siliculeuses.

† *Silicules indéhiscentes.*

14. Rapistre, RAPISTRUM *Boerh.* silicule obpyriforme, calice gibbeux à la base.

15. Myagre, MYAGRUM *Tourn.* silicule obpyriforme, calice non gibbeux à la base.

16. Neslie, NESLIA *Desv.* silicule subglobuleuse.

17. Calépine, CALEPINA *Desv.* silicule ovale terminée par une pointe conique.

18. Buniade, BUNIAS *Brown.* silicule tétragone.

19. Sénébière, SENEBIERA *Pers.* silicule biloculaire, réniforme à la base.

† † *Silicules déhiscentes.*

20. Capselle, CAPSELLA *Vent.* silicule triangulaire.

21. Thlaspi, THLASPI *L.* silicule suborbiculaire, membraneuse au bord.

22. Iberide, IBERIS *L.* silicule ovale, échancrée au sommet, loges à une seule graine.

23. Teesdelie, TEESDELIA *Brown.* un appendice pétaloïde à la base des étamines.

24. Passerage, LEPIDIUM *L.* silicule suborbiculaires à valves carénées.

25. Caméline, CAMELINA *Crantz.* silicule pyriforme.

26. Alysse, ALYSSUM *L.* silicule orbiculaire ou ovale, filets des étamines munis d'appendices.

27. Drave, DRABA *L.* silicule oblongue, entière au sommet.

1. Ravenelle, RAPHANISTRUM *Tourn.*

R. des champs, R. ARVENSE *Wallr.* fleurs blanc jaunâtres souvent veinées de violacé, c. c. c. terrains non calcaires P. A.

2. Cardamine, CARDAMINE *L.*

A, *Pétales 2-3 fois plus longs que le calice.*

C. des prés, C. PRATENSIS *L.* siliques étalées, c. c. les prés humides P.

C. à larges feuilles, C. LATIFOLIA *Wahl.* siliques dressées, R. lieux très frais, ravins des bois, bords de l'Adour P. E.

B, *Pétales à peine plus longs que le calice.*

C. hérissée, C. HIRSUTA *L.* tiges hispides à la base, racine ne se ramifiant que vers l'extrémité, c. c. c. partout P.

C. des bois, C. SYLVATICA *Link.* racine oblique, toute couverte de fibres capillaires, R. bois d'Auch, bois de Barcelonne P.

C. impatiente, C. IMPATIENS *L.* tiges anguleuses, glabres, R. R. forêt de Berdoues, Malausanne, près Condom P.

3. Diplolaxide, DIPLOTAXIS *D C.*

A, *Fleurs jaunes.*

D. à petites feuilles, D. TENUIFOLIA *D C.* pédoncules beaucoup plus longs que la fleur, R. vignes, plaine de l'Adour E.

D. des murs, D. MURALIS *D C.* pédoncules de la longueur des fleurs, R. vieux murs à Auch, Puycasquier E.

D. des vignes, D. VIMINEA *D C.* pétales dépassant à peine le calice, R. les vignes à Auch, Lectoure, Marsolan, Lamothe-Goas, etc. P. A.

B, *Fleurs blanc-violâtre.*

D. à feuilles de Roquette, D. ERUCOIDES *D C.* pétales beaucoup plus longs que le calice, pédoncules très courts, c. les vignes, Mauvezin, Sarrant P. A.

4. Cresson, NASTURTIUM *Brown.*

A, *Fleurs blanches.*

C. officinal, N. OFFICINALE *Brown.* c.c.c. les eaux. C'est le cresson que l'on mange en salade P. E. A.

B, *Fleurs jaunes.*

C. sylvestre, N. SYLVESTRE *Brown.* pétales plus longs que le calice, silique enflée, c. bords de l'Adour E. A.

C. amphibie, N. AMPHIBIUM *Brown.* pétales plus longs que le calice, silique linéaire, c. c. les mares, les fossés E.

C. des marais, N. PALUSTRE *D C.* pétales de la longueur du calice, R. marais et fossés dans l'Armagnac E.

5. Moutarde, SINAPIS *L.*

M. noire, S. NIGRA *L.* siliques serrées contre la tige, graines noires, saveur très piquante, c. c. c. tertres des prés, etc. E.

M. des champs, S. ARVENSIS *L.* siliques presque étalées, R. gare d'Auch, champs de la plaine de l'Adour E.

M. blanche, S. ALBA *L.* style long, comprimé, ensiforme, c. c. les tertres calcaires au midi, Lectoure, St-Clar, Montégut, etc. P.

6. Sisymbre, SISYMBRIUM *L.*

A, *Feuilles bi ou tripinnatifides.*

S. sophie, S. SOPHIA *L.* R. parmi les décombres, à Lahas et à Puylauzic P.

B, *Feuilles plus ou moins dentées ou lobées.*

S. officinale, S. OFFICINALE *Scop.* siliques épaisses, tronquées à la base et courtes c. c. c. les rues E.

S. alliaire, S. ALLIARIA *L.* silique très allongée, cylindrique, feuilles dentées, c. c. c. les haies P.

S. d'Autriche, S. AUSTRIACUM *Jacq.* siliques ne dépassant pas les fleurs supérieures, feuilles roncinées ou lobées, R. les bords de l'Adour E.

S. Irio S. IRIO *L.* siliques dépassant les fleurs supérieures, feuilles roncinées, pinnatifides, R. les vieux murs à Auch E.

7. Giroflier, Cheiranthus *L*.

G. des murailles, C. Cheiri *L*. fleurs jaunes, c.c.c. sur les vieux murs P.

8. Vélar, Erysimum *L*.

V. perfolié, E. Perfoliatum *L*. r. les moissons, Lectoure, Auch, etc. E.

9. Julienne, Hesperis *L*.

J. des dames, H. Matronalis *L*. fleurs rouges ou blanches, odorantes, r. lieux frais, Lectoure à l'Arrieu, Barcelonne E.

10. Roquette, Eruca *Tourn*.

R. cultivée, E. Sativa *Lam*. cultivée (Roquette) quelquefois, spontané autour des jardins.

11. Chou, Brassica *L*.

C. des potagers, B. Oleracea *L*. feuilles glabres, glauques, sinuées, cultivé (chou) P. subspontané.

C. navet, B. Napus *L*. feuilles glabres, les inférieures lyrées, cultivé (navet) P. subspontané.

C. rave, B. Rapa *L*. feuilles radicales, lyrées, hérissées, cultivé (rave) P. subspontané.

12. Barbarée, Barbarea *Brown*.

B. vulgaire, B. Vulgaris *Brown*. tige dressée, feuilles supérieures, ovales, dentées, c. c. champs P.

B. précoce, B. Præcox *Brown*. tige dressée, feuilles supérieures pinnatifides, c. lieux frais P.

B. Couchée, B. Prostrata *Gay?* tiges couchées, r. les vignes boulbéneuses près Lectoure P.

13. Arabette, Arabis *L*.

A. Thalienne, A. Thaliana *L*. tige glabre au moins dans le haut, feuilles rares, glabres, c. c. c. champs, vignes P.

A. hérissée, A. Hirsuta *L*. tige hérissée, feuilles nombreuses, embrassantes, r. bois de Marin près d'Auch, Doat près Lectoure, Ligardes, Homps E.

14. Rapistre, Rapistrum *Boëhr*.

R. rugueux, R. Rugosum *All*. grappes fructifères, allongées, pédoncules épais, appliqués, fleurs jaunes; toute la plante plus ou moins hérissée, c. c. c. partout P. E. A.

15. Myagre, MYAGRUM *L*.

M. perfolié, M. PERFOLIATUM *L*. R. les champs des terrains calcaires, Lectoure, Montfort; c. à Faget-Abbatial E.

16. Neslie, NESLIA *Desv.*

N. paniculé, N. PANICULATA *Desv.* c. les champs E.

17. Calepine, CALEPINA *Desv.*

C. de Corvin, C. CORVINI *Desv.* R. R. champs et vignes E.

18. Buniade, BUNIAS *Brown.*

B. à feuilles de Roquette, B. ERUCAGO *L*. R. les champs, les vignes des plaines de l'Adour? E.

19. Senebière, SENEBIERA *Poir.*

S. corne de cerf, S. CORONOPUS *Poir.* grappes de fruits oblongues, sessiles à l'aisselle des feuilles, c. dans les rues à Auch, Lectoure, Mirande, etc. E.

20. Capselle, CAPSELLA *Dill.*

C. bourse à pasteur, C. BURSA PASTORIS *Mœnch.* feuilles vertes des deux côtés, c. c. c. partout P. E. A.

C. rougeâtre, C. RUBELLA *Reut.* feuilles rougeâtres en dessous, c. c. lieux secs ou sablonneux, Lectoure, Auch, bords de l'Adour P.

21. Thlaspi, THLASPI *Dill.*

T. des champs, T. ARVENSE *L*. silicules très grandes, feuilles non perfoliées, R. Panassac, dans les champs E.

T. perfolié, T. PERFOLIATUM *L*. silicules moyennes, feuilles comme perfoliées, c. c. les vignes P.

22. Ibéride, IBERIS *L*.

I. amère, I. AMARA *L*. feuilles lanceolées, c. c. c. les champs E.

I. pinnatifide, I. PINNATA *L*. feuilles pinnatifides, R. vignes à Auch, à Lectoure E.

23. Téesdélie, TEESDELIA *Brown.*

T. à tige nue, T. NUDICAULIS *Brown.* tige nue, R. l'Armagnac, landes sèches à Barcelonne P.

24. Passerage, LEPIDIUM *L*.

P. à larges feuilles, L. LATIFOLIUM *L*. feuilles inférieures ovales, lancéolées, très grandes, R. R. à Bézues, à Simorre E.

P. drave, L. Draba *L.* feuilles pubescentes, les caulinaires sagittées, c. c. c. les champs à Lectoure P.

P. champêtre, L. Campestre *L.* feuilles inférieures oblongues, incisées, c. c. c. les champs, les vignes E.

P. à feuilles de graminée, L. Graminifolium *L.* feuilles radicales pinnées, les supérieures linéaires, c. c. c. décombres, vieux murs, etc. E. A.

P. nasitort, L. Sativum *L.* cultivé dans les jardins pour salade.

25. Caméline, Camelina *Crantz.*

C. cultivée, C. Sativa *Crantz.* les champs, c. à Bivés, à Lectoure, à Auch E.

26. Alysse, Alyssum *L.*

A. calicinal, A. Calicinum *L.* r. r. les murs à Lectoure, les pelouses à Ste-Croix, les champs à Bazin, à Sarrant P.

27. Drave, Draba *L.*

D. du printemps, D. Verna *L.* feuilles entières ou à peu près lancéolées, en rosette, c. c. c. champs, murs, dans les terrains calcaires P.

D. de Krocker, D. Krockeri *Rchb.* feuilles à trois dents bien marquées, c. champs boulbéneux des plaines, à l'Heireté pres Lectoure, à Marignan P.

VI. **CISTES** *Dun.*

1. Ciste, Cistus *Tourn.* calice de trois à cinq sépales presque égaux.

2. Hélianthème, Helianthemum *Tourn.* calice de trois à cinq sépales, dont deux plus petits.

1. Ciste, Cistus *Tourn.*

C. à feuilles de sauge, C. Salviœfolius *L.* fleurs axillaires solitaires sur les pédoncules, r. landes de Casteron, bois des environs de Lombez, l'Isle-Jourdain E.

C. à feuilles de laurier, C. Laurifolius *L.* fleurs presque en ombelle, de trois à dix, en corymbe, r. r. r. bois de Tulle, près Lectoure E.

2. Hélianthème, HELIANTHEMUM *Tourn.*
A, *Feuilles alternes.*
H. fumane, H. FUMANA *Mill.* petit sous-arbrisseau couché, c. c. friches et bois secs E.

H. goutè de sang, H. GUTTATUM *Mill.* herbe dressée, pétales avec une tache à la base, c. lieux secs, Armagnac, bords de l'Adour, Castéra-Lectourois, etc. E.

B, *Feuilles opposées, sans stipules.*
H. Alyssoïde, H. ÁLYSSOIDES *D. C.* tige sous-ligneuse, très rameuse, c. landes de l'Armagnac E.

C, *Feuilles opposées, avec stipules.*
H. commun, H. VULGARE *Gaërtn.* tige presque ligneuse, couchée, c. c. c. coteaux secs, le long des chemins, tertres, etc. E.

VII. **VIOLARIÉES** *D. C.*

Violette, VIOLA *L.* pétales irréguliers, l'inférieur prolongé à la base en éperon creux.

A, *Pédoncules radicaux.*
V. des marais, V. PALUSTRIS *L.* feuilles arrondies, reniformes, fleurs inodores, bleu pâle, veinées de violet, plante toute glabre, c. c. marais de Garaison E.

V. odorante, V. ODORATA *L.* pédoncules velus, fleurs odorantes, bleues, rarement blanches, c. autour des habitations, bois, prairies P.

V. hérissée, V. HIRTA *L.* sans stolons, pédoncules velus, fleurs inodores, tiges latérales radicantes, ne fleurissant que l'année qui suit leur développement, c. c. les haies, les prés P.

V. blanche, V. ALBA *Bess.*? tiges latérales non radicantes, portant des fleurs l'année même de leur développement, fleurs blanches, c. c. c. Garaison H. P.

B, *Pédoncules axillaires,* † *stigmates aigus.*
V. des chiens, V. CANINA *L.* tige rameuse, feuilles ovales, oblongues, non acuminées, en cœur à la base, c. à Garaison P E.

V. des bois, V. Sylvatica *Fries*. tige rameuse, pétales assez larges, feuilles ovales, les superieures acuminées, cordiformes à la base, fleurs assez petites. *var*. Grandiflora *Gren*. et *Godr*. (*V. Rivinia-*

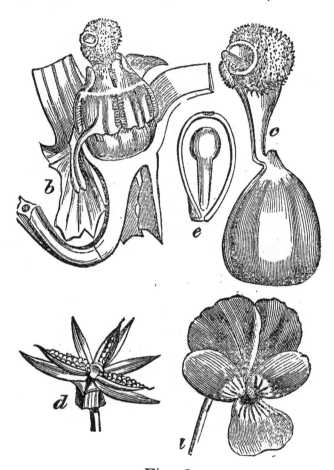

Fig. 3.

na Rchb.) fleurs grandes, c. c. c. dans les bois, les baies, le long des ruisseaux P.

V. à feuilles lanceolées, V. Lancifolia *Thore*. tige

Fig. 3. — *Viola tricolor*: *a* fleur; — *b* coupe longitudinale de la fleur pour montrer la disposition des étamines; — *c* pistil; — *d* capsule ouverte en trois valves; — *e* coupe longitudinale d'une graine.

rameuse, pétales allongés, feuilles toutes lancéolées, c. dans les haies et les landes de l'Armagnac, Eauze, Estang, Nogaro, Barbotan, Lelin, etc. P. E. On la trouve aussi à Garaison.

C, *Pédoncules axillaires,* † † *stigmates en godet.*

V. tricolore, V. Tricolor *L.* tige simple ou rameuse, feuilles inférieures cordiformes, les supérieures allongées, toutes crénelées, stipules supérieures pinnatifides, fleurs très variables, de couleur jaune et violete, ou l'une des deux couleurs, c. champs P. E.

VIII. RESEDACÉES *D C.*

1. Réséda, Reseda *L.* fruit capsulaire, capsule à 3-6 angles uniloculaire, à graines nombreuses.
2. Astérocarpe, Asterocarpus *Neck.* carpelles verticillés, distincts et monospermes.

1. Réséda, Reseda *L.*

R. jaunâtre, R. Luteola *L.* tige dressée, presque simple, calice à quatre sépales, fleurs jaunâtres en longues grappes, c. les décombres, les champs E.

R. des vignes, R. Phyteuma *L.* calice à cinq sépales, à divisions très grandes à la maturité du fruit, tiges nombreuses, étalées, c. c. les vignes de la région calcaire, c. c. c. à Lectoure P. A.

2. Astérocarpe, Asterocarpus *Neck.*

A. de Clusius, A. Clusii *Gay*, tiges simples ou peu rameuses, très glabres et glauques, c. dans les friches ou les champs arides des bords de l'Adour, entre Aire et Barcelonne E. A.

IX. DROSÉRACÉES.

Rossolis, Drosera *L.* calice à 4 sépales, corolle à 5 pétales, capsule uniloculaire.

R. à feuilles rondes, D. Rotundifolia *L.* feuilles arrondies, ciliées, c. marais de Garaison et des landes et probablement aux environs de Barbotan, Estang, etc. E.

R. intermédiaire, D. Intermedia *L.* feuilles spathu-

lées, cunéciformes, hampe courbée à la base, puis re-
dressée, c. marais de Garaison et autres localités de
l'espèce précédente E.

R. à longues feuilles, D. LONGIFOLIA *L*. feuilles linéaires oblongues, hampe dressée dès la base, localités des espèces précédentes E.

X. **POLYGALÉES.**

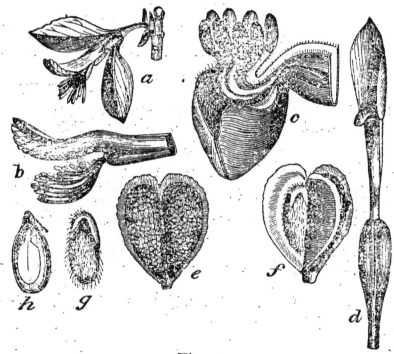

Fig. 4.

Polygala, POLYGALA *L*. calice à 5 sépales, les deux
intérieurs (aïles) beaucoup plus grands, pétaloïdes.

P. commun, P. VULGARIS *L*. feuilles inférieures
ovales-allongées; celles de la tige allongées-li-

Fig. 4. — *Polygala vulgaris*: *a* fleur entière; — *b* pétales
supérieurs soudés; — *c.* étamines et pétales inférieurs; — *d* pistil; — *e* fruit; — *f* le même s'ouvrant; — *g* graine; — *h* coupe
longitudinale de la graine.

néaires, tiges dressées ou couchées, allongées, peu nombreuses, fleurs bleues, rosées ou blanches, c.c.c. dans les bois, le long des fossés, etc. E.

P. calcarées, P. CALCAREA *Schultz*, tiges nombreuses, étalées, plus ou moins dressées, feuilles inférieures en rosettes nombreuses, ovales, arrondies, fleurs bleues, roses ou blanches, c. c. c. prés secs et coteaux P. E.

P. déprimé, P. DEPRESSA *Wend.* tiges peu nombreuses grêles filiformes toutes couchées, grappes de fleurs lâches, feuilles inférieures opposées obovées, fleurs d'un bleu très clair, R. R. les bois, bois d'Auch, bois de l'Armagnac, au Lin, bois de Garaison P.

XI. CARYOPHYLLÉES.

A, Calice gamosepale.
† *2 styles.*

1. Gypsophile, GYPSOPHILA *L.* onglet des pétales très court, calice non écailleux à la base.

2. Saponaire, SAPONARIA *L.* onglet des pétales allongé, calice non écailleux à la base.

3. Œillet, DIANTHUS *L.* onglet des pétales allongé, calice muni d'écailles courtes à la base.

† † *3 styles.*

4. Cucubale, CUCUBALUS *Gaertn.* fruit en baie.

5. Siléne, SILENE *L.* fruit capsulaire.

† † † *5 styles.*

6. Lychnide, LYCHNIS *Tourn.*

B, *Calice polysépale.*
† *4 étamines.*

7. Sagine, SAGINA *L.* étamines opposées aux sépales.

8. Mœnchie, MÆNCHIA *Pers.* étamines alternes avec les sépales.

† † *10 étamines, rarement 5. * 3 styles.*

9. Sabline, ARENARIA *L.* pétales entiers.

10. Stellaire, STELLARIA *L.* pétales bifides.

⁑ 5 *styles*.

11. Ceraiste, CERASTIUM *L*. pétales bifides.
12. Spargoute, SPERGULA *L*. pétales entiers.

1. Gypsophyle, GYPSOPHILA *L*.

G. des vaches, G. VACCARIA *Sibt*. calice très enflé, à dents triangulaires, acuminées, tige dressée, feuilles larges, glauques, c. les moissons, Auch, Lectoure, etc. E.

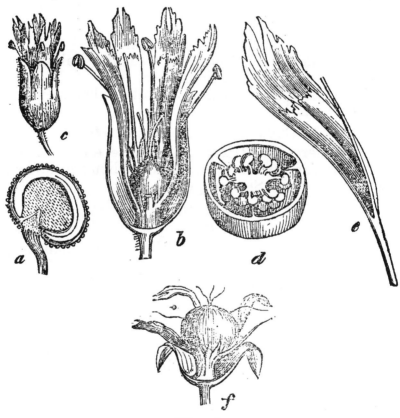

Fig. 5.

G. des murs, G. MURALIS *L*. calice à segments obtus, tiges nombreuses, couchées ou redressées, R. R. champs sablonneux à Barcelonne A.

Fig. 5. — *Cucubalus lacifer: c* fleur entière; — *b* coupe longitudinale de la fleur; — *d* coupe transversale de l'ovaire; — *e* pétale; — *f* fruit; — *a* coupe longitudinale de la graine.

2. Saponaire, SAPONARIA *L.*

S. officinale, S. OFFICINALIS *L.* grande herbe à feuilles larges et opposées, et grandes fleurs blànches en bouquet, c. c. c. dans les lieux frais É.

3. Œillet, DIANTHUS *L.*

A, *Fleurs solitaires sur chaque pédoncule.*

Œ. giroflée, D. CARYOPHYLLUS *L.* fleurs grandes, rouges ou rarement blanches, R. sur les vieux murs à Lectoure E.

B, *Fleurs réunies.*

Œ. protifère, D. PROLIFER *L.* écailles calicinales ovales-obtuses, c. c. c. lieux secs.

Œ. élégant, D. ARMERIA *L.* écailles calicinales lancéolées, c. c. les vignes.

4. Cucubale, CUCUBALUS *Gœrtn.*

C. bacifère, C. BACIFERUS *L.* calice enflé, plante d'un vert gai, les haies, R. dans les lieux humides, Lectoure, Auch, Simorre, etc.

5. Silène, SILENE *L.*

A, *Calice glabre.*

S. enflé S. INFLATA *Smith*, fleurs blànches, c. c. c. partout E.

S. atrape-mouche, S. MUSCIPULA *L.* fleurs rouges et visqueuses, R. R. R. dans un champ à St-Christeau, près d'Auch, en 1847. Je ne l'ai pas retrouvé depuis E.

S. annelé, S. ANNULATA *Thore*, fleurs rouges, non visqueuses, c. les champs de lin E.

B, *Calice velu.*

S. de France, SI GALLICA *Gren.* et *Godr.* calice à dents linéaires, subulées, fleurs petites, c. c. c. dans les e es argilo-siliceuses, champs, vignes, etc. E. At (1).

---

(1) Cette espèce est variable. Linné en avait fait quatre espèces. *S. Gallica*, pétales entiers, fruit droit. *S. Anglica*, pétales entiers, fruit réfléchi. *S. Lusitanica*, pétales crénelés. *S Cerastioides*, pétales échancrés. On trouve ces diverses variétés ensemble ou séparées.

S. penché, S. Nutans *L*. calice à dents ovales aiguës, renflé et obové à la maturité, visqueux; tige à rejets stériles nombreux et très feuillés, c. c. sur les rochers, à Lectoure, Auch, etc. E.

6. Lychnide, Lychnis *L*.

L. des champs, L. Githago *Lam*. (1) pétales à peine échancrés, violets, c. c. c. les moissons E.

L. diurne, L. Diurna *Sibt.* (2) fleurs rouges, pétales bifides, r. lieux frais, Lectoure, etc. E.

L. vespertine, L. Vespertina *L*. (3) fleurs blanches, pétales bifides, c. c. c. les haies E.

L. fleur de coucou, L. Flos cuculli *L*. pétales rouges, laciniés, c. c. les prés E.

7. Sagine, Sagina *L*.

† *Sépales étalés en croix à la maturité.*

S. couchée, S. Procumbens *L*. tiges gazonnantes, couchées, radicantes, c. c. c. entre les pavés des rues P. A.

S. sans pétales, S. Apetala *L*. tiges étalées, redressées, jamais radicantes, c. c. c. les champs argilo-siliceux P. E. A.

† † *Sépales appliqués sur la capsule à la maturité.*

S. ciliée, S. Ciliata *Fries*, feuilles subulées, aristées, rarement ciliées, r. les murs du cours d'Etigny, à Auch P.

8. Mœnchie, Mœnchia *Pers*.

M. dressée, M. Erecta *Rchb*. (4) herbe d'un vert gai, tige simple ou un peu rameuse, feuilles légèrement scarieuses, r. les lieux humides et sablonneux, Tulle près Lectoure, La Tardanne, Barcelonne, etc. P.

9. Sabline, Arenaria *L*.

A, *Fleurs rouges.*

S. rouge, A. Rubra *L*. (5) fleurs couleur lilas, c.

(1) Agrostema Githago *L*.
(2) Silene diurna *Gren*. et *Godr*.
(3) Silene pratensis *Gren*. et *Godr*.
(4) Sagina erecta *L*., Cerastium glaucum *Gren*.
(5) Spergularia rubra *Pers*.

leś champs sablonneux dans l'Armagnac et sur les bords de l'Adour, le long des chemins, etc. E.

B, *Fleurs blanches,* † *feuilles ovales.*

S. à feuilles de serpolet, A. SERPYLLIFOLIA *L.* feuilles petites, sessiles, c. c. c. les champs, les vignes, les bords des chemins, etc. E.

S. à trois nervures, A. TRINERVIA *L.* (1) feuilles pétiolées, ovales, lancéolées, aiguës, R. R. sur les rochers et dans les bois, à Mirail, près Lectoure, à Douat E.

† † *feuilles étroites, allongées-linéaires.*

S. à feuilles étroites, A. TENUIFOLIA *L.* (2) corolle de la longueur du calice ou plus petite, c. c. c. les champs, les vieux murs, etc. E.

10. Stellaire, STELLARIA *L.*

A, *Corolle dépassant de beaucoup le calice.*

S. des bois, S. NEMORUM *L.* feuilles inférieures cordiformes, les bois frais, R. l'Armagnac E. A.

S. holostée, S. HOLOSTEA *L.* feuilles lancéolées aiguës, fleurs grandes, c. c. c. haies, bois, etc. P.

S. graminée, S. GRAMINEA *L.* feuilles linéaires, tige grêle, fleurs petites, c. dans les bois frais, les haies ombragées, le long des ruisseaux E.

B, *Corolle ne dépassant pas le calice.*

S. moyenne, S. MEDIA *Will.* feuilles ovales, aiguës, glabres, à pétiole cilié, c. c. c. dans tous les lieux cultivés P. E. A.

S. aquatique, S. AQUATICA *Scop.* (3) tiges grimpantes ou couchées, velues, visqueuses ainsi que les feuilles pétiolées, cordiformes, ovales, acuminées; c. les bords des fossés, des étangs, des ruisseaux, dans l'Armagnac E. A.

11. Céraiste, CERASTIUM *L.*

A, *Tiges sans rejets rampants, racines annuelles, pétales ou étamines ciliés.*

C. visqueux, C. VISCOSUM *L.* pétales poilus sur

---

(1) Mœhringia trinervia *Clairv.*
(2) Alsine tenuifolia *Crantz.*
(3) Malachium aquaticum *Fries.*

l'onglet, étamines à filets glabres, fleurs en panicule serrée, feuilles arrondies, c. c. les prés, les pelouses P. E.

C. brachypétale, C. BRACHYPETALUM *Desp.* pétales à onglet glabre, étamines à filets ciliés, c. c. c. dans les champs, les bois secs P. E.

B, *Pétales ou étamines ciliés.*

C. semidécandre, C. SEMIDECANDRUM *L.* bractées scarieuses dans leur moitié ou tiers extérieur, pétales plus courts que le calice, c. vieux murs, champs, lieux pierreux ou sablonneux P.

C. obscur, C. OBSCURUM *Chaub.* bractées herbacées, à peine scarieuses sur les bords, c. c. c. aux environs de Lectoure, à Ste-Croix, Vacquier, Puycasquier, etc. P. E.

C. nain, C. PUMILUM *Curt.* bractées entièrement herbacées, poilues au sommet, c. les sables des landes, Aire, Barcelonne, Cazaubon, etc. P. E.

B, *Tiges à rejets rampants, racines vivaces.*

C. commun, C. VULGATUM *L.* fleurs petites, corolle à peine plus longue que le calice, c. c. c. partout P. E. A.

C. des champs, C. ARVENSE *L.* fleurs grandes, corolle deux ou trois fois de la longueur du calice, c. les tertres, les haies, les landes, les bois sablonneux de l'Armagnac E.

12. Spargoute, SPERGULA *L.*

S. des champs, S. ARVENSIS *L.* graines subglobuleuses, chagrinées, à peine bordées, c. c. c. les champs argilo-siliceux ou sablonneux P. E. A.

S. pentandre, S. PENTANDRA *L.* graines comprimées, bordées d'une large membrane blanche, c. c. dans les mêmes terrains P.

S. de Morisson, S. MORISSONII *Bor.* graines comprimées, bordées d'une large membrane fauve ou fauve-blanchâtre, R. les Landes sablonneuses, dans les landes et probablement dans l'ouest de l'Armagnac P. la plus printanière des trois.

XII. **LINÉES** *D C*.

1. Lin, Linum *L.* calice à 5 sépales, 5 étamines, capsule à 5 loges.

2. Radiole, Radiola *Gmel.* calice à 4 sépales, 4 étamines, capsule à 4 loges.

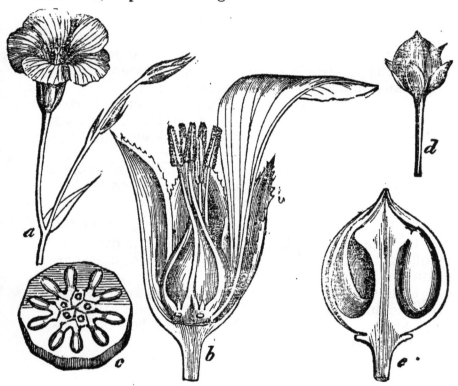

Fig. 6.

1. Lin, Linum *L.*

A, *fleurs blanches.*

L. purgatif, L. Catharticum *L.* c. c. les bois E.

B, *Fleurs jaunes.*

L. de France, L. Gallicum *L.* feuilles linéaires et lisses, c. les bois E.

Fig. 6. — *Linum usitatissimum* : *a* fleurs; — *b* coupe longitudinale d'une fleur; — *c* coupe transversale de l'ovaire; — *d* fruit; — *e* coupe longitudinale du fruit.

L. roide, L. STRICTUM *L.* feuilles lancéolées scabres, c. les revers des tertres au midi E.

C, *Fleurs bleues.*

L. usuel, L. USITATISSIMUM *L.* cultivé, se reproduit spontanément dans les prés E.

D, *Fleurs rosées ou blanc rosé.*

L. à petites feuilles, L. TENUIFOLIUM *L.* c. c. dans les friches des coteaux E.

2. Radiole, RADIOLA *Gmel.*

R. linoïde, R. LINOIDES *Gmel,* tige filiforme, rameuse, dichotome; plante très petite, fleur à l'aisselle des feuilles, R. dans l'Armagnac, au Lin, champs arides, tertres des Landes, Lamothe-Goas E.

XIII. **TILIACÉES** *Juss.*

Tilleul, TILIA *L.*

T. d'Europe, T. EUROPŒA *L.* c. Les bois E.

XIV. **MALVACÉES** *Brown.*

1. Mauve, MALVA *L.* calicule à 3 folioles.
2. Guimauve, ALTHŒA *L.* calicule à 6-9 divisions.

1. Mauve, MALVA *L.*

A, *Fleurs solitaires à l'aisselle des feuilles.*

M. musquée, M. MOSCHATA *L.* fruits lisses, R. dans l'Armagnac, au Lin E.

M. alcée, M. ALCEA *L.* fruits ridés, R. le long du canal à Barcelonne E.ᵃA.

B, *Fleurs agrégées à l'aisselle des feuilles.*

M. sauvage, M. SYLVESTRIS *L.* corolle grande, trois fois au moins plus longue que le calice, c. c. c. champs, chemins, etc. E. A.

M. à feuilles rondes, M. ROTUNDIFOLIA *L.* corolle petite, fruit presque lisse, c. bords de l'Adour E.

M. de Nice, M. NICŒENSIS *All.* corolle petite, fruit tuberculeux, c. c. le long des chemins, dans les lieux cultivés E.

2. Guimauve, ALTHŒA *L.*

G. officinale, A. OFFICINALIS *L.* pédoncules multiflores, plus courts que la feuille c. c. dans les lieux frais E.

G. à feuilles de chanvre, A. CANNABINA *L.* pédoncules unis ou biflores, plus longs que la feuille, tige et feuilles pubescentes, c. les haies, le long des ruisseaux E. A.

G. hérissée, A. HIRSUTA *L.* pédoncules uniflores, plus longs que la feuille, toute la plante très hérissée, c. c. dans les champs secs et calcaires E.

XV. **GÉRANIACÉES** *D C.*

1. Erodion, ERODIUM *L'Hérit.* 5 étamines fertiles, arêtes du fruit roulées en spirale à la base à la maturité. .

2. Géranion, GERANIUM *L.* 10 étamines fertiles, arêtes du fruit non roulées en spirale, etc.

1. Erodion, ERODIUM *L.*

A, *Feuilles non profondément découpées.*

E. malacoïde, E. MALACOIDES *Willd.* feuilles ovales-oblongues, les inférieures cordiformes, c. les tertres, au midi, à Lectoure, Marsolan, Tournecoupe, etc. P.

B, *Feuilles découpées presque en folioles, elles-mêmes disséquées.*

E. cicutaire, E. CICUTARIUM *Willd.* feuilles à 8-10 segments profondément incisées dentées, c. c. c. Var. *a.* (*E. Præcox*) presque acaule, c. c. pelouses sèches, *b.* (*E. Pinpinellœfolium D C.*) pétales supérieurs marqués d'une tache blanc jaunâtre, R. Lectoure, (*E. Chœrophyllïm D C.*) pétales non maculés, c. c. c. les vignes P. E. A.

E. musqué, E. MOSCHATUM *Willd.* feuilles à segments moins prononcés et plus larges dans leur ensemble, forte odeur de musc, R. le long des murs et chemins, à Lectoure, à Beaulieu près d'Auch E.

2. Géranion, GERANIUM *L.*

A, *Pédoncules uniflores.*

G. sanguin, G. SANGUINEUM *L.* fleurs rouge de sang, R. R. R. à Lectoure, sur la terrasse de l'évêché E.

B, *Pédoncules biflores,* † *feuilles palmées.*

G. noueux, G. NODOSUM *L.* feuilles à 5-3 palmures dentées, aiguës, c. les bois frais, le long des ruisseaux, bois d'Auch, etc. E.

G. de Robert, G. Robertianum *L.* feuilles 5-3 palmatisecquées à lobes obtusement mucronés, c. c. c. les haies, les bois P. E. — Var. *b.* (*G. Purpureum* Will.) teinte de la plante plus rougeâtre, fleurs plus petites, c. sur les murs.

C, *Pédoncules biflores,* † † *feuilles arrondies.*
　 * *Feuilles découpées jusqu'à leur base en lobes étroits.*

G. colombin, G. Columbinum *L.* pédoncules plus longs que les feuilles, c. c. les champs, vignes, etc. E.

G. disséqué, G. Dissectum *L.* pédoncules plus courts que les feuilles, c. c. les haies, vignes, etc. E.

* * *Feuilles non découpées jusqu'à leur base.*

G. à feuilles rondes, G. Rotundifolium *L.* pétales entiers, c. c. les lieux pierreux E.

G. mollet, G. Molle *L.* pétales bifides, fruits glabres, ridés en travers, c. c. c. P. E.

G. pusille, G. Pusillum *L.* pétales échancrés, fruits pubescents, non ridés en travers, c. c. au bord des chemins P. E.

XVI. OXALIDÉES.

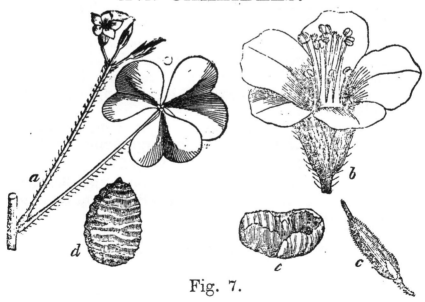

Fig. 7.

Fig. 7. — *Oxalis* : *a* rameau florifère; — *b* fleur entière; — *c* fruit; — *d* graine recouverte de son arille; — *e* arille.

Oxalide, Oxalis *L.*

O. corniculée, O. Corniculata *L.* fleurs jaunes, r. r. les terrains sablonneux, dans l'Armagnac, au Lin, à Barcelonne, Estang, Barbotan et à Marignan E. A.

O. petite oseille, O. Acetosella *L.* fleurs blanches, r. r. le long des ruisseaux à Panassac, dans l'Armagnac P.

XVII. HYPÉRICINÉES.

1. Androsème, Androsœmum *Tourn.* fruit en baie.
2. Hyperic, Hypéricum *L.* fruit capsulaire à 3-5 loges.
3. Hélode, Hélodes *Spach.* fruit capsulaire à une seule loge.

Androsème, Androsœmum *Tourn.*

A. officinal, A. Officinale *All.* fleurs grandes jaunes, r. les bois, bois du Ramier, bois d'Auch etc. E.

Hypéric, Hypericum *L.*

A, *Sépales bordés de glandes noires.*

H. hérissé, H. Hirsutum *L.* feuilles ovales, velues, c. les lieux frais, les bois, les bords des ruisseaux E.

H. élégant, H. Pulchrum *L.* feuillés amplexicaules, cordiformes, glabres, c. les bois E.

B, *Sépales non bordés de glandes noires.*

H. tétraptère, H. Tetrapterum *Fries* tige à 4 angles ailés, c. c. les bords des cours d'eau E.

H. perforé H. Pérforatum *L.* tige à 2 angles, c. c. c. les champs E.

H. couché H. Humifusum *L.* tiges arrondies, nombreuses, couchées, c. les champs argilo-siliceux E. A.

Hélode, Helodes *Spach.*

H. des marais, H. Palustris *Spach.* feuilles arrondies pubescentes, r. les marais, Barbotan, Estang, c. les marais de Garaison E.

XVIII. ACÉRINÉES *D C.*

Erable, Acer *L.* calice à 5 divisions, corolle à 5 divisions, corolle à 5 pétales, 8-12 étamines.

E. champêtre, A. Campestre *L.* arbre de moyenne grandeur, à écorce gercée, c. les bois E.

E. de Montpellier, A. Monspessulanum *L.* petit

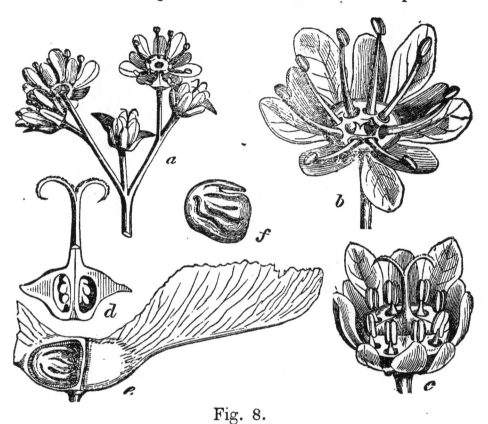

Fig. 8.

arbre rameux presque dès la base à écorce lisse, R. sur les rochers à Tournecoupe, Homps, Bivès, etc. E:

XIX. **VIGNES** *Jus.*

Vigne, Vitis *L.* 5 étamines, fruit en baie.

V. Vinifère, V. Vinifera *L.* baie succúlente, feuilles

Fig. 8. — *Acer*: *a* fleurs; — *b* une fleur mâle; — *c* une fleur femelle; — *d* coupe longitudinale du pistil, — *e* fruit. On a ouvert une des loges pour montrer la graine; — *f* l'embryon.

à 3-5 lobes aigus ou obtus, arbrisseau sarmenteux, c. c. haies, bois. — Vigne sauvage, lambrusque E.

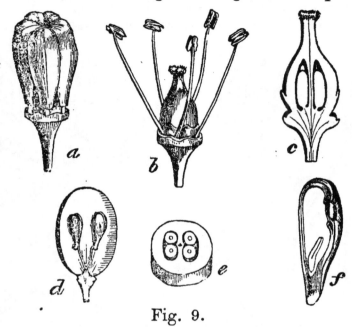

Fig. 9.

XX. **CORIARIÉES** *D.C.*

Corroyère, Coriaria *L.* plantes dioïques, calice 5-phylle, corolle à 5 pétales, fruit en baie.

C. A feuilles de myrthe, Coriaria myrtifolia *L.* arbrisseau à tiges 4-angulaires, feuilles ovales allongées opposées, c. dans les terrains calcaires E.

XXI. **CÉLASTRINÉES** *Juss.*

1. Fusain, Evonymus *L.* fruit capsulaire à 3 ou 5 loges.

2. Houx, Ilex *L.* fruit en baie, 4-sperme.

1. Fusain, Evonymus *L.*

F. d'Europe, E. Europœus *L.* arbrisseau quadrangulaire. c. le long des cours d'eau, dans les bois E.

Fig. 9. — *a* fleur entière; — *b* fleur dont on a détaché la corolle; — *c* coupe longitudinale du pistil; — *d* coupe longitudinale du fruit; — *e* coupe horizontale du fruit; — *f* coupe longitudinale de la graine.

2. Houx, ILEX ♃.

H. Piquant, J. AQUIFOLIUM *L*. arbre de petite grandeur, feuilles toujours vertes épineuses, c. c. les bois E.

XXII. **RHAMNÉES** *Brown*.

Nerprun, RHAMNUS ♃.

N. Alaterne, R. ALATERNUS *L*. feuilles dentées, aiguillonnées, persistantes. c. c. les haies au midi E.

N. Bourdaine R. FRANGULA *L*. feuilles très entières, caduques. c. les bois frais E.

XXIII. **THÉRÉBINTHACÉES** *Juss*.

Sumac, RHUS *L*. calice 5-partite, 5 étamines, fruit uniloculaire 5-sperme.

S. Des corroyeurs, R. CORIARIA *L*. feuilles imparipinnées à 5-7 paires de folioles. c. sur les rochers calcaires, à Auch, Lectoure, etc. E.

XXIV. **PAPILIONACÉES.**

A, **Légume articulé.**

1. Hippocrépide, HIPPOCREPIS *L*. légume profondément sinué.

2. Ornithope, ORNITHOPUS *L*. calice à 5 dents, tubuleux et muni de bractées.

3. Astrolobe, ASTROLOBIUM *Desv*. calice à 5 dents, tubuleux et sans bractées.

4. Sainfoin, ONOBRYCHIS *Tourn*. calice campanulé.

B, **Légume non articulé.**

† *Feuilles simples au moins vers le haut des tiges ou des rameaux.*

5. Ajonc, ULEX *L*. calice diphylle.

6. Spartie, SPARTIUM *L*. calice à 5 sépales dentés.

7. Genet, GENISTA *L*. calice bilabié; toutes les feuilles simples.

8. Sarothamne, SAROTHAMNUS *Wimm*. calice bilabié; feuilles inférieures ternées, les supérieures simples.

†† *feuilles ternées, légumes 1 sperme ou à peu près.*

9. Melilot, Melilotus *Tourn.* légume plus long que le calice.

10. Trèfle, Trifolium *L*. légume plus court que le calice.

11. Bugrane, Ononis *L.* légume égal au calice 5-fide.

12. Dorychnie, Dorychnium *Tourn.* légume égal au calice bilabié.

13. Psoralée, Psoralea *L.* légume égal au calice, couvert de points calleux.

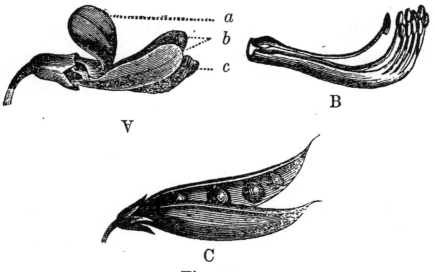

Fig. 10.

††† *feuilles ternées, légumes polyspermes.*

14. Luzerne, Medicago *L.* légume en faux ou en spirale.

15. Lupuline, Lupulina *Noul.* légume réniforme.

16. Lotier, Lotus *L.* légume cylindrique ou comprimé, sans ailes; calice 5-fide.

17. Tetragonolobe, Tetragonolobus *Scop.* légume cylindrique, ailé; calice 5-fide.

18. Cytise, Cytisus *L.* légume comprimé, allongé, calice bilabié.

Fig. 10.— A fleur papilionacée, *a* étendard, *b* ailes, *c* carène; — B étamines diadelphes; — C légume ouvert, montrant les graines.

19. Adenocarpe, ADENOCARPUS *D C.* légume comprimé, allongé, couvert de poils glanduleux; calice bilabié.

†††† *Feuilles digitées.*

20. Lupin, LUPINUS *L.*

††††† *Feuilles ailées,* * *stigmate pubescent.*

21. Pois, PISUM, *Tourn.* style triangulaire.
22. Gesse, LATHYRUS *L.* style élargi.
23. Orobe, OROBUS, *L.* style linéaire; légume cylindrique.
24. Vesce, VICIA *Tourn.* style filiforme; légume un peu aplati.

†††††† *Feuilles ailées,* ** *stigmate non pubescent.*

25. Ers, ERVUM *L.* calice 5-fide, légume uniloculaire.
26. Astragale, ASTRAGALUS *L.* calice à 5 dents; légume biloculaire.
27. Anthyllide, ANTHYLLIS *L.* calice renflé renfermant le légume.

˙1˙ Hippocrépide, HIPPOCREPIS *L.*

H. à toupet, H. COMOSA *L.* fleurs jaunes en tête, pédoncules plus longs que les feuilles, c. c. c. lieux secs au midi E.

2. Ornithope, ORNITHOPUS *L.*

O. comprimé, O. COMPRESSUS *L.* feuilles villeuses dépassant un peu les pédoncules, fleurs jaunes, c. les champs sablonneux de l'Armagnac E.

O. rosé, O. ROSEUS *Duf.* feuilles plus courtes que le pédoncule, fleurs roses, c. dans les sables des landes et probablement de l'Armagnac E.

O. nain, O. PERPUSILLUS *L.* feuilles plus courtes que les pédoncules, fleurs mêlées de rouge de blanc et de jaune, c. avec le précédent, Garaison E.

3. Astrolobe, ASTROLOBIUM *Desv.*

A. Scorpioïde, A. SCORPIOIDES *D C.* 1 à 3 folioles, fleurs jaunes, c. c. dans les lieux cultivés des terrains calcaires E.

4. Sainfoin, Onobrychis *Tourn.*

O. cultivé, O. Sativa *Lam.* cultivé dans tous les terrains calcaires, et par suite spontané dans les prés, les friches pierreuses, etc. E.

5. Ajonc, Ulex *L.*

A. d'Europe. U. Europœus *L.* calice pubescent ou velu, c. c. c. sols boulbéneux H P.

A. nain, U. Nanus, *Smith*, calice glabriuscule c. c. c. sols boulbéneux A.

6. Spartie, Spartium *L.*

S. Joncé, S. Junceum *L.* glabre, grandes fleurs jaunes, c. dans les terrains calcareo-marneux secs, Auch, Mirande, Montfort, etc. E.

7. Genet, Genista *L.*

A, *Rameaux épineux.*

G. piquant, G. Scorpius *L.* rameaux florifères épineux, c. c. c. friches et bois arides, à Auch, Mirande, Marignan, Seissan, Simorre, etc. E.

G. anglais, G. Anglica *L.* rameaux florifères non épineux, glabres, r. grand marais desséché à Barbotan E.

B, *Rameaux non épineux.*

G. des teinturiers, G. Tinctoria *L.* calice glabre, c. c. c. les prés, les bois E.

G. pileux, G. Pilosa *L.* calice soyeux, r. les bois secs des coteaux à Roquelaure, Bivès, Gimont, etc. E.

8. Sarothamne, Sarothamnus *Wimm.*

S. commun, S. Vulgaris *Wimm.* fleurs grandes, jaunes, c. c. c. les bois E.

9. Melilot, Melilotus *Tourn.*

A, *Fleurs jaunes.*

M. à grosses racines, M. Macrorhiza *Pers.* pétales égaux, plante élevée droite rameuse, fleur d'un beau jaune, c. c. le long des ruisseaux E. A.

M. des champs, M. Arvensis *Wallr.* étendard plus long que les ailes, celles-ci plus longues que la carène, fleurs d'un jaune pâle, tiges diffuses couchées redressées, r. les champs à St-Christeau et aux environs d'Auch E.

B, *Fleurs blanches.*

M. à fleurs blanches, M. Alba *Lamk.* fleurs inodores, r. les bords de l'Auroue vers Miradoux E.

10. Trèfle, Trifolium *L.*

A, *Fleurs en épi (tête très allongée.)*

T. à feuilles étroites, T. Angustifolium *L.* folioles
linéaires allongées, c. c. les vignes E.

T. incarnat, T. Incarnatum *L.* folioles cordiformes. — Cultivé comme fourrage sous le nom de fa-
rouch, se reproduit spontanément P. E.

T. rougeâtre, T. Rubens *L.* fleurs purpurines
grandes, folioles allongées très glabres, c. c. les
friches herbeuses E.

T. des champs, T. Arvense *L.* fleurs blanchâtres,
folioles petites velues, c. les champs E. A.

B, *Fleurs en têtes un peu allongées.*

T. maritime, T. Maritimum *L.* folioles allongées,
fleurs moyennes purpurines, r. les bois, Lectoure,
Gimont, l'Armagnac E.

T. jaunâtre, T. Ochroleucum *L.* folioles allongées,
fleurs grandes d'un blanc jaunâtre, c. c. les bois E.

T. strié, T. Striatum *L.* folioles un peu obcordi-
formes, pubescentes, une des divisions du calice
plus longue que les autres, c. les vignes, les champs,
à Gimont, Lectoure, Auch E.

T. scabre, T. Scabrum *L.* folioles obovales pubescentes, divisions du calice égales, c. les pelouses
sèches E.

T. roide, T. Strictum *L.* folioles elliptiques, toute
la plante glabre, c. les friches arides E.

C, *Fleurs en tête hérissées par les divisions*
du calice.

T. bardane, T. Lappaceum *L.* tige rameuse, c. c.
dans les champs E.

D, *Fleurs en tête, corolle caduque.*

† *Calice enflé après la floraison.*

T. fragifère, T. Fragiferum *L.* calice très enflé
velu, fleurs en tête arrondie d'un rouge tendre,
c. c. c. le long des routes, les prés, etc. E. A.

T. souterrain, T. Subterraneum *L.* capitules pauciflores, fleurs blanches, c. terres légères, vignes E.

†† *Calice non enflé après la floraison.*

T. des prés, T..Pratense *L.* fleurs purpurines, calice velu. c. c. c. partout P. E. A.

T. moyen, T. Medium *L.* fleurs rouges, calice glabre, ʀ. bois et friches herbeuses, Auch, Gimont, Marignan, etc. E.

E, *Fleurs en tête, corolle persistante étalée après la floraison.*

T. agraire, T. Agrarium *L.* fleurs jaunes, tiges dressées, c. les champs E.

T couché, T. Procumbens *L.* fleurs jaunes, tiges couchées redressées, c. c. c. les champs E.

T. filiforme, T. Filiforme *L.* tiges minces dressées, fleurs petites d'un jaune pale, c. les champs, les friches, les bois E.

T. doré, T. Patens, *Schr.* fleurs d'un jaune doré éclatant, c. les prés humides E.

E, *Fleurs en tête, corolle réfléchie après la floraison.*

T. rampant, T. Repens *L.* fleurs blanches, stipules étroites, pédoncules très longs, c. c. c. partout E A.

T. élégant, T. Elegans *Savi.* fleurs roses, stipules larges, pédoncules assez longs, c. Lombez, Sarcos, E A.

11. Bugrane, Ononis *L.*

A, *Fleurs rosées.*

B. arrête bœuf, O. Procurrens *Wallr.* tiges couchées, radicantes à la base, odeur fétide, fleurs grandes, c. c. c. champs, chemins, etc. E A.

B. champêtre, O. Campestris *Koch* et *Ziz*, tiges dressées dès la base, sans odeur fétide, fleurs grandes, c. c. les champs E A.

B. des anciens, O. Antiquorum *L.* corolle petite dépassant un peu le calice, tiges couchées en zigzac, épines minces très nombreuses et très fines, c. les graviers des bords de l'Adour E A.

B, *Fleurs jaunes.*

B. à petites fleurs, O. Columnœ *All.* fleurs en paquets axillaires formant des grappes en épi terminal, corolle plus courte que le calice, souvent avortées, R. pelouses sèches, Auch, Gimont, Lectoure E.

12. Dorychnie, Dorychnium *Tourn.*

D. sous-frutescente, D. Suffruticosum *Vill.* tiges à peine velues, c. c. c. les friches et bois secs des terrains calcaires E.

D. hérissée, D. Hirsutum *D C.* (Bongeana *Rehb.*) tiges très velues, c. friches herbeuses E.—Var. *Sericeum Noul.* poils blancs et soyeux.

13. Psoralée, Psoralea *L.*

P. bitumineuse, P. Bituminosa *L.* fleurs bleues en capitules très longuement pédonculés, R. les friches herbeuses au midi à Castelnau-d'Arbieu E.

14. Luzerne, Medicago *L.*

A, *Légumes non épineux en spirale.*

L. cultivée, M. Sativa *L.* fleurs bleuâtres, légumes courbés en spirale, c. c. lieux cultivés, prairies E A.

L. orbiculaire, M. Orbicularis *All.* fleurs jaunes, légumes discoïdes aplatis. c. c. c. les champs, les vignes E.— Var. *Marginata* légumes noircissant à la maturité.

B, *Légumes épineux.*

L. maculée, M. Maculata *Willd.* feuilles tachées de noir, gousse glabre, c. c. c. partout dans les lieux cultivés E A.

L. naine, M. Minima *Lamk.* feuilles non maculées, gousse velue, aiguillons déliés crochus, c. c. pelouses sèches E.

L. bardane, M. Lappacea *Lamk.* légumes ovales, globuleux à 5-6 tours, aiguillons épais et allongés crochus, R. les moissons à Vacquié près Lectoure E.

L. denticulée, M. Denticulata *Willd.* légumes discoïdes épais de 2 à 3 tours, aiguillons déliés allongés et crochus, c. les moissons E.

L. apiculée, M. Apiculata *Willd.* légumes discoïdes épais de 2 à 3 tours, aiguillons courts et droits, c. les moissons E.

15, Lupuline, Lupulina *Noul.*

L. dorée, L. Aurata *Noul.* fleurs d'un jaune doré, c. c. c. partout P. E. A.

16. Lotier, Lotus *L.*

A, *Feuilles ovales ou ovales-allongées.*

L. des marais, L. Uliginosus *Schk.* tiges dressées, c. lieux humides et marécageux E.

L. corniculé, L. Corniculatus, *L.* tiges couchées, c. c. c. partout E. A.

B, *Feuilles lancéolées-linéaires.*

L. à feuilles étroites, Tenuifolius *Poll.* plante glabre ou à peu près, légumes cylindriques, c. c. les champs E. A.

L. Hispide, L. Hispidus *Desf.* plante très velue, légumes comprimés courts, c. les lieux sablonneux de l'Armagnac E.

L. grêle, L. Angustissimus *L.* plante très velue, légumes comprimés très étroits et allongés, c. les champs boulbèneux à Seissan, dans l'Armagnac E.

17. Tétragonolobe, Tétragonolobus *Scop.*

T. siliqueux, T. Siliquosus *Roth,* fleurs jaunes, grandes, solitaires, r. env. de Condom route de Caussens, au Busca dans les vignes E.

18. Cytise, Cytisus *L.*

C. argenté, C. Argenteus *L.* (1) fleurs axillaires peu nombreuses ou solitaires, feuilles soyeuses, r. les friches arides au Midi, Auch, Gimont, Seissan, Bezues, etc. P. E.

C. en tête, C. Capitatus *Scop.* fleurs nombreuses en tête, c. c. les bois E.

19. Adénocarpe, Adénocarpus *D C.*

A. compliqué, A. Complicatus *Gay,* frutescent, fleurs jaunes en grappes terminales à l'extrémité des rameaux, r. à Barcelonne, route de la gare d'Aire, c. Garaison E.

(1) Argirolobium Linneanum *Walp.*

20. Lupin, Lupinus L.

L. réticulé, L. Reticulatus Desv. fleurs en grappe, bleuâtres assez petites; gousses de 4-5 graines, graines réticulées de lignes noires, R. les graviers de l'Adour, de Riscle à Aire P. E.

21. Pois, Pisum L.

P. des champs, P. Arvense L. fleurs violettes et pourprées, c. les moissons E.

22. Gesse, Lathyrus L.

A, *Pédoncule portant de une à trois fleurs.*

† *Pas de feuilles, les stipules ou le pétiole simulant des folioles.*

G. sans feuilles, L. Aphaca L. stipules élargies en folioles, fleurs jaunes, c. c. c. les moissons E.

G. de nissole, L. Nissolia L. pétiole simulant une longue feuille linéaire, fleurs rouges, R. les champs à Gimont, Lectoure, Auch, Marignan E.

† † *Feuilles à une paire de folioles.*

G. annuelle, L. Annuus L. feuilles à 2 folioles linéaires allongées, stipules très étroites, fleurs petites jaunes, c. les moissons des plaines E.

G. sphérique, L. Sphæricus *Retz*. feuilles à 2 folioles linéaires allongées cunéiformes mucronées nervulées, stipules semi-sagittées, fleurs écarlates, légumes subtoruleux nervulés, c. les moissons E.

G. anguleuse, L. Angulatus L. feuilles à deux folioles linéaires acuminées, pédoncules longuement aristés, tige subquadrigone à 2 angles plus marqués, stipule avec une dent à la base, R. moissons, à Fleurance E.

G. hérissée, L. Hirsutus L. légumes hérissés, fleurs d'un blanc purpurin, pédoncules non aristés, c. les moissons E.

N. B. On cultive communément le L. Sativus L. sous le nom de Gesse.

B, *Pédoncules à plus de 2 ou 3 fleurs.*

† *Fleurs jaunes.*

G. des prés, L. Pratensis L. c. c. c. les haies, les bois, les prés E.

† † *Fleurs rouges.*

G. à larges feuilles, L. Latifolius *L.* feuilles très larges, stipules très grandes semi-sagittées, fleurs très grandes pourprées, c. c. les bois, les haies E.

G. sauvage, L. Sylvestris *L.* feuilles courtes et assez étroites, fleurs médiocres, stipules très étroites, r. Auch moulin d'Endoumingou E.

G. héterophylle, L. Héterophyllus *L.* feuilles linéaires très allongées, fleurs médiocres, stipules beaucoup plus grandes que dans le *Sylvestris,* r. les lieux ombragés vers les Pyrénées? E.

23. Orobe, Orobus *L.*

O. tubereux, O. Tuberosus *L.* racine tuberifère, 4-6 folioles, c. c. c. les bois P.

O. noir, O. Niger *L.* racine non tuberifère, 8-12 folioles, c. les bois des côteaux E.

24. Vesce, Vicia *Tourn.*

A, *Fleurs axillaires, solitaires ou géminées.*

† *Fleurs rouges, calice régulier.*

V. Lathyroïde, V. Lathyroides *L.* tiges diffuses couchées grêles, fleurs solitaires, légumes noircissant à la maturité, r. les lieux arides et pierreux sur les rochers des environs de Lectoure, à Ste-Croix, à Vaquié, au Haou, à Marsolan, etc. P E.

V. cultivée, V. Sativa *L.* folioles larges, stipules marquées d'un point pourpre noir, légumes jaunâtres à la maturité, c. les champs E.

V. à feuilles étroites, V. Angustifolia *Roth*, tiges dressées, folioles étroites, légumes noircissant à la maturité, c. c. les moissons, les bords des champs, des haies, des bois, etc. E.

† † *Fleurs jaunes, calice irrégulier.*

V. jaune, V. Lutea *L.* étendard glabre, veiné, c. les moissons E.

V. hybride, V. Hybrida *L.* étendard très velu, les moissons à Gimont, Lombez E.

C, *Fleurs en grappe pauciflore, courtement pédonculée.*

V. des haies, V. Sepium *L.* fleurs 2 à 5 purpurines bleuâtres en grappe plus courte que les feuilles, c. les haies, les bois E.

D, *Fleurs de 1-3 sur le même pédoncule, tantôt long, tantôt court.*

V. de Bithynie, V. Bithynica *L.* de 1 à 3 paires de folioles, fleurs purpurines assez grandes, c. les moissons E.

E, *Fleurs en grappes multiflores, longuement pédonculées.*

V. multiflore, V. Cracca *L.* fleurs en grappe serrée, poils peu nombreux appliqués sur la tige, c. c. les lieux frais, les moissons, E.

V. à feuilles menues, V. Tenuifolia *Roth.* fleurs en grappes moins serrées que dans la précédente, tige couverte de poils nombreux étalés, c. c. les bois, les moissons E.

V. Variée, V. Varia *Gren.* et *Godr.* fleurs en grappes lâches, s'ouvrant toutes ensemble, étendard de moitié plus court que l'onglet, c. c. c. les moissons E.

25. Ers, Ervum *L.*
A, *Légumes glabres.*

E. tétrasperme, E. Tetraspermum *L.* pédoncules plus courts que les feuilles, non aristés, c. les champs E.

E. grêle, E. Gracile. pédoncules plus longs que les feuilles, aristés, c. les lieux humides E.

B, *Légumes velus.*

E. hérissé, E. Hirsutum *L.* pédoncules à plusieurs fleurs blanches, c. c. les champs E.

26. Astragale, Astragalus *L.*

A. à feuilles de réglisse, A. Glyciphyllos *L.* tiges diffuses, rampantes; folioles larges, arrondies, c. les bois frais E.

27. Anthyllide, Anthyllis *L.*

A. vulnéraire, A. Vulneraria *L.* fleurs en têtes moins longues que les feuilles, fleurs jaunes, c. c. lieux secs E.—Var. *Rubriflora D C.* fleurs rouges.

XXV. ROSACÉES *Juss.*

A, *4 étamines.*

1. Alchemille, Alchemilla *Tourn.*

B, *12 étamines.*

2. Aigremoine, Agrimonia *L.*

C, *Plus de 12 étamines,* † *1 style.*

3. Prunier, Prunus *Tourn.* fruit à noyau, oblong, comprimé.

4. Cerisier, Cerasus *Juss.* fruit à noyau globuleux.

† † *2 styles.*

5. Alisier, Cratægus *L.* arbres, calice 5-fide.

6. Pimprenelle, Poterium *L.* herbes, calice à 4 sépales.

† † † *3 styles.*

7. Sorbier, Sorbus *L.*

† † † † *5 styles.*

8. Néflier, Mespilus *L.* une baie à 5 noyeaux.

9. Poïrier, Pyrus *L.* fruit charnu à 5 loges, polysperme.

10. Spirée, Spiræa *L.* fruit capsulaire polysperme.

† † † † † *plus de 5 styles.*

11. Rose, Rosa *L.* calice 5-fide, ovaire infère épais et polysperme.

12. Ronce, Rubus *L.* calice 5-fide, fruit en baie composée de grains succulents agrégés monospermes.

13. Fraisier, Fægraria *L.* calice 10-fide, fruit en baie succulente formée du réceptacle charnu et des graines.

14. Potentille, Potentilla *L.* calice 10-fide, réceptacle nu, semences non aristées.

15. Benoite, Geum *L.* calice 10-fide, réceptacle nu, semences aristées.

16. Tormentille, Tormentilla *L.* calice 8-fide.

1. Alchemille, Alchemilla *Tourn.* (1).

A. des champs, A. Arvensis *Scop.* fleurs agglomérées, opposées aux feuilles, c. c. les champs E.

2. Aigremoine, Agrimonia *L.*

A. Eupatoire, A. Eupatoria *L.* fleurs jaunes en

_____

(1) Aphanes *L.*

longues grappes serrées, c. c. c. les chemins, les bois A.

3. Prunier, PRUNUS L.

P. épineux, P. SPINOSA L. fruits petits, à pédoncules glabres ordinairement solitaires, c. c. c. les haies P.

P. domestique, P. INSTITITIA L. fruits gros, à pédoncules finement pubescents ordinairement géminés, c. haies P.

4. Cerisier, CERASUS Juss.

C. des oiseaux, C. AVIUM D C. feuilles ovales lancéolées, c. les haies, les bois P.

C. de Sté-Lucie, C. MAHALEP Mill. feuilles ovales arrondies, R. les friches arides, au Garros près d'Auch.

5. Alisier, CRATŒGUS L.

A. commun, C. TORMINALIS L. feuilles à 7 lobes cordiformes, c. les bois E. Il est cultivé pour ses fruits agréablement acidulés à la maturité (Alises).

A. oxyacanthe, C. OXYACANTHA L. pédoncules glabres, fruits à 2 ou 3 noyaux, c. dans les haies, les bois P E.

A. monogyne, C. MONOGYNA L. pédoncules velus, fruits à un seul noyau, c. c. c. les haies, les bois P E.

Ces deux dernières espèces sont confondues sous le nom d'aubépine.

6. Pimprenelle, POTERIUM L.

P. Muriquée, P. MURICATUM Spach, fossettes des fruits à bords élevés denticulés, c. c. les prés, les champs E.

P. sanguisorbe, P. SANGUISORBA L. fruits marginés sur les angles plus ou moins réticulés, c. c. les prés, les champs E.

7. Sorbier, SORBUS L.

S. domestique, S. DOMESTICA L. R. les bois E. Fréquemment cultivé comme grand arbre à fruit.

8. Néflier, MESPILUS L.

N. d'Allemagne, M. GERMANICA L. fruits solitaires à l'extrémité des rameaux (Nèfles), c. les bois, les haies E. — Cultivé.

N. buisson ardent, M. Pyracantha *L.* fruits en bouquets d'un rouge de feu à la maturité, c. les haies, les bois E.

9. Poirier, Pyrus *L.*

P. commun, P. Communis *L.* pétiole grêle aussi long que le limbe de la feuille qui est finement dentée, c. les bois P.

P. pommier, P. Malus *L.* pétiole deux fois plus court que le limbe de la feuille obtusément dentée, blanche et tomenteuse en dessous, c. les haies, les bois P.

P. acerbe, P. Acerba *D C.* feuilles comme dans l'espèce précédente mais vertes en dessous et glabres après leur entier développement, c. dans les bois P.

10. Spirée, Spirœa *L.*

S. filipendule, S. Filipendula *L.* feuilles pinnées, pinnules petites, c. c. les champs, les friches E.

S. ulmaire, S. Ulmaria *L.* feuilles pinnées, pinnules grandes la terminale très grande, r. le long des ruisseaux, c. dans l'Armagnac E.

11. Rose, Rosa *L.*

A. *Styles réunis,* † † *feuilles luisantes.*

R. des champs, R. Arvensis *L.* divisions du calice courtes, feuilles d'un vert cendrée en dessous, c. c. c. les collines E.

R. toujours verte, R. Sempervirens *L.* divisions du calice pinnatifides acuminées, feuilles d'un vert brillant en dessous, c. les haies, les bois E.

† † *Feuilles non luisantes.*

R. styleuse, R. Stylosa *Desv.* aiguillons courts, très forts et très crochus, c. les haies, les bois E. Var. *Leucochroa Desv.* feuilles velues seulement sur les nervures.

B, ' *Styles distincts non soudés en colonnes.*

R. des chiens, R. Canina *L.* feuilles simplement dentées, c. c. c. les haies E. Var. *Dumetorum,* aiguillons très crochus.

R. rubigineuse, R. Rubiginosa *L.* feuilles doublement dentées, glanduleuses sur la face inférieure, odorantes, c. les haies, les bois E.

R. de France, R. Gallica *L.* stipules étroites, ai guillons droits faibles et nombreux, r. les rochers, les bois E.

12. Ronce, Rubus *L.*

A, *Tige anguleuse.*

R. frutiqueuse, R. Fruticosus *L.* tige à peine velue, c. c. c. haies, bois E.

R. glanduleuse, R. Glandulosus *Bell.* tige velue, glanduleuse vers le haut, r. les haies, les bois E.

B, *Tige cylindrique.*

R. bleuâtre R. Cœsius, feuilles glabres, c. c. c. les champs E.

R. tomenteux, R. Tomentosus, feuilles tomenteuses, c. les bois, les haies, Beaulieu, l'Armagnac E.

13. Fraisier, Fragaria *L.*

F. des bois, F. Vesca *L.* fruit rouge, arrondi ou ovalaire, c. les bois frais P. E.

14. Potentille, Potentilla *L.*

A, *Feuilles ternées, fleurs blanches.*

P. splendide, P. Splendens *Ram.* feuilles soyeuses, blanches en dessous, luisantes, c. dans les landes et les bois de l'Armagnac E.

P. stérile, P. Sterilis *L.* (Fragaria) feuilles velues, non luisantes, c. c. c. bois des collines P.

B, *Feuilles quinées, fleurs jaunes.*

P. du printemps, P. Verna *L.* pédoncules terminaux, c. c. c. les bois, les friches P. Var. *Rubens,* toute la plante rougeâtre.

P. rampante, P. Reptans *L.* pédoncules axillaires, longs, c. c. c. les champs E.

C, *Feuilles ailées, fleurs jaunes.*

P. ansérine, P. Anserina *L.* feuilles soyeuses, blanches en dessous, r. lieux humides, Auch, le long du Gers, c. dans l'Armagnac E.

15. Benoîte, Geum *L.*

B. commune, G. Urbanum *L.* tige droite, fleurs jaunes, arêtes nues crochues, c. le long des murs, des ruisseaux, les bois E.

16. Tormentille, TORMENTILLA *L.*

T. dressée, T. ERECTA *L.* tige dressée, fruits lisses, c. c. c. les bois E. A.

T. rampante, T. REPTANS *L.* tige couchée, fruits tuberculeux, c. les bois E.

XXVI. **ONAGRARIÉES** *D C.*

A, *Fruit long.*

1. Œnothère, ŒNOTHERA *L.* graines nues.
2. Epilobe, EPILOBIUM *L.* graines aigrettées.

B, *Fruit court.*

3. Isnardie, ISNARDIA *L.* capsule courte.

1. Œnothère, ŒNOTHERA *L.*

Œ. bisannuelle, Œ. BIENNIS *L.* fleurs jaunes, grandes, c. bords de l'Adour, bords de la Gimone à Simorre, E. A.

2. Epilobe, EPILOBIUM *L.*

A, *Stigmate entier.*

E. de marais, E. PALUSTRE *L.* feuilles linéaires, lancéolées, R. marais de l'Armagnac E.

E. tétragone, E. TETRAGONUM *L.* feuilles ovales lancéolées, tige à 4 lignes saillantes, c. bords des fossés, bois humides E.

B, *Stigmate 4-fide.*

E. hispide, E. HIRSUTUM *L.* fleurs grandes, c. c. c. le long des ruisseaux et des rivières E.

E. à petites fleurs, E. PARVIFLORUM *Schreb.* fleurs petites, c. c. c. lieux humides E.

3. Isnardie, ISNARDIA.

I. des marais, I. PALUSTRIS *L.* fleurs petites, axillaires, solitaires, c. les bords de l'Adour, les ruisseaux et les marais de l'Armagnac E. A.

XXVII. **HALORAGÉES** *Brown.*

Myriophylle, MYRIOPHYLLUM *L.* fleurs monoïques, fruit à 4 coques indéhiscentes.

M. verticillé, M. VERTICILLATUM. fleurs verticillées, rameau floral terminé par des feuilles, c. dans les eaux de la vallée de l'Adour et dans l'Armagnac E.

M. en épi, M. Spicatum *L.* fleurs verticillées en épi terminal, c. mêmes lieux E.

XXVIII. CIRCÉACÉES *Lindl.*

Circée, Circœa *L.* calice bilobé, caduc.

C. de Paris, C. Lutetiana *L.* fleurs en grappe terminale, r. les bois frais, environs de Lectoure, de Condom E.

XXIX. LYTHRARIÉES *Juss.*

1. Péplide, Peplis *L.* capsule arrondie.
2. Salicaire, Lythrum *L.* capsule oblongue.

1. Peplide, Peplis *L.*

P. pourpier, P. Portula *L.* fleurs axillaires, solitaires, sessiles, c. les lieux inondés en hiver, dans l'Armagnac P. A.

2. Salicaire, Lythrum *L.*

S. commune, L. Salicaria *L.* fleurs grandes, rouges en long épi, c. c. les lieux humides E.

S. à feuilles d'hyssope, L. Hyssopifolia *L.* fleurs petites axillaires, r. les lieux humides en hiver, Auch, Lombez, l'Armagnac E. A.

XXX. CUCURBITACÉES *Juss.*

1. Bryone, Bryonia *L.* fruit en baie.
2. Momordique, Momordica *L.* fruit oblong, charnu E.

1. Bryone, Bryonia *L.*

1. B. dioïque, B. Dioïca *L.* plante grimpante à fruits rouges c. les haies, les bois E.

2. Momordique, Momordica *L.*

M. élastique, M. Elaterium *L.* fruits s'ouvrant avec élasticité à la maturité, c. à Lectoure, à St-Clar, à Marsolan etc. E. A.

XXXI. PORTULACÉES. *Juss.*

1. Pourpier, Portulaca *Tourn.* 12 étamines.
2. Montie, Montia *L.* 3 étamines.

1. Pourpier, PORTULACA *Tourn.*

P. des potagers, P. OLERACEA *L.* feuilles épaisses, fleurs jaunâtres, c. les sables des bords de l'Adour E. A. cultivé dans les jardins.

2. Montie, MONTIA *L.*

M. des fontaines, M. FONTANA *L.* tiges couchées et radicantes, c. les champs et vignes boulbéneuses P.

XXXII. **PARONYCHIÉES** *St-Hil.*

A, *Feuilles alternes.*

1. Corrigiole, CORRIGIOLA *L.* calice 5-phylle, corolle à 5 pétales, capsule à graine triangulaire.

B, *Feuilles opposées munies de stipules.*

2. Polycarpe, POLYCARPON *L.* corolle à 5 pétales très petits ovales échancrés, capsule uniloculaire à 3 valves.

3. Herniaire, HERNIARIA *L.* corolle à 5 pétales filiformes.

4. Illécébre, ILLECEBRUM *L.* corolle nulle.

C, *Feuilles opposées sans stipules.*

5. Scléranthe, SCLERANTUS *L.* calice tubuleux 5-fide.

1. Corrigiole, CORRIGIOLA *L.*

C. littorale, C. LITTORALIS *L.* tiges diffuses et rampantes, c. c. les champs dans l'Armagnac P, E. A.

2. Polycarpe, POLYCARPON *L.*

P. à quatre feuilles, P. TETRAPHYLLUM *L.* tiges nombreuses, couchées et buissonnantes, R. entre Aire et Barcelonne, au pied des murs P. E. A.

3. Herniaire, HERNIARIA *L.*

H. hérissée, H. HIRSUTA *L.* tige hérissée, c. c. terrains boulbéneux E. A.

H. glabre, II. GLABRA *L.* tige glabre, c. terrains sablonneux de l'Armagnac E. A.

4. Illécèbre, ILLECEBRUM *L.*

I. verticillé, I. VERTICILLATUM *L.* tiges étalées en rosettes, fleurs verticillées blanches, R. sables humides de l'Armagnac E.

5. Sclérante, SCLERANTHUS *L.*

S. Annuel, S. ANNUUS *L.* tiges étalées couchées, calices étalés, c. c. les champs E.

XXXIII. CRASSULACÉES *D C.*

1. Tillée, TILLŒA *Mich.* 4 étamines.
2. Crassule, CRASSULA *L.* 5 étamines.
3. Orpin, SEDUM *L.* 10 étamines, corolle polypétale.
4. Cotylédon, COTYLEDON *L.* 10 étamines, corolle gamopétale.
5. Joubarbe, SEMPERVIVUM *L.* 12 étamines.

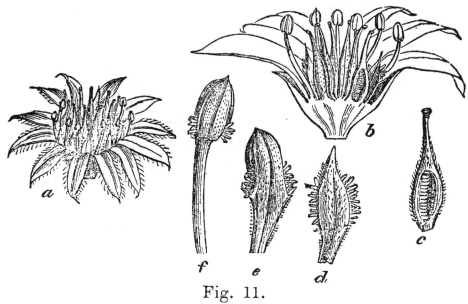

Fig. 11.

1. Tillée, TILLŒA *Mich.*

T. mousseuse, T. MUSCOSA *L.* plante très petite, R. landes à Barcelonne P.

2. Crassule, CRASSULA *L.*

C. rougeâtre, C. RUBENS *L.* plante rameuse, rougeâtre, c. les champs, les jardins E.

Fig. 11. — *Sempervivum tectorum*: *a* fleur; — *b* coupe longitudinale de la fleur; — *c* coupe longitudinale d'un carpelle; — *d* écaille ou étamine métamorphosée; — *e* étamine se changeant en écaille; — *f* étamine.

3. Orpin, Sedum *L.*

A, *Feuilles planes.*

O. paniculé, S. Cepœa *L.* feuilles petites, fleurs blanchâtres en panicule allongée, c. les tertres E.

O. herbe de Notre-Dame, S. Telephium *L.* feuilles grandes, fleurs rouges en corymbe, r. les bois E.

B, *Feuilles cylindriques,* † *fleurs jaunes.*

O. acre, S. Acre *L.* tiges étalées très rameuses, c. les rochers, les lieux secs E.

O. réfléchi, S. Reflexum *L.* tiges dressées, divisions du calice aiguës, c. c. c. les toits, .les rochers, etc. E.

O. élevé, S. Altissimum *L.* tiges dressées, divisions du calice obtuses, c. les lieux secs, les vignes E.

† † *Fleurs blanches ou purpurines.*

O. à feuilles épaisses, S. Dasyphyllum *L.* feuilles courtes, très épaisses, r. les vieux murs à Auch E.

O. blanc, S. Album *L.* feuilles allongées, fleurs blanches, c. c. les murs, les champs pierreux E.

4. Cotyledon, Cotyledon *L.*

C. ombiliqué, C. Umbilicus *L.* feuilles rondes, peltées, r. r. les vieux murs à Auch, à Mirande E.

5. Joubarbe, Sempervivum *L.*

J. des toits, S. Tectorum *L.* un grand nombre de rosettes stériles, c. les vieux murs, les toits E.

XXXIV. **SAXIFRAGÉES** *Juss.*

1. Saxifrage, Saxifraga *L.* corolle à 5 pétales, capsule biloculaire.

2. Chrysosplénie, Chrysosplenium *L.* corolle nulle, capsule uniloculaire.

1. Saxifrage, Saxifraga *L.*

S. tridactyle, S. Tridactylites *L.* feuilles à 3 ou à 5 lobes, c. c. sur les toits, les murs, les rochers P.

2. Chrysosplenie, Chrysosplenium *L.*

C. à feuilles opposées, C. Oppositifolium *L.* feuilles opposées arrondies, R. marais du bois de Lassales près Garaison E.

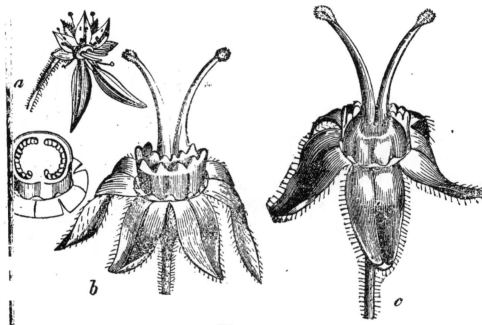

Fig. 12.

XXXV. OMBELLIFÈRES *Juss.*

OMBELLIFÈRES VRAIES, *une ombelle et une ombellule.*

A, *Fruit globuleux.*

1. Cigüe, Conium *L.* un involucre composé de quelques folioles.

2. Æthuse, Æthusa *L.* point d'involucre ou un involucre monophylle.

B, *Fruit ovoïde, strié ou à côtes.*

† *Pas d'involucre ni d'involucelle.*

3. Boucage, Pimpinella *L.* ombelles toutes terminales, fleurs jaunes.

4. Fenouil, Anethum *L.* ombelles toutes terminales, fleurs jaunes.

Fig. 12. — *Saxifraga* : a fleur entière; — b fleur sans les pétales; — c pistil. On a enlevé une partie du disque qui recouvre l'ovaire; — d coupe transversale de l'ovaire.

5. Ache, Apium *L.* ombelles terminales et latérales.

† † *Pas d'involucre, un involucelle seulement.*

6. Phellandre, Phellandrium. *L.* fruit lisse.
7. Séséli, Seseli *L.* fruit strié.

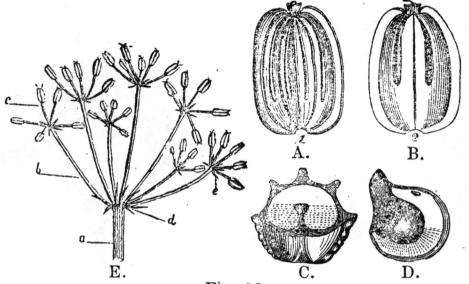

Fig. 13.

† † † *Un involucre et un involucelle.*

8. Buplèvre, Buplevrum *L.* pétales entiers arrondis.
9. Sison, Sison *L.* pétales lancéolés.
10. Bunium, Bunium *L.* pétales égaux cordiformes, racine tubérifère.
11. Berle, Sium *L.* pétales égaux ovales cordiformes, racine non tubérifère.
12. Ænanthe, Ænanthe *Lam.* pétales cordiformes inégaux.

C, *Fruit ovoïde, hérissé.*

13. Caucalide, Caucalis *L.* involucre nul ou presque nul.
14. Carotte, Daucus *Tourn.* involucre pinnatifide, fruit à 9 côtes.

Fig. 13. — A, B. fruit; — C, D fruit coupé horizontalement pour montrer en divers sens les côtes et l'endosperme; — E ombelle de *Bunium;* — a support de t'ombelle; — b pédoncule de l'ombellule; — c pédicelle de chaque fleur; — d involucre; — e involucelle.

15. Ammi, AMMI *Tourn.* involucre pinnatifide, fruit à 5 côtes.

D, *Fruit ovoïde, comprimé, à bords ailés.*

† *Pas d'involucre.*

16. Maceron, SMYRNIUM *L.* fruits sans rebords membraneux.

17. Panais, PASTINACA *L.* fruit à rebords membraneux.

†† *Un involucre.*

18. Athamante, ATHAMANTA *L.* pétales cordiformes égaux.

19. Berce, HERACLEUM *L.* pétales cordiformes inégaux.

20. Silaüs, SILAUS *Bess.* pétales ovales.

21. Angélique, ANGELICA *L.* pétales lancéolés.

E, *Fruit ovale, comprimé, à rebords épais.*

22. Tordile, TORDILIUM *Tourn.*

F, *Fruit allongé.*

23. Scandix, SCANDIX *Gaërtn.* fruit terminé par un long bec.

24. Anthrisque, ANTHRISCUS *Hoffm.* fruit terminé par un bec court.

25. Cerfeuil, CHŒROPHYLLUM *L.* fruit sans bec.

OMBELLIFÈRES IMPARFAITES, *fleurs en tête ou sans ombellules.*

26. Panicaut, ERYNGIUM *L.* fleurs en tête.

27. Ecuelle d'eau, HYDROCOTYLE *Tourn.* fleurs sans ombellule, fruit comprimé.

28. Sanicule, SANICULA *Tourn.* fleurs sans ombellule, fruit globuleux.

1. Cigue, CONIUM *L.*

C. maculée, C. MACULATUM *L.* tige verte tachée de noir, ombelles à rayons grêles, c. c. les lieux humides E.

2. Œthuse, ŒTHUSA *L.*

Œ. petite cigue, Œ. CYNAPIUM *L.* tige cannelée, ombelles planes et bien garnies, r. les champs de la plaine du Boües au bas de Miélan E.

3. Boucage, PIMPINELLA *L.*

B. élevée, P. MAGNA *L.* tige sillonnée, c. c. le long des ruisseaux E.

B. Saxifrage, P. SAXIFRAGA *L.* tige striée, peu feuillée, c. c. les bois, les haies, les prés secs E.

4. Fenouil, ANETHUM *L.*

F. commun, A. FŒNICULUM *L.* feuilles découpées en lanières filiformes, c. c. les tertres et les rochers E A.

5. Ache, APIUM.

A. Odorante, A. GRAVEOLENS *L.* r. fossés, lieux humides, Montastruc, Gimont, Monfort E.

6. Phellandre, PHELLANDRIUM *L.*

P. aquatique, P. AQUATICUM *L.* feuilles planes, trois fois ailées, d'un beau vert à folioles très petites, les fossés toujours pleins d'eau dans l'Armagnac? E.

7. Séséli, SESELI.

S. de montagne, S. MONTANUM *L.* feuilles très découpées, c. c. c. les rochers, lieux secs E. A.

8. Buplévre, BUPLEVRUM *L.*

A, *Feuilles perfoliées.*

B. à feuilles rondes, B. ROTUNDIFOLIUM *L.* feuilles arrondies, c. les moissons E.

B. à feuilles oblongues, B. PROTRACTUM *Link*, feuilles ovales oblongues, c. les moissons E.

B, *Feuilles non perfoliées.*

B. très menu, B. TENUISSIMUM *L.* feuilles linéaires très allongées, r. les champs de boulbènes froides de la Bordeneuve à Puycasquier, à Biane A.

9. Sison, SISON *L.*

S. des moissons, S. SEGETUM *L.* feuilles petites, tiges couchées, ombelles pauciflores, c. c. les champs E. A.

S. amome, S. AMOMUM *L.* feuilles à lobes larges, tiges dressées, ombelles multiflores, r. lieux humides E.

S. inondé, S. INUNDATUM *L.* feuilles inférieures submergées à divisions capillaires, les supérieures dentéesou lobées, R. les lieux marécageux, les fossés de l'Armagnac, à Barbotan, Estang, le Liu, etc.

S. verticillé, S. Verticilatum *L.* feuilles toutes à divisions capillaires et comme verticillées, c. lieux humides et marécageux de l'Armagnac E.

10. Bunium, Bunium *L.*

B. noix de terre, B. Bulbocastanum *L.* racine tuberifère, R. forêt de Berdoues, bords de la Baïse, Marignan, les bois E.

11. Berle, Sium *L.*

B. nodiflore, S. Nodiflorum *L.* (1) ombelles sessiles, axillaires, c. c. c. fossés, ruisseaux E.

B. à feuilles étroites, S. Angustifolium *L.* feuilles étroites, inégalement dentées en scie, c. les fossés pleins d'eau dans l'Armagnac E.

B. à larges feuilles, S. Latifolium *L.* feuilles larges à dents égales, R. eaux limpides dans l'Armagnac, Manciet? E.

12. Œnanthe, Œnanthe *L.*

Œ. fistuleuse, Œ. Fistulosa *L.* tige à rejets rampants, c. c. lieux marécageux, fossés E.

Œ. pimprenelle, Œ. Pinpinelloïdes *L.* pas de rejets rampants, racine fibroso-tuberculeuse, c. les bois humides E.

13. Caucalide, Caucalis *D C.* (L. ex parte).

A, *Fruits à aiguillons épars.*

C. noueuse, C. Nodosa (2) *D C.* ombelles latérales presque sessiles, c. c. tertres, routes E.

C. Antrisque, C. Antriscus *Scop* (3) aiguillons arqués dès la base, c. c. les haies, les bois E.

C. des champs, C. Arvensis *Huds* (4) aiguillons crochus au sommet E.

B, *Fruits à aiguillons sur les côtes seulement.*

C. à grandes fleurs, C. Grandiflora *L.* (5) feuilles

---

(1) Helosciadium *Kock.*

(2) (3) (4) Ces trois espèces entrent dans le genre Torilis *Adans.*

(5) Orlaya *Hoffm.*

très découpées, pétales grands, fruit aplati, c. c. c. les champs E.

C. à feuilles de carotte, C. Daucoïdes *L.* feuilles glabres très découpées, pétales petits, c. c. les champs E.

C. à larges feuilles, C. Latifolia *L.* (1) feuilles très larges, folioles à dents grandes et aiguës, c. c. c. les champs E.

14. Carotte, Daucus *L.*

C. sauvage, D. Sylvestris *L.* tige droite rameuse, rude, c. c. c. prés, champs, etc., E. A.

15. Ammi, Ammi *L.*

A. majeur, A. Majus *L.* feuilles inférieures à folioles ovales lancéolées, dentées en scie, comme scarieuses sur les bords, r. Bazin, près Lectoure E.

A. à feuilles glauques, A. Glaucifolium *L.* feuilles à divisions linéaires lancéolées, c. les vignes, les . champs, les jardins, à Auch E.

A. visnage, A. Visnaga *Lamk.* feuilles courtement pétiolées, à divisions toutes linéaires étroites, tige cannelée, c. les champs à Mons près Condom, environs de Lectoure, de Sempesserre, etc., E. A..

16. Maceron, Smyrnium *L.*

M. olusâtre, Smyrnium Olusatrum *L.* c. à Sarcos? les haies E.

17. Panais, Pastinaca *L.*

P. cultivé, P. Sativa *L.* feuilles à grandes folioles, fleurs jaunes, c. bords des ruisseaux E.

19. Berce Heracleum *L.*

B. branc-urcine, H. Spondylium *L.* feuilles très grandes profondément lobées, c. dans les prés humides E.

20. Silaus, Silaus *Bess.*

S. des prés, S. Pratensis *Bess.* feuilles à bords denticulés, luisantes, r. les prairies fraîches à Marsolan (c), à Lucanthe près d'Auch A.

21. Angélique, Angelica *L.*

A. sauvage, A. Sylvestris *L.* tige grosse, cylin-

(1) Turgenia *Hoffm.*

drique-striée, ʀ. le long des ruisseaux à St-Geny, près Lectoure, l'Armagnac E.

22. Tordyle, ᴛᴏʀᴅʏʟɪᴜᴍ *Tourn.*

T. élevé, T. Mᴀxɪᴍᴜᴍ *L.* tige haute, striée et velue, fruits hérissés de soies raides, c. c. les bords des chemins et des bois E.

23. Scandix, ꜱᴄᴀɴᴅɪx *Gaertn.*

S. peigne de Vénus, S. Pᴇᴄᴛᴇɴ Vᴇɴᴇʀɪꜱ *L.* fruits très longs dressés, c. c. c. les moissons P. E.

24. Anthrisque, ᴀɴᴛʜʀɪꜱᴄᴜꜱ *Hoffm.*

A. commun, A. Vᴜʟɢᴀʀɪꜱ *Pers.* feuilles assez larges et découpées, dentées, c. c. c. les bois, les haies E.

25. Cerfeuil, Cʜœʀᴏᴘʜʏʟʟᴜᴍ *L.*

C. enivrant, C. Tᴇᴍᴜʟᴜᴍ *L.* feuilles mollement velues, fleurs blanches, c. les bords des chemins, des champs P. E.

26. Panicaut, Eʀʏɴɢɪᴜᴍ *L.*

P. champêtre, E. Cᴀᴍᴘᴇꜱᴛʀᴇ *L.* feuilles très découpées, épineuses, de même que les feuilles de l'involucre, c. c. c. partout E.

27. Ecuelle d'eau, Hʏᴅʀᴏᴄᴏᴛʏʟᴇ *L.*

E. commune, H. Vᴜʟɢᴀʀɪꜱ *L.* feuilles peltées, plante aquatique, c. les étangs, fossés et marais de l'Armagnac E. A.

28. Sanicule, ꜱᴀɴɪᴄᴜʟᴀ *Tourn.*

S. d'Europe, S. Eᴜʀᴏᴘœᴀ *L.* feuilles arrondies, obtusément lobées glabres, c. bois frais P.

XXXVI. **ARALIACÉES** *Juss.*

Lierre, Hᴇᴅᴇʀᴀ *L.*
L. grimpant, H. Hᴇʟɪx *L.* tige ligneuse, grimpante, armée de griffes qui l'attachent aux murs ou aux arbres, c. partout E.

XXXVII. **CORNÉES** *D C.*

Cornouiller, Cᴏʀɴᴜꜱ *L.* fruits en baie.
C. sanguin, C. Sᴀɴɢᴜɪɴᴇᴀ *L.* arbrisseau à fleurs en cime, c. c. haies, bois E.

XXXVIII. **LORANTHÉES** *Juss*.

Gui, Viscum *L*.

G. blanc, V. Album *L*. arbuste parasite, c. sur les branches des arbres, pommiers, tilleuls (à Marignan), peupliers de la Caroline à Lussan, r. sur l'aubépine (à Lectoure) H. février.

XXXIX. **CAPRIFOLIACÉES.**

1. Sureau, Sambucus *L*. 3 stigmates, baie polysperme.

2. Viorne, Viburnum *L*. 3 stigmates, baie monosperme.

3. Chèvrefeuille, Lonicera *L*. stigmate trilobé, baie polysperme.

1. Sureau, Sambucus *L*.

S. yéble, S. Ebulus *L*. herbe grosse, c. les champs, autour des villes, des habitations E.

S. noir, S. Nigra *L*. arbre à moëlle épaisse, c. les haies, les bois E.

2. Viorne, Viburnum *L*.

V. commun, V. Lantana *L*. feuilles cordiformes entières, c. c. les haies, les bois.

V. obier, V. Opulus *L*. feuilles trilobées, r. r. au bord des ruisseaux, bois d'Auch, d'Ornezan, Panassac, l'Armagnac P. E.

3. Chèvrefeuille, Lonicera *L*.

A, *Fleurs géminées sur des pédoncules axillaires biflores*.

C. xilostéon, L. Xilosteum *L*. fleurs blanches, c. les haies, les bois E.

B, *Fleurs en tête*.

C. d'Etrurie, L. Etrusca *Santi*, feuilles supérieures connées, c. c. les lieux secs sur les coteaux E.

C. des bois, L. Periclymenum *L*. feuilles supérieures non connées, c. c. les bois E.

XL. **RUBIACÉES.**

1. Gaillet, Galium *L*. corolle plane, fruit capsulaire, sec.

2. Garance, RUBIA *L.* corolle plane, fruit en baie.

3. Asperule, ASPERULA, *L.* corole tubuleuse campanulée, fruit non couronné.

4. Sherardie, SHERARDIA *L.* corolle infundibuliforme, fruit couronné.

5. Crucianelle, CRUCIANELLA *L.* corolle infundibuliforme à divisions aristées.

1. Gaillet, GALIUM *L.*

A, *Fleurs rouges.*

G. pourpré, G. PURPUREUM *L.* fleurs très petites, tiges couchées, R. graviers de l'Adour E.

B, *Fleurs jaunes.*

G. croisette, G. CRUCIATUM *Scop.* fleurs axillaires, feuilles subaiguës, c. c. c. haies, bois P.

G. du printemps, G. VERNUM *Scop.* fleurs axillaires, feuilles très obtuses, c. les bois, les landes P.

G. vrai, G. VERUM *L.* fleurs en panicule, axillaires et terminales, c. les lieux secs E.

C, *Fleurs blanches.*

† *fruit glabre non tuberculé.* * *Aquatiques.*

G. des marais, G. PALUSTRE *L.* feuilles lancéolées aiguës, 4 par verticile, c. les lieux marécageux E.

G. fangeux, G. ULIGINOSUM *L.* feuilles lancéolées, 6-7 par verticille, c. c. fossés pleins d'eau, ruisseaux E.

* * *Sylvestres.*

G. sylvestre, G. SYLVESTRE *Poll.* feuilles 6-8 par verticille, les inférieures un peu rudes, c. c. lieux secs, sur les rochers E.

G. blanc, G. MOLLUGO *L.* corolle aristée, tige glabre de 3-6 décimètres, feuilles subaiguës oblongues ou linéaires, c. c. c. partout E.

G. élevé, G. ELATUM *Thuil.* corolle aristée, tige glabre de 10 à 15 décimètres, feuilles oblongues lancéolées, obtuses, mucronées, c. le long des ruisseaux, haies fraîches E.

† † *Fruit tuberculé.*

G. tricorne, G. TRICORNE *With.* 2-3 fleurs axillaires, fruit glabre, pédoncules réfléchis, c. moissons E.

G. grateron, G. Aparine *L*. fleurs axillaires, fruit hispide, aiguillons longs et crochus, c. c. c. haies, jardins, etc., E.

2. Garance, Rubia *L*.

G. étrangère, Rubia peregrina *L*. tiges aiguillonnées, accrochantes, ainsi que la nervure inférieure médiane des feuilles, c. c. les haies E.

3. Asperule, Asperula *L*.

A. à l'esquináncie, A. Cynanchica *L*. tiges nombreuses étalées, feuilles linéaires, fleurs rosées, R. R. les friches au midi, au-dessus de Pavie, à Simorre E.

A. des champs, A. Arvensis *L*. tige dressée, rameuse, fleurs bleues, c. c. c. les champs E.

A. odorante, A. Odorata *L*. feuilles supérieures lancéolées, tiges dressées, fleurs blanches, R. R. R. Je ne l'ai trouvée dans le département que dans le bois à l'ouest du château de Marignan E.

4. Sherardie, Sherardia *L*.

S. des champs, S. Arvensis *L*. tiges touffues diffuses, fleurs roses, c. c. c. partout P. E. A.

Var. *simplex*, tige simple et dressée, c. rochers, friches P.

Crucianelle, Crucianella *L*.

C. à feuilles étroites, C. Angustifolia *L*. fleurs en épiquadrangulaires, R. R. R. à travers les pierrailles à St-Christeau, aux environs de Montfort E.

XLI. VALERIANÉES. *D C*.

1. Centranthe, Centranthus *D C*. corolle éperonnée.
2. Valériane, Valeriana *L*. corolle régulière, fruit à aigrettes.
3. Valérianelle, Valerianella *Poll*. corolle régulière, fruit sans aigrette.

1. Centranthe, Centranthus *D C*.

C. rouge, C. Ruber *D C*. corolle à éperon beaucoup plus long que l'ovaire, c. sur les vieux murs E. A.

2. Valériane, VALERIANA *L.*

V. officinale, V. OFFICINALIS *L.* feuilles toutes pinnatiséquées à 15-21 segments, fleurs roses ou blanchâtres, c. les bois, les près, le long des ruisseaux E.

3. Valerianelle, VALERIANELLA *Poll.*

A, *Fruit glabre ou à peine pubescent.*

V. des potagers, V. OLITORIA *Poll.* fruit plus large que haut, c. c. c. les champs, les jardins P. E.

V. carénée, V. CARINATA *D C.* fruit plus haut que large, obtus à la partie supérieure, c. lieux cultivés P. E.

V. dentée, V. DENTATA *Soy-Vill.* fruit plus haut que large, arrondi, légèrement cordiforme du bas, aigu du sommet avec 3-4 dents très petites, c. les lieux secs E.

B, *Fruit hérissé.*

V. hérissée, V. ERIOCARPA *Desv.* fruit hérissé de poils en lignes longitudinales, dents courtes, couronne tronquée obliquement, c. c. les moissons P. E.

V. couronnée, V. CORONATA *D C.* fruit hérissé de poils épars mais nombreux, couronne grande à dents allongées et réfléchies en hameçon à l'extrémité, c. c. les moissons E.

XLII. **DIPSACÉES.** *Juss.*

1. Cardère, DIPSACUS *Tourn.* involucre épineux, réceptacle paléacé, paillettes spinuleuses.
2. Scabieuse, SCABIOSA *L.* involucre foliacée, réceptacle paléacé, paillettes inermes.
3. Knautie, KNAUTIA *Coult.* involucre foliacée, réceptacle muni de poils.

1. Cardère, DIPSACUS *Tourn.*

C. sauvage, D. SYLVESTRIS *Mill.* feuilles dentées, c. c. c. les champs arides, les prairies sèches E.

C. laciniée, D. LACINIATUS *L.* feuilles laciniées, c. les bords des champs, des prairies E.

2. Scabieuse, SCABIOSA *L*.
A, *Corolle quadrifide*.

S. mors du diable, S. SUCCISA *L*. feuilles lancéolées, fleurs bleuâtres, c. c. les près humides, les
bois A.

B, *Corolle à 5 divisions*.

S. maritime, S. MARITIMA *L*. capitules ovoïdes-
oblongs à la maturité, fleurs purpurines, c. c. c. les
lieux secs, les pelouses E. A.

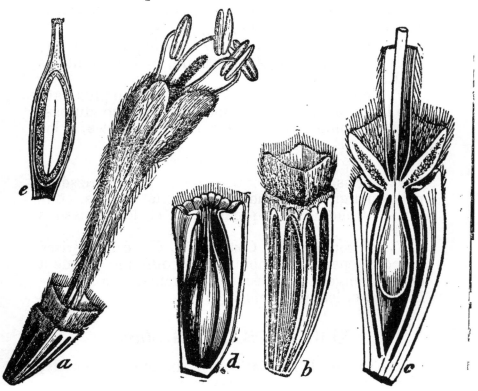

Fig 14.

S. pourpre noir, S. ATROPURPUREA *L*. fleurs d'un
pourpre noirâtre, c. autour des villes où elle est cultivée dans les jardins E. A.

Fig. 14. — *Dipsacus laciniatus*: *a* fleur; — *b* ovaire enveloppé de son involucre propre; — *c* ovaire coupé longitudinalement; — *d* fruit; — *e* fruit coupé longitudinalement.

S. colombaire, S. Columbaria *L.* capitules globuleux ou légèrement ovoïdes à la maturité, fleurs bleuâtres, c. c. les bords des chemins, les prairies, etc., E. A.

S. des Pyrénées, S. Pyrenaica *All.* plante couverte de poils soyeux blanchâtres, fleurs bleuâtres, ʀ. les landes caillouteuses, à Barcelonne E.

3. Knautie, Knautia.

K. des champs, K. Arvensis *Coult.* feuilles caulinaires pinnatifides, c. c. c. les champs E.

K. des bois, K. Sylvatica *Duby.* feuilles caulinaires lancéolées, ʀ. bois de Cazamont à Barcelonne? E. A.

XLIII. COMPOSÉES *Adans.*

A, **Chicoracées**, *Fleurons tous en languette;*
† *aigrette nulle ou presque nulle.*

1. Lampsane, Lampsana *L.* réceptacle nu, akènes sans couronne.

2. Arnoséride, Arnoseris *Gaërtn.* akènes couronnés d'un rebord saillant.

3. Rhagadiole, Rhagadiolus *Tourn.* réceptacle nu, akènes très allongés, arqués.

4. Drepanie, Drepania *Juss.* aigrette très courte formée de petites écailles.

†† *aigrette pileuse, sessile;* * *réceptacle nu.*

5. Laiteron, Sonchus *L.* involucre renflé à la base, imbriqué.

6. Prénanthe, Prenanthes *L.* involucre cylindrique à très petites écailles à la base.

7. Crépide, Crepis *L.* involucre à deux rangs de folioles, les extérieures lâches.

8. Epervière, Hieracium *L.* involucre imbriqué de folioles inégales.

** *réceptacle velu.*

9. Andryale, Andryala *L.*

*** *réceptacle paléacé.*

10. Ptérothéque, Pterotheca *Cass.* paillettes très fines et longues

11. Cupidone, CATANANCHE *Vaill.* folioles de l'involucre entièrement scarieuses.

12. Chicorée, CICHORIUM *L.* folioles de l'involucre non scarieuses.

† † † *aigrette pileuse pédicellée.*

13. Pissenlit, TARAXACUM *Juss.* folioles de l'involucre renversées après la floraison.

14. Laitue, LACTUCA *L.* involucre cylindrique à folioles imbriquées.

15. Chondrille, CHONDRILLA *L.* involucre cylindrique à folioles non imbriquées.

16. Barkausie, BARKAUSIA *Mœnch.* involucre à deux rangs de folioles, les extérieures lâches.

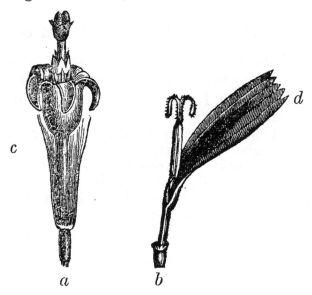

Fig. 15.

† † † † *aigrette plumeuse * sessile.*

17. Thrincie, THRINCIA *Roth.* graines du centre à aigrettes, celles de la circonférence sans aigrettes.

18. Liondent, LEONTODON *L.* involucre imbriqué à folioles inégales.

Fig. 15. — *a* fleuron; — *b* demi-fleuron; — *c* aigrette; — *d* languette du demi-fleuron.

19. Picride, Picris *L.* involucre double, l'extérieur à folioles lâches inégales.

20. Podosperme, Podospermum *D C.* réceptacle hérissé de pointes tuberculeuses.

† † † † † *aigrette plumeuse* * * *pédicellée.*

21. Salsifis, Tragopogon *L.* involucre simple à folioles scarieuses sur les bords.

22. Helminthie, Helminthia *Juss.* involucre double, graines striées transversalement.

23. Porcelle, Hypochœris *L.* involucre un peu imbriqué, réceptacle paléacé.

24. Scorzonère, Scorzonera *L.* involucre imbriqué, réceptacle nu.

B, **Corymbifères,** *Stigmate non articulé sur le style, jamais tous les fleurons en languette.*

† SEMI-FLOSCULEUSES, *fleurons du centre tubuleux, ceux de la circonférence en languette.*

* *aigrette nulle, réceptacle nu.*

25. Paquerette, Bellis *L.* involucre à un rang de folioles inégales.

26. Leucanthème, Leucanthemum *Tourn.* involucre hémisphérique à plusieurs rangs d'écailles.

27. Matricaire, Matricaria *L.* involucre concave à plusieurs rangs d'écailles obtuses.

28. Souci, Calendula *L.* involucre à deux rangs d'écailles, les extérieures plus larges.

* * *aigrette nulle, réceptacle écailleux.*

29. Camomille, Anthemis *L.* involucre hémisphérique.

30. Achillée, Achillæa *L.* involucre ovoïde.

* * * *Aigrette membraneuse.*

31. Buphthalme, Buphthalmum *L.*

* * * * *Aigrette pileuse.*

32. Arnica, Arnica *L.* involucre campanulé à folioles égales, imbriquées sur deux rangs.

11*

33. Aunée, INULA *L.* involucre arrondi à plusieurs rangs de folioles inégales.

34. Séneçon, SENECIO *Tourn.* involucre cylindrique ou conique à folioles appliquées.

35. Solidage, SOLIDAGO *L.* involucre oblong à plusieurs rangs de folioles égales.

36. Vergerette, ERIGERON *L.* involucre oblong à plusieurs rangs de folioles inégales.

37. Tussilage, TUSSILAGO *L.* involucre cylindrique à un rang de folioles membraneuses sur les bords.

† † FLOSCULEUSES *des fleurons au centre et à la circonférence.*

* *Aigrette nulle.*

38. Armoise, ARTEMISIA *L.* réceptacle velu.

* * *Aigrette paléacée.*

39. Bident, BIDENS *L.* involucre à deux rangs d'écailles foliacées.

40. Xéranthème, XERANTHEMUM *Tourn.* involucre à deux rangs d'écailles scarieuses.

* * * *Aigrette pileuse.*

41. Conyse, CONYZA *Less.* involucre à plusieurs rangs d'écailles imbriquées les extérieures réfléchies, réceptacle ponctué ou à fibrilles.

42. Immortelle, HELYCHRISUM *D C.* involucre ovoïde à plusieurs rangs d'écailles appliquées, étalées en étoile à la maturité, réceptacle nu.

43. Filage, FILAGO *Tourn.* involucre ovoïde à un seul rang d'écailles appliquées, réceptacle nu au centre, écailleux à la circonférence.

44. Gnaphale, GNAPHALIUM *Don.* involucre ovoïde à plusieurs rangs d'écailles appliquées, réceptacle nu.

45. Chrysocome, CHRYSOCOMA *L.* involucre à 2 ou 3 rangs de folioles imbriquées, réceptacle nu convexe.

46. Séneçon, SENECIO (pars) (voyez n° 34).

47. Eupatoire, EUPATORIUM *Tourn.* involucre cylindrique à folioles peu nombreuses imbriquées, réceptacle nu, convexe.

C. Carduacées, *Stigmate articulé sur le style, tous les fleurons tubuleux.*

† *Aigrette nulle.*

48. Echinops, Echinops *L.* fleurs toutes fertiles.
49. Centaurée, Centaurea (voyez plus bas, n° 55).

† † *Aigrette pileuse.*

* *Poils non soudés en anneau à la base.*

50. Stéhéline, Stœhelina *D C.* involucre cylindrique, aigrette rameuse.
51. Serratule, Serratula *L.* involucre ovoïde, imbriquée d'écailles foliacées.
52. Cardoncelle, Carduncellus *Adans.* involucre subcylindrique à écailles appendiculées.
53. Bardane, Lappa *Tourn.* involucre globuleux à écailles crochues au sommet.
54. Kentrophylle, Kentrophyllum *Cass.* involucre épineux, aigrettes doubles au centre, nulles à la circonférence.
55. Centaurée, Centaurea *L.* involucre à écailles ciliées ou scarieuses ou épineuses, fleurs du centre fertiles, celles de la circonférence stériles.

** *Poils soudés en anneau à la base.*

56. Onoporde, Onopordon *Vaill.* réceptacle alvéolé, alvéoles a bords membraneux.
57. Chardon, Carduus *L.* réceptacle paléacé.

††† *aigrette plumeuse.*

58. Cirse, Cirsium *Tourn.* aigrette à poils soudés en anneau à la base, involucre épineux.
59. Carline, Carlina *Tourn.* involucre à écailles imbriquées, les extérieures foliacées, dentées-épineuses, les intérieures scarieuses.
60. Artichaud, Cynara *Vaill.* réceptacle charnu, fibrillifère, involucre à écailles épineuses au sommet.
61. Leuzée, Leuzea *D C.* involucre à écailles élargies au sommet en un appendice scarieux, réceptacle muni de paillettes linéaires.
62. Galactite, Galactites *Mœnch.* involucre à écailles imbriquées spinuleuses, réceptacle muni de quelques fibrilles caduques.

1. Lampsane, LAMPSANA *L.*

L. commune, L. COMMUNIS, *L.* c. c. jardins, tertres E.

2. Arnoséride, ARNOSERIS *Gaërtn.*

A. naine, A. PUSILLA *Gaërtn.* c. à Garaison E.

3. Rhagadiole, RHAGADIOLUS *Tourn.*

R. étoilé, R. STELLATUS *Gaërtn.* c. c. champs cultivés, surtout dans les terrains calcaires E.

4. Drépanie, DREPANIA *Juss.*

D. barbue, D. BARBATA *Desf.* c. dans les terrains
boulbéneux et sablonneux E. A.

5. Laiteron, SONCHUS *L.*

L. des potagers, S. OLERACEUS *L.* involucre glabre, feuilles glauques, c. c. c. jardins, champs
P. E. A.

L. rude, S. ASPER *Vill.* feuilles bordées de cils
roides et spinuleux, r. les champs en jachère, Beaulieu, près d'Auch E.

L. des champs, S. ARVENSIS *L.* involucre garni de
poils glanduleux, c. c. c. champs E. A.

6. Prénanthe, PRENANTHES *L.*

P. paniculée, P. PANICULATA *Mœnch.* tige bien
feuillée, fleurs jaunes, c. les champs E.

7. Crépide, CREPIS *L.*

C. verdâtre, C. VIRENS *Vill.* tige et feuilles glabres, c. c. c. les champs, prés, etc. A.

Var. *Diffusa,* tiges nombreuses couchées à la base,
c. c. c. prés et autres lieux frais A.

8. Epervière, HIERACIUM *L.*

A, *Tige nue ou presque nue.*

E. piloselle, H. PILOSELLA *L.* feuilles blanches
en dessous, une seule fleur, c. c. c. le long des chemins P. E. A.

E. auricule, H. AURICULA *L.* feuilles vertes des
deux côtés, une petite feuille vers le bas de la tige
souvent mutiflore, r. les lieux humides, Auch, Lectoure, c. dans l'Armagnac E.

B, *Tige feuillée.*

E. des murs, H. Murorum *L.* une rosette de feuilles radicales avec une seule sur la tige, c. c. les bois E.

E. des savoyards, H. Sabaudum *L.* tige pileuse, droite et ferme, feuilles inférieures ovales-oblongues, les supérieures presque amplexicaules courtes et glabres, c. les bois E.

E. en ombelle, H. Umbellatum *L.* feuilles lancéolées-linéaires éparses dentées, fleurs en ombelle, c. les bois E. A.

9. Andryale, Andryala *L.*

A. sinuée, A. Sinuata *L.* feuilles molles, tomenteuses sinuées (*A. sinuata L.*) ou entières (*A. integrifolia L.*), c. c. les vignes E. A.

10. Ptérothèque, Pterotheca *Cass.*

P. de Nimes, P. Nemaucensis *L.* hampes nues ordinairement multiflores, fleurs jaunes, c. c. c. les terrains calcaires P.

11. Cupidone, Catananche *Tourn.*

C. bleue, C. Cœrulea *L.* r. r. r. environs de Samatan ? E.

12. Chicorée, Cichorium *L.*

C. sauvage, C. Intybus *L.* c. c. c. partout E. A.

13. Pissenlit, Taraxacum *Juss.*

P. commun, T. Officinale *Wig.* feuilles roncinées à lobes triangulaires, c. c. c. partout P. E. A.

P. lisse, T. Lævigatum *D C.* feuilles roncinées pinnatifides à lobes lancéolés linéaires, c. les lieux secs E.

P. des marais, T. Palustre *D C.* feuilles lisses et très glabres oblongues ou linéaires, c. les lieux humides, les bords des étangs dans l'Armagnac E. A.

14. Laitue, Lactuca *L.*

L. à feuilles de saule, L. Saligna *L.* feuilles inférieures pinnatifides, les supérieures sagittées linéaires, c. les champs, les vignes E.

L. scarole, L. Scariola *L.* feuilles pinnatifides, verticales et aiguës, c. bords des champs E.

L. vireuse, L. Virosa *L.* feuilles horizontales, ovales, dentées, obtuses, c. bords des chemins E.

15. Chondrille, Chondrilla *L.*

C. joncée, C. Juncea *L.* c. c. champs E. A.

16. Barkhausie, Barkhausia *Mœnch.*

B. à feuilles de pissenlit, B. Taraxifolia *D C.* une rosette de grandes feuilles à la base, tige peu feuillée rameuse, fleurs nombreuses jaunes, c. c. c. partout E.

17. Thrincie, Thrincia *Roth.*

T. hérissée, T. Hirta *Roth,* c. c. c. les chemins, les prés E A.

18. Léontodon, Leontodon.

L. d'automne, L. Autumnalis *L.* hampe rameuse, glabre ou à poils simples, fleurs dressées, c. c. les champs, les chemins E. A.

L. hérissé, L. Hispidum *L.* hampe simple, poilue, à poils bi ou trifurqués, fleur penchée avant l'épanouissement, c. c. les prés, les lieux frais E. A.

19. Picride, Picris *L.*

P. épervière, P. Hieracioïdes *L.* c. c. c. lieux incultes E. A.

20. Podosperme, Podospermum *D C.*

P. lacinié, P. Laciniatum *D C.* c. c. les tertres au midi E.

21. Salsifis, Tragopogon *L.*

A, *Pédoncules non renflés au sommet.*

S. des prés, T. Pratensis *L.* feuilles linéaires acuminées onduleuses, fleurs jaunes, c. les prés E.

S. à feuilles de safran, T. Crocifolius *L.* feuilles radicales linéaires et étroites, fleurs extérieures violacées celles du centre jaunes, r. les friches herbeuses à Clairefontaine, Pavie, Auterive, etc. E.

B, *Pédoncules renflés en massue au sommet.*

S. à feuilles de porreau, T. Porrifolius *L.* fleurs d'un violet bleuâtre; — cultivé, souvent spontané dans les prairies, ou au bord des chemins E.

S. élevé, T. Major, *Jacq.* fleurs jaunes, fruits d'un tiers plus courts que le bec qui les surmonte, c. c. les prairies E.

22. Helminthie, HELMINTHIA *Juss.*

H. échioïde, H. ECHIOÏDES *Gaertn.*, c. c. c. champs, lieux incultes, etc. E. A.

23. Porcelle, HYPOCHŒRIS *L.*

H. à longue racine, H. RADICATA *L.* feuilles raides et hérissées, c. c. c. les prés, les vignes, les bords des champs E. A.

H. glabre, H. GLABRA *L.* feuilles lisses et presque glabres, c. dans l'Armagnac, les bords de l'Adour E. A.

24. Scorzonère, SCORZONERA *L.*

S. naine, S. HUMILIS *L.*, R. R. R. trouvée deux fois au bois d'Auch, R. dans l'Armagnac bois et prairies, au Lin, à Barbotan, Garaison E.

25. Paquerette, BELLIS *L.*

P. vivace, B. PERENNIS *L.* c. c. c. partout-P. E. A.

26. Leucanthème, LEUCANTHEMUM *Tourn.*

L. commun, L. VULGARE *Lam.* tige simple, feuilles inférieures en rosette, ovales spathulées, dentées plus ou moins profondément ainsi que celles de la tige, c. c. c. prés, champs, etc. E. A.

L. officinal, L. PARTHENIUM *Gren. et Godr.* tige rameuse, feuilles inférieures et supérieures pinnatiséquées, R. les vieux murs à Auch, Fleurance, Lectoure, c. dans un champ à Marsolan (1856) E.

27. Matricaire, MATRICARIA *L.*

M. chamomille, M. CHAMOMILLA *L.* akènes (fruits) jaunâtre à 5 côtes filiformes, c. c. c. moissons E. A.

M. inodore, M. INODORA *L.* akènes d'un brun noirâtre à 3 côtes blanches et saillantes, c. les terres légères E. A.

28. Souci, CALENDULA *L.*

S. des champs, C. ARVENSIS *L.* graines du centre à nacelle, celles du pourtour lancéolées, fleurs jaunes, c. c. les terrains sablonneux à Gimont, à Condom, etc. P. A.

29. Chamomille, ANTHEMIS *L.*

C. puante, A. COTULA *L.* akènes à 10 côtes tuberculeuses, plante à odeur fétide, c. c. c. les champs E. A.

30. Achillée, ACHILLŒA *L*.

A. millefeuille, A. MILLEFOLIUM *L*. feuilles à divisions linéaires, c. c. c. partout E. A. — Var. à fleurs rouges, R. dans l'Armagnac.

A. ptarmique, A. PTARMICA *L*. feuilles fortement dentées en scie, R. R. R. les prés à Bellegarde E.

31. Buphthalme, BUPHTHALMUM *L*.

B. épineux, B. SPINOSUM *L*. involucre à folioles longues, étalées, épineuses, c. c. les tertres secs au midi E.

32. Arnica, ARNICA *L*.

A. de montagne, A. MONTANA *L*. feuilles ovales entières les caulinaires opposées, fleurs jaunes très grandes, R. les landes fraîches, c. dans une lande au Lin E.

33. Aunée, INULA *L*.

A, *Demi-fleurons presque nuls.*

A. pulicaire, I. PULICARIA *L*. tige droite paniculée, feuilles ondulées, fleurs globuleuses petites, c. les lieux humides E. A.

B, *Demi-fleurons à grande languette.*

A. dysentérique, I. DYSENTERICA *L*. tige paniculée à rameaux inférieurs étalés, feuilles amplexicaules tomenteuses en dessous, c. c. c. bord des eaux E. A.

A. à larges feuilles, I. HELENIUM *L*. feuilles très amples, les inférieures de 50 à 70 centimètres, R. les prairies à Montégut, près d'Auch, à Marsolan E.

A. à feuilles de saule, I. SALICINA *L*. feuilles petites, glabres, R. lisières herbeuses des bois, à Xaintrailles près Gimont, à Clairefontaine près d'Auch E.

34. Séneçon, SENECIO *L*.

A, *Capitules sans demi-fleurons.*

S. commun, S. VULGARIS *L*. c. c. c. partout.

B, *Capitules à demi-fleurons, rayons roulés en dessous.*

S. des bois, S. SYLVATICUS *L*. feuilles non visqueuses, c. les bois de pins E.

S. visqueux, S. Viscosus *L.* feuilles visqueuses, R. les bords de l'Adour E.

C, *Capitules à demi-fleurons, rayons planes.*

S. à feuilles de Roquette, S. Erucœfolius *L.* involucre velu ou cotonneux, c. c. c. les tertres, les bords des ruisseaux E. A.

S. jacobée, S. Jacobæa *L.* involucre glabre, graines velues, c. c. c. les prés E.

S. aquatique, S. Aquaticus *L.* involucre glabre, graines glabres, c. les prés humides dans l'Armagnac E.

35. Solidage, Solidago *L.*

S. verge d'or, S. Virga aurea *L.* fleurs en panicule d'un jaune d'or, c. les bois et les landes A.

36. Vergerette, Erigeron *L.*

V. acre, E. Acre *L.* tige velue, rameuse dès la base, c. les lieux secs A.

V. puante, E. Graveolens *L.* tige visqueuse, rameuse, pyramidale, c. c. c. les champs boulbéneux A.

V. du Canada, E. Canadense *L.* tige hérissée, rameuse dans le haut seulement, c. c. c. les lieux sablonneux A.

37. Tussilage, Tussilago *L.*

T. pas d'âne, T. Farfara *L.* fleurs jaunes, c. c. c. les terres humides H. P.

T. odorant, T. Fragrans *Villb.* (Petasites *Tourn.*) fleurs d'un blanc rosé à odeur de vanille, R. autour des habitations, Subspontané, Beaulieu près d'Auch, Marignan, Montfort H.

38. Armoise, Artemisia *L.*

A. commune, A. Vulgaris *L.* feuilles pinnatifides à lobes lancéolés, blanches en dessous, R. autour des habitations Lectoure, Gimont, Auch E. A.

A. absinthe, A. Absinthium *L.* feuilles pinnatifides à lobes linéaires, fleurs pendantes, R. R. R. les rochers de l'hôpital à Lectoure E.

39. Bident, Bidens *L.*

B. tripartite, B. Tripartita *L.* calathides non penchées après la floraison, c. c. au bord des eaux E. A.

B. penché, B. Cernua L. calathides penchées après la floraison, c. c. bords de l'Adour et tout l'Armagnac, au bord des eaux E. A.

40. Xeranthème, Xeranthemum *Tourn.*

X. cylindracé, X. Cylindraceum *Sibth.* involucre peu ouvert, c. c. c. les champs arides E.

41. Conyze, Conyza *Less.*

C. squarreuse, C. Squarrosa L. involucre squarreux, c. les lieux secs E.

42. Immortelle, Helichrysum *D C.*

I. jaune, H. Stæchas *D C.* feuilles étroites, linéaires, calathides en tête d'un jaune doré, c. les friches arides E.

43. Filage, Filago *Tourn.*

A, *Feuilles lancéolées.*

F. d'Allemagne, F. Germanica L. involucre à 5 angles peu prononcés, c. c. c. les champs, les vignes, E.

F. de Jussieu, F. Jussiæi *Coss.* et *Germ.* involucre à 5 angles aigus, c. les lieux cultivés E.

B, *Feuilles linéaires.*

F. de France, F. Gallica L. feuilles florales subulées plus longues que les fleurs, c. c. les champs, les vignes, dans les boulbènes E.

F. de montagne, F. Montana L. feuilles florales plus courtes que les fleurs, r. à Garaison E.

F. des champs, F. Arvensis L. feuilles florales égalant les fleurs, c. à Garaison E.

44. Gnaphale, Gnaphalium *Don.*

G. blanc jaunâtre, G. Luteo-album L. capitules non feuillés, c. c. les lieux humides E. A.

G. des marais, G. Uliginosum L. capitules entremêlés de feuilles, c. c. les lieux marécageux E. A.

45. Chrysocome, Chrysocoma L.

C. linosiride, C. Linosiris L. les friches arides?

47. Eupatoire, Eupatorium *Tourn.*

E. chanvrin, E. Cannabinum L. feuilles opposées palmatilobées, c. c. bord des ruisseaux E. A.

48. Echinops, Echinops *L.*

E. à têtes rondes, E. Sphærocephalus *L.* feuilles lisses en dessus, fleur d'un bleu céleste, r. r. r. à Marsolan, sous les rochers au midi. E.

E. ritro, E. Ritro *L.* feuilles rudes en dessus, fleurs d'un blanc bleuâtre, r. r. r. trouvé une fois aux environs de Montfort E.

49. Centaurée, Centaurea *L.* Voir plus bas, n° 55.

50. Stæhéline, Stæhelina *L.*

S. douteuse, S. Dubia *L.* suffrutescente, involucre à écailles rougeâtres, r. les friches arides à Gimont, à Roquelaure, à Auch, Simorre, etc. E.

51. Serratule, Serratula *L.*

S. des teinturiers, S. Tinctoria *L.* feuilles vertes, finement dentées en scie, fleurs jaunes, c. les bois, et les landes de l'Armagnac E. A.

52. Cardoncelle, Carduncellus *Adans.*

C. sans piquants, C. Mitissimus *D C.* une rosette de feuilles avec une ou plusieurs tiges très courtes, fleurs bleues, c. les friches herbeuses à Auch E.

53. Bardane, Lappa *Tourn.*

B. majeure, L. Major *Gaertn.* capitules de la grosseur d'une petite noix à écailles plus courtes que les fleurs, r. à Sarcos, aux environs de Lombez E. A.

B. mineure, L. Minor *D C.* capitule deux fois plus petits, à écailles plus longues que les fleurs, c. c. autour des habitations E. A.

54. Kentrophylle, Kentrophyllum *Cass.*

K. jaune, K. Luteum *Cass.* feuilles et involucre épineux, fleurs jaunes, c. tertres au midi E.

55. Centaurée, Centaurea *L.*

A, *Involucre sans épines, fleurs bleues.*

C. bleuet, C. Cyanus *L.* fleurs bleues, c. c. c. les moissons E.

B, *Involucre sans épines, fleurs purpurines*
* *fruit à aigrettes.*

C. noire, C. Nigra *L.* capitules grands, involucre à écailles entièrement cachées par les appendices, c. les prairies de la plaine de l'Adour E. A.

C. de Debeaux, C. Debeauxii *Gren.* et *Godr.* capitules petits, involucre à écailles non entièrement cachées par les appendices, c. c. les bois E. A.

C. scabieuse, C. Scabiosa *L.* capitules gros, écailles munies d'une large bordure noire, c. c. les moissons E.

†† *Fruit sans aigrettes.*

C. noirâtre, C. Nigrescens *Willd.* écailles bordées de cils flexueux et réguliers, c. les prés, les bois E. A.

C. amère, C. Amara *L.* appendices des écailles déchirées au sommet, rameaux grêles, allongés, c. les lieux secs et arides des coteaux E. A.

C. jacée, C. Jacea *L.* appendices des écailles frangés, rameaux courts et épais, r. les prairies? E. A.

B, *Involucre épineux.*

C. chaussetrape, C. Calcitrapa *L.* fleurs rouges, rarement blanches, c. c. c. les chemins E. A.

C. solstitiale, C. Solstitialis *L.* fleurs jaunes, c. les champs à Condom, r. Gimont E. A.

56. Onoporde, Onopordon *Vaill.*

O. Acanthe, O. Acanthium *L.* c. c. c. les tertres au midi E.

57. Chardon, Carduus *L.*
A, *Feuilles non décurrentes.*

C. Marie, C. Marianus *L.* (Silybum *Vail.*) feuilles de la rosette grandes et maculées de blanc, capitules très gros, très fortement épineux, c. c. c. les tertres au midi à Lectoure E.

B. *Feuilles décurrentes.*

C. à petites fleurs, C. Tenuiflorus *L.* capitules très petits réunis en grand nombre, c. c. bord des chemins E.

C. acanthoïde, C. Acanthoides *L.* capitules moyens le plus souvent solitaires et dressés, c. c. c. les champs E.

C. à grosses têtes, C. Macrocephalus *St-Am.* capitules gros, solitaires et penchés, c. graviers de l'Adour, c. c. c. la chaussée de Riscle E. — Je crois que le C. Macrocephalus *St-Am.* n'est pas le C. Nutans *L.*

58. Cirse, Cirsium *Tourn.*

A, *Feuilles décurrentes.*

C. des marais, C. Palustre *Scop.* capitules petits et agglomérés, c. bords des ruisseaux E.

C. lancéolé, C. Lanceolatum *Scop.* capitules très gros ovoïdes, c. les bords des routes, des prés E. A.

B, *Feuilles non décurrentes.*

C. eriophore, C. Eriophorum *Scop.* capitules très gros laineux, c. c. bords des ruisseaux, des champs, des prés E. A.

C. des champs, C. Arvense *Scop.* capitules agglomérés petits, tige élevée, c. c. c. les champs E. A.

C. sans tige, C. Acaule *All.* capitules moyens, plusieurs sur une même rosette, tige presque nulle ou courte, c. friches herbeuses E. A.

C. anglais, C. Anglicum *Lob.* capitule solitaire au sommet de la tige, feuilles blanches tomenteuses en dessous, r. les prés humides de l'Armagnac, Cazaubon, Barbotan, Manciet, etc. E.

59. Carline, Carlina *Tourn.*

C. commune, C. Vulgaris *L.* feuilles velues en dessous, fleurs jaunes, c. c. c. les friches, les bois secs E. A.

C. Corymbeuse, C. Corymbosa *L.* feuilles glabres en dessous, fleurs jaunes, mêmes lieux A?

60. Artichaud, Cynara *Vaill.*

A. sauvage, C. Cardunculus *L.* feuilles très épineuses, involucre très épineux, fleurs bleues, r. les lieux arides, au midi, à Gimont, Lahas, Auch E.

61. Leuzée, Leuzea *D C.*

L. conifère, L. Conifera *D C.* feuilles blanches en dessous, capitules assez gros ovoïdes et inermes, r. les friches à Gimont, Auch, Clairefontaine, Pavie, coteaux de la Lauze, etc. E.

62. Galactite, Galactites *Mœnch.*

G. tomenteuse, G. Tomentosa *Mœnch.* tige rameuse très florifère, fleurs d'un beau rouge, feuilles blanches, c. c. c. le long des chemins et tertres au midi E.

XLIV. **AMBROSIACÉES** *Link*.

Lampourde, Xanthium *L*. fleurs monoïques, 5 étamines, fruit sec renfermé dans l'involucre épineux ou hérissé de pointes.

A, *Tige épineuse.*

L. épineuse, X. Spinosum *L*. tige armée d'aiguillons disposés 3 à 3, r. r. r. à Gimont près de la chapelle de Cahuzac E. A.

A, *Tige inerme.*

L. commune, X. Strumarium *L*. feuilles cordiformes à la base, fruits ovales hérissés, les deux aiguillons terminaux droits, c. c. les champs, les vignes, etc. E. A.

L. à gros fruit, X. Macrocarpum *D. C.* feuilles cunéiformes à la base, fruits oblongs hérissés de pointes recourbées, les deux aiguillons terminaux divariqués, recourbés en hameçon, c. c. c. sur les graviers de la Garonne.—Je crois l'avoir trouvé dans des vignes près de Lectoure; mais n'ayant pas conservé les échantillons, je n'en suis pas entièrement sûr E. A.

XLV. **LOBÉLIACÉES** *Juss*.

Lobélie, Lobelia *L*.

L. brûlante, L. Urens *L*. c. les landes humides de l'Armagnac, la lande de Pavie, près d'Auch, E. A.

XLVI. **CAMPANULACÉES** *Juss*.

1. Jasione, Jasione *L*. corolle à 5 divisions linéaires, stigmates très courts.
2. Raiponce, Phyteuma *L*. corolle à 5 divisions linéaires, stigmates filiformes.
3. Prismatocarpe, Prismatocarpus *L'Hér.* corolle en roue à 5 lobes courts.
4. Campanule, Campanula *L*. corolle en cloche à 5 lobes.

1. Jasione, Jasione *L*.

J. de montagne, J. Montana *L*. c. les bois, les landes de l'Armagnac, r. les bois de Roquelaure E. A.

2. Raiponce, Phyteuma *L*.

R. en épi, P. Spicata *L*. c. les bois humides P. E.

3. Prismatocarpe, Prismatocarpus *L'Her*.

P. miroir de Vénus, P. Speculum *L'Her*. divisions du calice de la longueur de la corolle, c. c. les champs E.

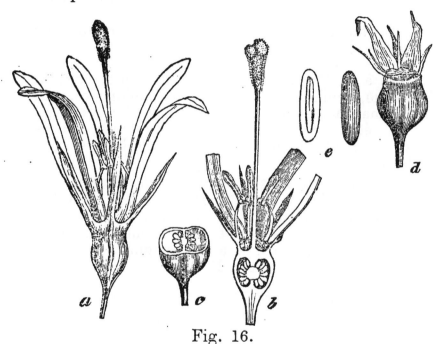

Fig. 16.

P. hybride, P. Hybridus *L'Her*. divisions du calice plus longues que la corolle, c. les champs E.

4. Campanule, Campanula *L*.

A, *Un appendice du calice réfléchi sur le tube.*

C. agglomérée, C. Glomerata *L*. fleurs en tête au sommet de la tige, c. c. les bois, les lieux secs E. A.

Fig. 16. — *Jasione montana*: *a* fleur entière; — *b* coupe longitudinale de la fleur; — *c* coupe transversale de l'ovaire; — *d* fruit dont on a détaché deux des divisions calicinales; — *e* graine.

B, *Calice sans appendice réfléchi sur le tube.*
† *capsule penchée s'ouvrant à la base.* ·

C. gantellée, C. Trachelium *L.* tige hérissée anguleuse, divisions du calice lancéolées ou linéaires, c. les bois E.

C. à feuilles rondes, C. Rotundifolia *L.* tige glabre, r. r. r. trouvée en 1839 abondante le long des murs et sur un perron du séminaire à Auch, un seul échantillon retrouvé en 1867 E.

†† *capsule dressée s'ouvrant vers le milieu ou près du sommet.*

C. raiponce, C. Rapunculus *L.* tige arrondie, cannellée, feuilles dentées, c. les revers des. fossés, des tertres E.

C. à feuilles de pêcher, C. Persicifolia tige arrondie, feuilles entières linéaires, allongées, r. r. l'Armagnac, les revers des tertres des landes E.

C. étalée, C. Patula *L.* tige anguleuse, hérissée sur les angles de poils dirigés vers le bas, c. c. les bois E. A.

B, *Capsules s'ouvrant par des valves.*

C. à feuilles de lierre, C. Hæderacea *L.* (Wahlembergia *Schrad*) tiges débiles couchées, pédoncules plus longs que les feuilles cordiformes anguleuses délicates et glabres, r. r. l'Armagnac, au Lin, à Mauléon, Barbotan, etc. E. A.

XLVII. ERICACÉES *Juss.*

1. Callune, Calluna *Salisb.* corolle plus courte que le calice.
2. Bruyère, Erica *L.* corolle plus longue que le calice.

1. Callune, Calluna *Salisb.*

C. vulgaire, C. Vulgaris *Salisb.* feuilles très petites imbriquées sur quatre rangs, c. c. c. les bois E. A.

2. Bruyère, Erica *L.*

A, *Feuilles ciliées.*

B. à tête, E. Tetralix *L.* feuilles linéaires 3 à 3 ou 4 à 4 ciliées, corolles ovales, fleurs en tête, c. c. les landes dans l'Armagnac E. A.

B. ciliée, E. Ciliaris *L.* feuilles subovales 3 à 3 ou 4 à 4 ciliées, corolle ovale allongée, fleurs en grappe unilatérale, c. c. les landes et les bois de l'Armagnac E. A.

B, *Feuilles non ciliées.*

B. vagabonde, E. Vagans *L.* corolle rosée ou rou-geâtre, étamines saillantes, anthères non aristées, c. c. c. les bois, les friches des coteaux E. A.

B. à balais, E. Scoparia *L.* corolle d'un blanc verdâtre campanulée et globuleuse, étamines non saillantes, anthères non aristées, c. c. les bois, les landes E.

B. Cendrée, E. Cinerea *L.* corolle ovoïde-urcéo-lée, étamines non saillantes, anthères aristées, c. c. c. les landes, les bois boulbéneux E. A.

XLVII (bis). **VACCINIÉES** *D. C.*

Airelle, Vaccinium *L.*

A. myrtille, V. Myrtillus *L.* baie d'un noir violet, pruineuse, acidulée, c. les bois à Garaison E. C'est sa limite inférieure.

XLVIII. **MONOTROPÉES** *Nutt.*

Monotrope, Monotrapa *L.* fruit capsulaire à 4-5 loges à un grand nombre de graines.

M. sucepin, M. Hypopitys *Boiss.* plante grasse jaunâtre à écailles brunes, parasite sur les racines des arbres et surtout sur celles des pins, r. dans l'Armagnac, Garaison E.

XLIX. **JASMINÉES** *Juss.*

1. Jasmin, Jasminum *Tourn.* corolle 5-fide.
2. Philaria, Phillyrea *Tourn.* corolle 4-fide, fruit monosperme.
3. Troène, Ligustrum *Tourn.* corolle 4-fide, baie à 4 graines.
4. Frène, Fraxinus *Tourn.* une capsule ailée (Samare) pour fruit.

1. Jasmin, Jasminum *Tourn.*

J. frutescent, J. Fruticans *L.* fleurs jaunes, r. les vieux murs à Lectoure E.

2. Philaria, Phillyrea *Tourn.*

P. moyen, P. Media *L.* feuilles ovales lancéolées, dentées, r. contreforts du clocher et de l'église à Lectoure.

3. Troène, Ligustrum *Tourn.*

T. commun, L. Vulgare *L.* fleurs blanches en thyrse au sommet des rameaux, c. c. les haies E.

4. Frêne, Fraxinus *Tourn.*

F. élevé, F. Excelsior *L.* grand arbre à bourgeons noirs et feuilles opposées à 9-13 folioles, c. les bois, les haies P.

L. **APOCYNÉES** *Juss.*

1. Dompte venin, Vincetoxicum *Mœnch* corolle en roue, graine aigrettée.

2. Pervenche, Vinca *L.* corolle en coupe, graine sans aigrette.

1. Dompte venin, Vincetoxicum *Mœnch.*

D. officinal, V. Officinale *Mœnch*, fleurs axillaires formant par leur ensemble une grappe feuillée, c. les bois E.

2. Pervenche, Vinca *L.*

P. mineure, V. Minor *L.* calice à divisions plus courtes que le tube de la corolle, c. les bois P. E.

P. majeure, V. Major *L.* calice à divisions linéaires égalant au moins le tube de la corolle, c. autour des habitations, r. les bois à Escornebœuf P.

LI. **GENTIANÉES** *Juss.*

A, *Capsule uniloculaire.*

1. Gentiane, Gentiana *L.* calice à 4-10 divisions, style nul.

2. Chlore, Chlora *L.* calice à 6-8 divisions, style filiforme.

3. Menyanthe, Menyanthes *Tourn.* calice à 5 divisions, style filiforme.

B, *Capsule biloculaire.*
4. Erythrée, Erythrœa *Ren.* calice à 5 divisions.
5. Cicindie, Cicindia *Adans* calice à 4 divisions.

1. Gentiane, Gentiana *L.*

G. des bois, G. Pneumonanthe *L.* fleurs bleues, grandes, feuilles lancéolées-linéaires, c. les landes, les bois A.

2. Chlore, Chlora *L.*

C. perfoliée, C. Perfoliata *L.* feuilles perfoliées, fleurs jaune-orangées, c. les lieux incultes E.

3. Menyanthe, Menyanthes *Tourn.*

M. trifolié, M. Trifoliata *L.* fleurs pédicellées en grappes, feuilles trifoliées, plante aquatique, c. marais de Garaison E.

4. Erythrée, Erythrœa *Ren.*

E. mignonne, E. Pulchella *Horn* fleurs longuement pédicellées en cime dichothome, c. les prés humides E. A.

E. petite centaurée, E. Centaurium *Pers.* fleurs brièvement pédicellées en corymbe, c. c. les prés, les champs, les bois E. A.

4. Cicendie, Cicindia *Adans.*

C. filiforme, C. Filiformis *Delarbr.* calice à 4 dents triangulaires, fleurs d'un jaune vif, r. r. champs arides au Lin E.

C. pusille, C. Pusilla *Griseb.* calice à 4 divisions très profondes, r. r. les moissons à Seissan E.

LII. CONVOLVULACÉES *Juss.*

Liseron, Convolvulus *L.* corolle à 5 plis.

A, *Tiges volubiles.*

L. des haies, C. Sepium *L.* feuilles sagittées, lobes de la base tronquées, c. c. les haies E.

L. des champs, C. Arvensis *L.* feuilles sagittées, lobes de la base aigus, c. c. c. les champs E.

B, *Tiges non volubiles.*

L. cantabre, C. Cantabrica *L.* tige subligneuse à la base, r. r. une friche au-dessus d'Auterive, friche à Cassagne près Condom E.

LIII. **CUSCUTÉES** *Coss.* et *Germ.*

Cuscute, Cuscuta *Tourn.*

A, *Stigmates aigus ou en massue.*

C. d'Europe, C. Europœa *L.* calice à lobes arrondis, R. lieux incultes, sur les orties à Lectoure E.

C. du Thym, C. Epithymum *L.* calice à lobes aigus étalés au sommet, c. c. c. sur diverses plantes, le Serpolet, les Dorychnies, etc., dans les friches E.

C. du trèfle, C. Trifolii *Babingt.* calice à lobes acuminés appliqués sur la corolle, c. c. dans les champs de trèfle qu'elle infeste E.

B, *Stigmates globuleux.*

C. corymbeuse, C. Corymbosa *R.* et *Pav.* tiges rameuses, de couleur jaunâtre, c. sur la luzerne cultivée qu'elle dévore E.

LIV. **BORRAGINÉES** *Juss.*

A, *Gorge de la corolle nue.*

1. Héliotrope, Héliotropium *L.* corolle à 5 lobes séparés par 5 petites dents.
2. Vipérine, Echium *L.* corolle irrégulière à 5 lobes inégaux.
3. Pulmonaire, Pulmonaria *Tourn.* corolle régulière, calice à 5.lobes peu profonds.
4. Grémil, Lithospermum *Tourn.* corolle régulière, calice à 5 divisions très profondes.

B, *Gorge de la corolle munie d'appendices.*

5. Consoude, Symphytum *Tourn.* corolle en cloche.
6. Buglosse, Anchusa *L.* corolle en entonnoir à tube droit, stygmate bifide.
7. Lycopside, Lycopsis *L.* corolle en entonnoir à tube recourbé.
8. Myosotis, Myosotis *L.* corolle hippocrateriforme.
9. Cynoglosse, Cynoglossum *Tourn.* corolle en entonnoir, fruits déprimés, hérissés.
10. Echinosperme, Echinospermum *Swartz*, co-

rolle hippocrateriforme, fruits triquètres hérissés sur les angles.

1. Héliotrope, HELIOTROPIUM *L*.

H. d'Europe, H. EUROPŒUM *L*. tige rameuse, grappes unilatérales, c. c. les champs E. A.

2. Vipérine, ECHIUM *L*.

V. commune, E. VULGARE *L*. tige fortement tuberculeuse hérissée, fleurs purpurines bleues ou blanches, c. c. c. partout E. A.

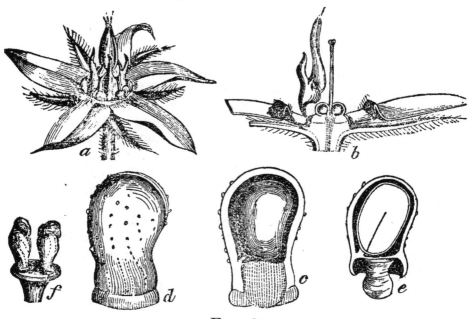

Fig. 17.

V. d'Italie, E. ITALICUM *L*. tige rameuse exactement pyramidale, fleurs petites, couleur de chair, R. La Testère et Lavacant près d'Auch, les bords de l'Adour E.

V. à feuilles de plantain, E. PLANTAGINEUM *L*. tige velue peu hérissée, fleurs grandes d'un violet foncé, R. R. R. au Lin, dans la haute plaine de l'Adour E. A.

Fig. 17. — *Borrago officinalis* : *a* fleur; — *b* pistil fendu longitudinalement avec une portion de la corolle et une étamine; — *f* fruit; — *d* l'un des carpelles frais; — *c* le même fendu longitudinalement; — *e* l'un des carpelles sec, avec la graine fendue longitudinalement.

3. Pulmonaire, PULMONARIA *Tourn.*

P. à feuilles étroites, P. ANGUSTIFOLIA *L.* feuilles radicales linéaires lancéolées très allongées, c. le long des tertres des landes de l'Armagnac P.

P. tubéreuse, P. TUBEROSA *Schrank.* feuilles radicales et celles des jets stériles ovales-lancéolées, atténuées en pétiole, c. c. c. les bois P.

P. officinale, P. OFFICINALIS *L.* feuilles radicales et celles des jets stériles, largement ovales cordiformes ou subcordiformes à la base, souvent maculées de blanc, R. bois rocailleux et frais des environs d'Auch, de Lectoure, etc. P.

4. Grémil, LITHOSPERMUM *Tourn.*

G. officinal, L. OFFICINALE, feuilles à nervures latérales très saillantes, fleurs d'un blanc-jaunâtre, c. c. bords des chemins, bois, etc. E.

G. des champs, L. ARVENSE *L.* feuilles sans nervures latérales saillantes, fleurs blanches, c. c. c. les champs P. E.

G. pourpre-bleu, L. PURPUREO-CŒRULEUM *L.* fleurs bleues ou purpurines violacées, c. les bois, les haies P. E.

5. Consoude, SYMPHYTUM *Tourn.*

C. tubéreuse, S. TUBEROSUM *L.* racine fibroso-tubéreuse, fleurs jaunâtres, c. le long des ruisseaux, les bois P.

6. Buglosse, ANCHUSA *L.*

B. d'Italie, A. ITALICA *Retz* tige dressée rameuse, fleurs d'un beau bleu, c. c. les champs E.

7. Lycopside, LYCOPSIS *L.*

L. des champs, L. ARVENSIS *L.* tiges hérissées, rameuses, c. les champs Gimont.

8. Myosotis, MYOSOTIS *L.*

A, *Calice à poils étalés et crochus dans le bas,*
† *Ouvert à la maturité.*

M. hispide, M. HISPIDA *Schlecht.* c. c. champs sablonneux de l'Armagnac E.

†† *Calice fermé à la maturité.*

M. versicolore, M. VERSICOLOR *Pers.* pédicelles bien étalés bien plus courts que le calice, c. c. c. les pelouses P. E.

M. intermédiaire, M. Intermedia *Link.* pédicelles étalés plus longs que le calice, c. c. c. les haies E.

M. des bois, M. Sylvatica *Hoffm.* pédicelles étalés beaucoup plus longs que le calice, c. les bois humides E.

M. raide, M. Stricta *Link.* pédicelles dressés bien plus courts que le calice, c. champs, et landes de l'Armagnac E.

B, *Calice à poils appliqués non crochus au sommet.*

M. des marais, M Palustris *With.*, c. c. bords des ruisseaux et des marais E.

9. Cynoglosse, Cynoglossum *Tourn.*

C. officinal, C. Officinale *L.* feuilles molles à duvet appliqué, fleurs rouge de sang, r. les lieux secs, à Mirail près Lectoure, à Frans près Saint-Clar, à Castets E.

C. peint, C. Pictum *Ait.* feuilles fermes à duvet raide et étalé, fleurs purpurines et bleuâtres, c. c. les chemins, les tertres, les champs E.

10. Echinosperme, Echinospermum *Swartz.*

E. petite bardane, E. Lappula *Sw.*, c. c. c. les vignes E. A.

LV. SOLANÉES *Juss.*

A, *Fruit en baie.*

1. Lyciet, Lycium calice non enflé à la maturité, corolle infundibuliforme.

2. Morelle, Solanum *L.* calice non enflé à la maturité, corolle rotacée.

3. Coqueret, Physalis *L.* calice très enflé à la maturité.

B, *Fruit capsulaire.*

4. Datura, Datura *L.* calice caduc, corolle infundibuliforme plissée.

5. Jusquiame, Hyosciamus *Tourn.* calice persistant.

6. Molène, Verbascum *L.* corolle en roue.

1. Lyciet, LYCIUM *L.*

L. de Barbarie, L. BARBARUM *L.* c. les rochers à Lectoure et les chemins autour de la ville E. A.

2. Morelle, SOLANUM *L.*

M. douce-amère, S. DULCAMARA *L.* tige sarmenteuse frutescente, c. haies, bords des ruisseaux E.

M. noire, S. NIGRUM *L.* herbe. fruits noirs (*S. Nigrum L.*), fruits rouges (*S. Miniatum Willd*), c. décombres, lieux cultivés E. A.

3. Coqueret, PHYSALIS *L.*

C. d'Alkekenge, P. ALKEKENGI *L.* calice et baie d'un rouge vif à la maturité, R. R. les bois à Téqué, vignes à Aspasot près Lectoure E.

4. Datura, DATURA *L.*

D. stramoine, D. STRAMONIUM *L.* c. c. les champs sabloneux, E. A.

5. Jusquiame, HYOSCIAMUS *L.*

J. noire, H. NIGER *L.* c. les décombres.

6. Molène, VERBASCUM *Tourn.*

A, *Feuilles décurrentes.*

M. bouillon blanc, V. THAPSUS *L.* feuilles grandes et tomenteuses, c. c. c. lieux incultes, bois E.

B, *Feuilles non ou peu décurrentes.*

M. sinuée, V. SINUATUM *L.* feuilles radicales profondément sinuées, c. plaine de l'Osse, de la Baïse, de l'Adour, etc. E.

M. Lychnite V. LYCHNITIS *L.* capsule ovoïde, tige pubescente, c. lieux arides E.

M. pulvérulente, V. PULVERULENTUM *Vill.* capsule ovoïde, tige floconneuse, c. bords des chemins, plaine de l'Adour E.

M. Blattaire, V. BLATTARIA *L.* capsule globuleuse, c. c. bords des chemins, lieux cultivés E.

C, *Feuilles inférieures longuement pétiolées.*

M. noire, V. NIGRUM *L.* R. R. plaine du Gers, au Poteau entre Lectoure et Fleurance, à Seissan E.

LVI. **VÉRONICÉES** *Benth*.

Véronique, VERONICA *Tourn*.

A, *Fleurs axillaires, solitaires, pétiolées.*

V. à feuilles de lierre, V. HEDERŒFOLIA *L*. feuilles à 3 à 5 lobes arrondis, c. c. c. partout H. P. A.

V. Persique, V. PERSICA *Poir*. feuilles dentées, fleurs grandes, capsule comprimée à lobes écartés, R. à Auch, à Lectoure, à Marsolan, bords de l'Adour, le bord des chemins, les jardins, etc. H. P.

V. agreste, V. AGRESTIS *L*. corolle d'un bleu clair et veiné à lobe inférieur blanc, capsule poilue-glanduleuse globuleuse et carénée, R. les champs, les vignes à Gimont, à Lectoure H. P. E. A.

V. didyme, V. DIDYMA *Ten*. corolle entièrement bleue, capsule globuleuse velue peu ou point glanduleuse et non carénée H. P. E. A.

† † *Fleurs sessiles ou à peu près.*

V. des champs, V. ARVENSIS *L*. feuilles cordiformes subovalaires presque sessiles, c. c. c. champs, jardins P. E.

V. à feuille d'Acinos, V. ACINIFOLIA *L*. feuilles inférieures ovales, arrondies, c. c. les champs, les vignes P.

V. Triphylle, V. TRIPHYLLOS *L*. feuilles supérieures à 3-5 lobes profonds, obtus. — Indiquée dans la plaine du Gers près d'Auch; nous l'y cherchons inutilement depuis plus de trente ans.

B, *Fleurs en grappes latérales.*

† *Plantes aquatiques.*

V. Cressonnée, V. BECCABUNGA *L*. feuilles ovales obtuses, c. c. c. fossés, ruisseaux E.

V. Mouron d'eau, V. ANAGALLIS *L*. feuilles lancéolées aigues, c. fossés, ruisseaux E.

V. scutellée, V. SCUTELLATA *L*. feuilles linéaires étroites, R. les marais, les fossés toujours pleins d'eau, aux environs d'Auch, Gimont, Lectoure et Mirande, c. dans l'Armagnac E.

† † *plantes sylvestres.*

V. Chenette, V. Chamœdris *L.* deux lignes alternes et opposées de poils sur la tige, c. c. c. les haies P.

V. officinale, V. Officinalis *L.* feuilles brièvement pétiolées, capsule triangulaire aussi large que haute, c. les bois secs E.

V. de montagne, V. Montana *L.* feuilles longuement pétiolées, capsule plus large que haute, émarginée à la base et au sommet, c. les bois frais E.

V. teucriette, V. Teucrium *L.* feuilles inférieures ovales-arrondies, les supérieures étroites, dentées en scie, divisions du calice ciliées, c. c. les tertres, les bois E.

V. couchée, V. Prostrata *L.* divisions du calice glabres, tiges presque ligneuses, longuement étalées, couchées, c. les bois secs, les pelouses sèches E.

C, *Fleurs en grappes terminales.*

V. à feuilles de serpollet, V. Serpyllifolia *L.* feuilles inférieures ovales-arrondies, glabres, c. les champs boulbéneux, humides P.

LVII. **SCROPHULARINÉES** *Brown.*

A, *Calice quadrifide.*

1. Bartsie, Bartsia *L.* calice cylindrique, graines anguleuses.

2. Euphraise, Euphrasia *L.* calice cylindrique, graines striées.

3. Mélampyre, Melampyrum *Tourn.* calice cylindrique, graines lisses.

4. Rhinanthe, Rhinanthus *L.* calice très enflé.

B, *Calice quintifide.* † *corolle éperonnée.*

5. Linaire, Linaria *Juss.* éperon allongé.

6. Mufflier, Anthirrhinum *Tourn.* éperon court, reduit à une bosse.

† † *corolle non éperonnée.*

7. Scrophulaire, Scrophularia *Tourn.* calice non enflé.

8. Pédiculaire, Pedicularis *Tourn.* calice enflé.

1. Bartsie, Bᴀʀᴛꜱɪᴀ *L*.

B. visqueuse, B. Vɪꜱᴄᴏꜱᴀ *L*. fleurs jaunes, c. les champs boulbéneux E.

2. Euphraise, Eᴜᴘʜʀᴀꜱɪᴀ *L*.

E. jaune, E. Lᴜᴛᴇᴀ *L* fleurs jaunes, c. les friches arides E. A.

E. officinale, E. Oꜰꜰɪᴄɪɴᴀʟɪꜱ *L*. fleurs bariolées de blanc, de jaune et de violet, c. c. les bois, les friches E. A.

E. tardive, E. Oᴅᴏɴᴛɪᴛᴇꜱ *L*. fleurs purpurines violacées, c. les champs après la moisson A.

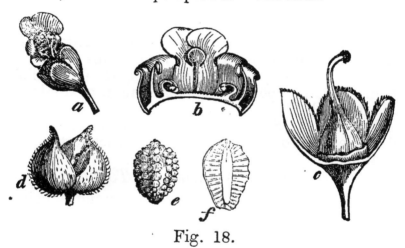

Fig. 18.

3. Melampyre, Mᴇʟᴀᴍᴘʏʀᴜᴍ *Tourn*.

M. en crête, M. Cʀɪꜱᴛᴀᴛᴜᴍ *L*. fleurs en épi quadrangulaire, c. c. les bois E.

M. des prés, M. Pʀᴀᴛᴇɴꜱᴇ *L*. fleurs unilatérales bractées lancéolées, c. c. les bois E.

4. Rhinanthe, Rʜɪɴᴀɴᴛʜᴜꜱ *L*.

R. à grandes fleurs, R. Gʟᴀʙʀᴀ *Lam*. fleurs grandes, calice glabre, c. c. c. les prés secs E.

R. à petites fleurs, R. Hɪʀꜱᴜᴛᴀ *Lam*. fleurs petites, calice velu, c. les prés humides E.

Fig. 18. — *Scrophularia aquatica*: *a* fleur entière; — *b* corolle fendue et étalée; — *c* pistil; — *d* capsule entr'ouverte; — *e* graine; — *f* graine coupée longitudinalement.

5. Linaire, LINARIA *Juss.*

A, *Feuilles pétiolées.*

L. élatine, L. ELATINE *Desf.* feuilles supérieures hastées, c. les champs humides E. A.

L. bâtarde, L. SPURIA *Mill.* toutes les feuilles ovales-arrondies, c. c. c. les champs E. A.

B, *Feuilles sessiles,* † *fleurs jaunes.*

L. commune, L. VULGARIS *Mœnch* calice glabre à divisions linéaires-aiguës, c. les champs E. A.

L. couchée, L. SUPINA *Desf.* calice velu à divisions obtuses, R. graviers de l'Adour A.

† † *Fleurs violettes ou bleuâtres.*

L. mineure, L. MINOR *Desf.* fleurs violettes, tige à poils gluants, c. les vignes, les champs E. A.

L. de Pélissier, L. PELISSERIANA *Mill.* fleurs d'un blanc-violâtre, éperon très long et aigu, c. Monléon-Magnoac P. E.

L. striée, L. STRIATA *D C.* fleurs blanches rayées de violet, éperon court et obtus, c. c. les tertres, les champs E.

6. Mufflier, ANTHIRRHINUM *Tourn.*

M. grand, A. MAJUS *L.* fleurs très grandes, calice à divisions courtes, c. les vieux murs E.

M. orangé, A. ORONTIUM *L.* calice à divisions linéaires-allongées, c. les vignes des boulbènes A.

7. Scrophulaire, SCROPHULARIA *Tourn.*

S. aquatique, S. AQUATICA *L.* feuilles à pétioles décurrentes, crénelées c. c. c. le long des eaux E.

Var. Appendiculata *Noul.* 2 folioles à la base des feuilles.

S. noueuse, S. NODOSA *L.* feuilles dentées en scie, R. Sarcos, Masseube, Seissan E.

S. des chiens, S. CANINA *L.* feuilles pinnatifides, c. bords de l'Adour E.

8. Pédiculaire, PEDICULARIS *Tourn.*

P. des bois, P. SYLVATICA *L.* tiges couchées, fleurs rouges, c. les landes, les bois humides E.

LVIII. OROBANCHÉES *Juss.*

1. Phélipée, PHELIPEA *May.* et *Led.* fleurs munies de 2 bractéoles latérales.

2. Orobanche, OROBANCHE *L.* fleurs sans bractéoles, calice de 2 pièces.

3. Clandestine, CLANDESTINA *Tourn.* fleurs sans bractéoles, calice 4-fide.

1. Phélippée, PHELIPEA *Mey.* et *Led.*

P. bleuâtre, P. CÆRULEA *Mey.* tige simple bleuâtre, R. R. R., Saint-Amans près d'Eauze E.

P. rameuse, P. RAMOSA *Mey.* tige rameuse, jaunâtre, c. sur le lin, le chanvre, etc. E.

2. Orobanche, OROBANCHE *L.*

A, *Etamines insérées vers la base de la corolle.*

O. du genêt, O. RAPUM *Thuil.*, c. dans les bois, sur le *Genista Scoparia* E.

† † *Etamines poilues.*

O. de l'ajonc, O. ULICIS *Des Moul.* stigmate jaune, c. les landes, sur l'*Ajonc* E.

O. du Gaillet, O. GALII *Vauch.* stigmate pourpré, plante à odeur de gérofle, c. c. sur les *Galium* E.

B, *Etamines insérées au-dessus du tiers supérieur du tube de la corolle.*

O. du lierre, O. HEDERÆ *Vauch.* stigmate d'un beau jaune, c. sur le *Lierre* E.

O. mineure, O. MINOR *Sutt.* stigmate purpurin, corolle blanchâtre à lèvres obtusément denticulées, c. c. sur les *Trifolium* qu'elle infeste souvent E.

O. de la carotte, O. CAROTÆ *Des Moul.* stigmate purpurin, fleurs jaunes, R. R. sur la *Carotte sauvage* aux environs d'Auch E.

O. du Panicaut, O. ERYNGII *Vauch.* stigmate d'un brun violacé, plante d'un violet bleuâtre, R. R. R. sur le *Panicaut* à Montestruc, à Bivès E.

3. Clandestine, CLANDESTINA *Tourn.*

C. commune, C. RECTIFLORA *Lam.* fleurs grandes violâtres, c. c. le long des eaux P.

LIX. **LABIÉES** *Juss.*

A, *Corolle à 4 lobes presque égaux.*

1. Lycope, Lycopus *L.* 2 étamines fertiles.
2. Menthe, Mentha *L.* 4 étamines fertiles.

B, *Corolle subunilabiée.*

3. Bugle, Ajuga *L.* corolle à tube muni d'un anneau de poils.

3. Germandrée, Teucrium *L.* corolle à tube non muni d'un anneau de poils.

Fig. 19.

C, *Corolle et calice bilabiés.*

† *Gorge nue.*

5. Melitte, Melittis *L.* calice très ample, anthères en croix.

6. Brunelle, Brunella *Tourn.* calice bilabié-sub-campanulé, filets des étamines bifurqués au sommet.

Fig. 19. — *Melittis Melissophyllum* : *a* fleur entière; — *b* fruit composé de 4 akènes; — *c* un des akènes, les 3 autres enlevés; — *d* coupe longitudinale; — *e* coupe transversale d'une graine.

7. Scutellaire, SCUTELLARIA *L.* calice operculé.

† † *Gorge velue.*

8. THYM, THYMUS *L.* calice à tube fermé par des poils.

9. Melisse, MELISSA *L.* calice scarieux, un peu velu à la gorge.

10. Clinopode, CLINOPODIUM *Tourn.* calice barbu à la gorge, fleurs en glomérules, réunies sous un involucre.

11. Origan, ORIGANUM *L.* calice barbu à la gorge, fleurs en épis quadrigones.

D, *Corolle bilabiée, calice non bilabié.*

† *4 étamines,* * *corolle à lobes presque égaux.*

12. Lavande, LAVANDULA *L.* étamines fléchies sur la lèvre inférieure.

13. Sariette, SATUREIA *L.* étamines.

† † *4 étamines.* * * *corolle à lobes inégaux.*

14. Gléchome, GLECHOMA *L.* anthères en croix deux à deux.

15. Lamier, LAMIUM *L.* gorge de la corolle bidentée.

16. Galéopside, GALEOPSIS *L.* lèvre inférieure de la corolle bidentée.

17. Galeobdolon, GALEOBDOLON *Huds*, lèvre inférieure de la corolle trifide.

18. Nepeta, NEPETA *L.* lèvre inférieure de la corolle crénelée.

19. Bétoine, BETONICA *L.* lèvre supérieure de la corolle plane ascendante.

20. Epiaire, STACHYS *L.* filets des étamines déjetés en dehors après la fécondation.

21. Ballote, BALLOTA *L.* calice à 10 stries, lèvre supérieure de la corolle en voûte.

22. Marrube, MARRUBIUM *L.* calice à 10 stries, lèvre supérieure de la corolle droite et bifide.

† † † *2 étamines.*

23. Romarin, ROSMARINUS *L.* filets des étamines munis à leur base d'une petite dent.

24. Sauge, SALVIA *L.* filets des étamines sans dent à la base.

1. Lycope, Lycopus *L.*

L. d'Europe, L. Europœus *L.*

2. Menthe, Mentha *L.*

A, *Gorge nue,* † *Fleurs en épi.*

M. à feuilles rondes, M. Rotundifolia *L.* feuilles ridées arrondies, c. c. c. prés, champs E. A.

M. Sauvage, M. Sylvestris *L.* feuillés lancéolées sessiles, bords de l'Adour E. A.

M. de Noulet, M. Nouletiana *Timb.* feuilles lancéolées pétiolées, r. les champs, près d'Auch; à Larroque, près Puycasquier.

M. Odorante, M. Odorata *Sole,* plante entièrement glabre à odeur suave, r. r. au Petit, près Lectoure E.

† †. *Fleurs verticillées.*

M. aquatique, M. Aquatica *L.* feuilles pétiolées.

M. des champs, M. Arvensis *L.* feuilles presque sessiles.

B, *Gorge velue.*

M. pouliot, M. Pulegium *L.* c. c. c. les prés et autres lieux humides A.

3. Bugle, Ajuga *L.*

B. rampante, A. Reptans, *L.* simples à rejets rampant, c. c. c. les prés P.

B. faux pin, A. Chamœpytis *Schreb.* feuilles, 3-partites, c. c. les champs P. E. A.

4. Germandrée, Teucrium *L.*

A, *Tige entièrement herbacée.*

G. élégante, T. Botrys *L.* feuilles multifides, c. les champs E.

G. des bois, T. Scorodonia *L.* feuilles pétiolées, cordiformes, c. c. les bois E.

G. des prés, T. Scordium *L.* feuilles ovales sessiles, r. r. les prés humides des bords de l'Arrats E. A.

B, *Tige sous-ligneuse à la base.*

G. pe i chène, T. Chamædris *L.* feuilles ovales, pétiolées, tc. c. les lieux secs E.

G. de montagne, T. Montanum *L.* feuilles linéaires, c. les friches au midi E.

5. Mélitte, Melittis *L.*

M. à feuilles de Mélisse, M. Melissophyllum *L.* fleurs grandes d'un jaune blanchâtre.

6. Brunelle, Brunella *Tourn.*

B. commune, B. Vulgaris *L.* feuilles entières, fleurs violettes ou blanches, c. c. c. les bois E.

B. laciniée, B. Laciniata *L.* feuilles laciniées, fleurs blanches, c. les bois secs E.

B. à grandes fleurs, B. Grandiflora *L.* corolle grande purpurine, R. les bois, les landes, à Beaulieu, près Auch, dans l'Armagnac E.

7. Scutellaire, Scutellaria *L.*

S. galériculée, S. Galericulata *L.* feuilles lancéolées-oblongues, c. les fossés, les marais E.

S. mineure, S. Minor *L.* feuilles cordiformes, R. fossés et marais de l'Armagnac E.

8. Thym, Thymus *L.*

A, *Plantes vivaces.*

T. serpollet, T. Serpillum *L.* tiges diffuses, feuilles opposées linéaires.

T. calaminthe, T. Calamintha *L.* *(Melissa)* (1), feuilles opposées ovales, dentées en scie, c. les bois E. A. — Var. Menthœfolia, feuilles plus petites, très superficiellement crénelées, c. c. c. les bords des chemins E. A.

B, *Plantes annuelles.*

T. des champs, T. Acinos *L.* (2), tige herbacée, rameuse, couchée, feuilles pétiolées, ovales.

9. Melisse, Melissa *L.*

M. officinale, M. Officinalis *L.* feuilles grandes, vertes à odeur très suave, c. autour des habitations, E.

10. Clinopode, Clinopodium *Tourn.*

C. commun, C. Vulgare *L.* fleurs rouges verticillées et presque en tête, c. c. les lieux secs E.

---

(1) Type du genre *Calamintha Mœnch.*
(2) Type du genre *Acinos Pers.*

11. Origan, ORIGANUM *L*.

O. commun, O. VULGARE *L*. fleurs en épis quadrigones ramassés en panicule, c. c. les lieux secs.
E. A.

12. Lavande, LAVANDULA *L*.

L. à larges feuilles, L. LATIFOLIA *L*, bractées et
bractéoles foliacées, r. r. r. friches de la Lauze, à
Sémézies où elle abonde E.

13. Sarriette, SATUREIA *L*.

S. des jardins, S. HORTENSIS *L*. tige herbacée
dressée très rameuse, odeur forte, r. r. r. un champ
très aride en allant de Lucanthe, près Auch, au Malartic H. A.

14. Gléchome, GLECHOMA *L*.

G. lierre terrestre, G. HEDERACEA *L*. tiges couchées, rampantes, rameaux stériles allongés, c. c. c.
les haies P.

15. Lamier, LAMIUM *L*.

L. amplexicaule, L. AMPLEXICAULE *L*. fleurs petites, feuilles supérieures amplexicaules, r. les vieux
murs, les vignes E.

L. Maculé, L. MACULATUM *L*. fleurs très grandes,
purpurines en verticilles de 6 à 10 fleurs, c. c. c. les
lieux frais P. E.

L. blanc, L. ALBUM *L*. fleurs blanches assez grandes, en verticilles de 15 à 20 fleurs, r. r. r. jardin,
à Encarignan, près Gimont.

L. pourpré, L. PURPUREUM *L*. fleurs petites et purpurines très rapprochées au sommet de la tige, c. c. c.
partout P. E. A. — Var. ALBIFLORA, fleurs blanches,
r. r. prés sur l'Auze, près Lectoure P.

14. Galeopside, GALEOPSIS *L*.

G. ladanum, G. LADANUM *L*. feuilles lancéolées linéaires, c. c. c. les champs après la moisson E. A.

G. chanvrin, G. TETRAHIT *L*. feuilles ovales-lancéolées, r. les champs des bords de l'Arros et de l'A-
dour, à Riscle, à Semboués E. A.

15. Galeobdolon, GALEOBDOLON *L*.

G. Jaune, G. LUTEUM *L*. fleurs grandes, jaunes,
r. les bois frais à Lectoure, Bivès, etc. P. E.

16. Nepeta, NEPETA *L.*

N. des chats, N. CATARIA *L.* fleurs blanches ponctuées de rouge, c. à Monléon-Magnoac E.

17. Bétoine, BETONICA *L.*

B. officinale, B. OFFICINALIS *L.* fleurs d'un beau rouge, c. c. c. les bois E.

18. Epiaire, STACHYS.

A, *Corolle purpurine.*

† *Bractéoles à peu près de la longueur du calice.*

E. d'Allemagne, S. GERMANICA *L.* plante tomenteuse d'un aspect presque blanc, c. les bords des routes et des champs E.

E. des Alpes, S. ALPINA *L.* feuilles vertes velues sur les deux faces, R. R. R. bois frais à Douat près Lectoure E.

† † *Bracteoles nulles ou très petites.*

E. des marais, S. PALUSTRIS *L.* feuilles lancéolées, fleurs dépassant de beaucoup le calice, c. les fossés, les marais E.

E. des champs, S. ARVENSIS *L.* fleurs dépassant à peine la longueur du calice, c. la plaine de l'Adour et tout l'Armagnac E. A.

B, *Corolle jaunâtre.*

E. annuelle, S. ANNUA *L.* feuilles glabres, c. les champs E. A.

E. droite, S. RECTA *L.* feuilles velues, c. les lieux secs E.

21. Ballote, BALLOTA *Tourn.*

B. fétide, B. FŒTIDA *Lam.* teinte de toute la plante d'un vert brunâtre, c. c. c. les décombres E.

22. Marrube, MARRUBIUM *L.*

M. commun, M. VULGARE *L.* teinte de toute la plante d'un gris blanchâtre, c. c. c. les lieux secs E.

23. Romarin, ROSMARINUS *L.*

R. officinal, R. OFFICINALIS *L.* feuilles linéaires vertes en dessus, blanches en dessous, cultivé dans

les jardins ruraux, subspontané dans les anciens
jardins P. A.

24. Sauge, SALVIA *L.*

A, *Tube de la corolle pourvu d'un anneau
de poils.*

S. officinale, S. OFFICINALIS *L.* tige suffrutescente
à la base, cultivée et subspontanée dans les anciens
jardins, sur les vieux murs au midi E.

B, *Tube de la corolle sans anneau de poils.*

S. sclarée, S. SCLAREA *L.* feuilles très rugueuses,
tomenteuses, bractées très grandes, violacées, fleurs
très grandes d'un blanc violâtre, R. les rochers au
midi, à la Hillère près Lectoure, à Tournecoupe, à
Homps, etc. E.

S. des prés, S. PRATENSIS *L.* feuilles rugueuses,
bractées courtes, fleurs très grandes d'un bleu foncé,
c. les prés E. Mai.

S. des friches, S. APRICA *Dup.* feuilles très rugueuses en grande rosette à la base, tige peu feuillée, R. R. les friches calcaires aux environs de Lectoure. — Cette espèce nous paraît, par son port,
entièrement distincte de la sauge des prés. Quoique
venant en plein soleil et presque toujours au midi,
elle est d'un mois plus tardive, pour sa floraison,
que la *Sauge des prés* à laquelle elle ressemble par
ses fleurs. Fin juin.

S. Horminioïde, S. HORMINIOIDES *Pourr.* feuilles
allongées assez rugueuses, corolle d'un bleu clair
assez longue à lèvre supérieure, courbée et comprimée, c. les tertres au midi dans les terrains calcaires P. E.

S. Clandestine *L.* S. CLANDESTINA *L.* corolle à peine
plus longue que le calice, d'un pourpre clair, c. les
prés, autour des habitations P. E.

LX. **VERBÉNACÉES** *Juss.*

Verveine, VERBENA *L.* corolle tubuleuse à lymbe
5-fide subbilabiée.

V. officinale, V. OFFICINALIS, *L.* c. c. le long des
chemins E. A.

LXI. **LENTIBULARIÉES** *Rich.*

1. Grassette, Pinguicula *Tourn.* calice 5-fide.
2. Utriculaire, Utricularia *L.* calice bilabié.

1. Grassette, Pinguicula *Tourn.*

G. de Portugal, P. Lusitanica *L.* fleurs blanc-rougeâtres petites, c. les landes humides de l'Armagnac, à Panassac E.

2. Utriculaire, Utricularia *L.* (aquatique).

U. commune, U. Vulgaris *L.* éperon de la corolle conique, r. les fossés et marais de l'Armagnac E.

U. mineure, U. Minor *L.* éperon court obtus, r. r. fossés et marais de l'Armagnac E.

LXII. **PRIMULACÉES** *Vent.*

A, *Capsules s'ouvrant longitudinalement.*
1. Primevère, Primula *L.* corolle à long tube.
2. Lysimaque, Lysimachia *L.* corolle en roue sans appendices.
3. Samole, Samolus *Tourn.* corolle avec 5 appendices à la gorge.
4. Pain de pourceau, Cyclamen *L.* corolle à 5 divisions réfléchies.

B, *Capsule s'ouvrant circulairement.*
5. Mouron, Anagallis *L.*

1. Primevère, Primula *L.*

P. officinale, P. Officinalis *Jacq.* calice à divisions courtes, r. prairies aux environs d'Auch, c. à Sarrant P.

P. élevée, P. Elatior *Jacq.* calice à divisions longues et aiguës, hampe longue multiflore, c. le long des ruisseaux P.

P. grandiflore, P. Grandiflora *Lam.* calice à divisions longues et aiguës, pédicelles radicaux uniflores, c. c. le long des ruisseaux de l'Armagnac.

Var. *rubriflora* fleurs rouges, r. r. r. à Moussat, près Barcelonne.

2. Lysimaque, Lysimachia *L.*

L. commune, L. Vulgaris *L.* feuilles lancéolées, c. bords des rivières E.

L. nummulaire, L. Nummularia *L.* feuilles arrondies, c. les bois frais E.

L. des bois, L. Nemorum *L.* feuilles ovales-aiguës, r. r. les bois frais à Seissan, Panassac E.

3. Samole, Samolus *L.*

S. de Valérand, S. Valerandi *L.* c. les lieux humides E.

4. Pain de pourceau, Cyclamen L.

P. napolitain, C. Neapolitanum *Ten.* c. les garennes, au Garros, près Auch, à Mazères A. — Je ne le crois pas indigène, mais il y est aujourd'hui subspontané.

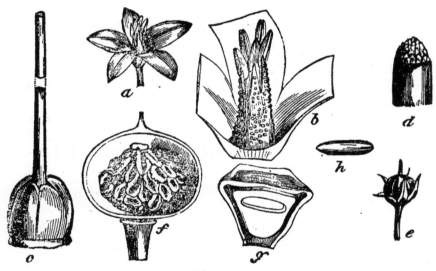

Fig. 20.

5. Mouron, Anagallis *L.*

M. des champs, A. Arvensis *L.* feuilles ovales ou lancéolées, c. c. c. les lieux cultivés P. E. A.

Var. *Phœnicea* fleurs rouges.

Var. *Cœrulea* fleurs bleues.

Fig. 20. — *Lysimachia vulgaris* : *a* fleur entière; — *b* étamines monadelphes; — *c* pistil; — *d* stigmate; — *e* fruit; — *f* le même, montrant les graines attachées à un trophosperme central; — *g* coupe transversale de la graine; — *h* embryon.

M. délicat, A. Tenella *L.* feuilles arrondies, fleurs roses, r. les landes humides de l'Armagnac et de Panassac E.

LXIII. **GLOBULARIÉES** *D C.*

Globulaire, Globularia *L.*
G. commune, G. Vulgaris *L.* fleurs bleues en tête, c. c. les friches, les bois secs au midi P. E.

LXIV. **PLANTAGINÉES** *Juss.*

Plantain, Plantago *L.*
A, *Hampe nue.*
P. majeur, P. Major *L.* épi cylindrique allongé, serré, feuilles épaisses et coriaces, c. c. c. décombres, chemins E.
P. intermédiaire, P. Intermedia *Gilib.* épi grêle, lâche, feuilles minces et molles, c. bords des mares et des étangs E. A.
P. moyen, P. Media *L.* épi oblong, serré, obtus, feuilles molles et velues sur les deux faces, c. c. c. les prairies.

B, *Tige rameuse et feuillée.*
P. des chiens, P. Cynops *L.* feuilles filiformes, r. r. friches arides près de St-Jean-Poutge et Simorre E.

LXV. **AMARANTHACÉES** *Juss.*

Amaranthe, Amaranthus *L.*
A, *Péricarpe indéhiscent.*
A. couchée, A. Deflexus *L.* fleurs en épis denses, non feuillés, subconiques, c. c. les décombres, les chemins E. A.
A. blette, A. Blitum *L.* fleurs en épis très feuillés à la base, c. cultures, bords des chemins E. A.

B, *Péricarpe déhiscent circulairement.*
A. sylvestre, A. Sylvestris *L.* fleurs englomérules, les inférieurs espacés, les supérieurs spiciformes, c. c. lieux cultivés E. A.

A. réfléchi, A. Retroflexus *L*. glomerules en grappe spiciforme grosse et non feuillée, plante forte et robuste, c. les décombres dans les villes A.

LXVI. CHÉNOPODÉES *Vent.*

1. Phytolacque, Phytolacca *L*. fruit en baie.
2. Polychnème, Polychnemum *L*. fruit capsulaire.
3. Chenopode, Chenopodium *L*. fruit nu, graines orbiculaires.
4. Arroche, Atriplex *Tourn*. fruit nu, graines comprimées.
5. Bête, Beta *Tourn*. calice urcéolé, fruit déprimé.

1. Phytolacque, Phytolacca *L*.
P. décandre, P. Decandra *L*. grande herbe originaire d'Amérique subspontanée E. A.

Polychnème, Polychnemum *L*.
P. des champs, P. Arvense *L*. herbe couchée, feuilles linéaires-aciculées, c. les champs E. A.

3. Chénopode, Chenopodium *L*.
A, *Feuilles ovales ou lancéolées entières.*
C. polysperme, C. Polyspermum *L*. fleurs axillaires, c. champs de la plaine de l'Adour E. A.
C. fétide, C. Vulvaria *L*. fleurs en épis, odeur fétide, c. c. c. les décombres, les jardins E. A.

B, *Feuilles ovales ou lancéolées dentées.*
C. ambrosioïde, C. Ambrosioides *L*. fleurs axillaires sessiles, odeur forte mais suave, r. r. les rues de Mirande et d'Estang A.
C. des murs, C. Murale *L*. fleurs en grappes, c. c. les décombres A.

C, *Feuilles anguleuses.*
C. blanc, C. Album *L*. feuilles ovales rhomboïdales-aiguës, c. c. c. les champs.
C. à feuilles d'Obier, C. Opulifolium *Schrad.* feuilles rhomboïdales subtrigones, courtes et obtuses, c. les décombres.
C. hybride, C. Hybridum *L*. feuilles trigones, cor-

diformes, aiguës et à grosses dents, R. les jardins à
Bazin A.

C. des villes, C. Urbicum *L.* feuilles triangulaires,
fleurs en grappes serrées contre la tige, c. au pied
des murs A.

C. des murs, C. Murale *L.* fleurs en grappes rameuses étalées, c. au pied des murs A.

C. rouge, C. Rubrum *L.* feuilles rhomboïdales ou
hastées, rougeâtres ainsi que la tige, R. bords des
mares à Saint-Avit, dans l'Armagnac A.

D, *Feuilles pinnatifides.*

C. élégant, C. Botrys *L.* feuilles à odeur forte,
c. c. graviers de l'Adour de Riscle à Aire, etc. E. A.

4. Arroche, Atriplex *Tourn.*

A. hastées, A. Hastata *L.* feuilles inférieures
hastées, tronquées à la base, c. bords des chemins,
décombres E. A.

A. étalée, A. Patula *L.* feuilles inférieures oblon ·
gues lancéolées, c. les jardins E. A.

N.-B. Les épinards (*Spinacia L.*) appartiennent
à cette famille.

LXVII. **POLYGONÉES** *Juss.*

1. Renouée, Polygonum *L.* calice à 6 sépales presque égaux.

2. Patience, Rumex *L.* calice à 6 sépales, les trois
extérieurs plus courts.

1. Renouée, Polygonum *L.*

A, *Feuilles triangulaires.*

R. liseron, P. Convolvulus *L.* tige volubile, 2-3
fleurs axillaires, c. c. c. les champs E. A.

R. des buissons, P. Dumetorum *L.* tige volubile à
son sommet, fleurs en grappes axillaires, c. les bois,
les haies E.

B, *Feuilles ovales-lancéolées, fleurs axillaires.*

R. des oiseaux, P. Aviculare *L.* rameaux feuillés
jusqu'au sommet, c. c. c. partout E. A.

R. de Bellardi, P. Bellardi *All.* rameaux sans

feuilles dans leur partie florifère, c. les lieux humides E.

C,.*Feuilles ovales-lancéolées, fleurs en épi.*
R. amphibie, P. AMPHIBIUM *L.* épis cylindriques, étamines saillantes, feuilles grandes ordinairement nageantes, c. sur les eaux des rivières, des étangs E.
Var. Terrestris, *Mœnch.* bords des eaux.
R. à feuilles de patience, P. LAPATHIFOLIUM *L.* épis serrés, 8 étamines, stipules presque entières, c. les fossés, étangs de l'Armagnac E. A.
R. persicaire, P. PERSICARIA *L.* épis serrés, 8 étamines, stipules ciliées, c. c. c. les bords des eaux E. A.
R. Poivre d'eau, P. HYDROPIPER *L.* épis lâches verdâtres, saveur très âcre, c. c. les bords des eaux E. A.
R. naine, P. MINUS *Huds.* épis subfiliformes très lâches, tiges très rameuses diffuses, plante rougeâtre, R. les étangs desséchés à Manciet, au Lin E. A.

2. Patience, RUMEX *L.*

A, *Feuilles hastées ou sagittées à la base.*
P. oseille, R. ACETOSA *L.* feuilles sagittées, c.
P. petite oseille, R. ACETOSELLA *L.* feuilles hastées c.

B, *Feuilles ni hastées ni sagittées.*
P. violons, R. PULCHER *L.* feuilles radicales panduriformes, c. c. bord des chemins E.
P. à feuilles obtuses, R. OBTUSIFOLIUS *D C.* feuilles inférieures cordiformes obtuses, c. c. décombres E. bords des chemins E.
P. conglomérée, R. CONGLOMERATUS *Murr.* feuilles inférieures cordiformes aiguës, c. c. lieux humides E.
P. à feuilles crépues, R. CRISPUS *L.* feuilles ondulées-crispées, c. c. bords des chemins E.

LXVIII. CANNABINÉES *Endl.*

Houblon, HUMULUS *L.*
H. commun. H. LUPULUS *L.* tige volubile, c. le long des rivières et ruisseaux E. A.

LXIX. ULMACÉES *Mirb.*

Ormeau, Ulmus *L.*
O. champêtre, U. Campestris *L.* c. c. c. les bois, les haies H. P.
Var. Suberosa *Koch*, écorce ailée subéreuse.

LXX. URTICÉES *Juss.*

1. Ortie, Urtica *L.* périgone des fleurs femelles à 2 divisions.
2. Pariétaire, Parietaria *L.* périgone des fleurs femelles à 4 divisions.

1. Ortie, Urtica *L.*

O. pilulifère, U. Pilulifera *L.* fruits en capitules globuleux, plantes monoïques, r. r. r. au pied des murs, Gimont, l'Isle-Jourdain? E.
O. brûlante, U. Urens *L.* fruits en grappes simples, feuilles elliptiques, plantes monoïques, c. c. c. les décombres E. A.
O. dioïque, U. Dioica *L.* fruits en grappes rameuses, feuilles cordiformes, plantes dioïques.

2. Pariétaire, Parietaria *L.*

P. dressée, P. Erecta *Koch*, tiges dressées simples ou à peu près, r. les haies à Lectoure E. A.
P. diffuse, P. Diffusa *Koch*, tiges diffuses très rameuses, c. c. c. les vieux murs E. A.

LXXI. DAPHNOÏDÉES *Vent.*

Passérine, Passerina *Spreng.*
P. annuelle, P. Annua *Spreng.* tiges simples ou peu rameuses, fleurs en long épi verdâtre et feuillé. c. les champs, après la moisson E. A.

LXXII. HIPPURIDÉES *Link.*

Pesse, Hippuris *L.*
P. commune, H. Vulgaris *L.* tige simple s'élevant au-dessus de l'eau, feuille simples, linéaires

et verticillées. Les fossés plein d'eau ? E. — Nous ne l'avons pas trouvée, mais elle existe probablement dans les fossés marécageux de l'Armagnac.

LXXIII. OZYRIDÉES *Juss.*

Ozyride, Ozyris *L.* périgone trifide.
O. blanc, O. Alba *L.* petit arbrisseau à feuilles persistantes. R. R. R. les friches, près de Simorre E.

LXXIV. ARISTOLOCHIÉES *Juss.*

Aristoloche, Aristolochia *L.*
A. ronde, A. Rotunda *L.* fleurs solitaires d'un pourpre noirâtre, R. R. les vignes, à Lauraët E.
A. clematite, A. Clematis *L.* fleurs nombreuses, jaunâtres. R. R. les environs d'Eauze ? E.

LXXV. EUPHORBIACÉES *Juss.*

1. Euphorbe, Euphorbia *L.* capsule à 3 coques.
2. Mercuriale, Mercurialis *L.* capsule à 2 coques.

Euphorbe, Euphorbia *L.*

A, *Feuilles opposées en croix sans stipules.*

E. épurge, E. Lathyris *L.* glandes de l'involucre en croissant. R. le voisinage des habitations, un bois près Lectoure E.

B, *Feuilles alternes ou éparses.*
† *Glandes de l'involucre en croissant.*
* *Bractées soudées.*

E. amygdaloïde, E. Amygdaloïdes *L.*, c. c. c. les bois P.

* * *Bractées libres.*

E. des jardins, E. Peplus *L.* feuilles obovales arrondies, minces. c les jardins E.
E. Menue, E. Exigua *L.* graines tuberculeuses, noires à la maturité, c. c. c. les champs E.
E. en faulx, E. Falcata *L.* graines finement ponctuées, grisâtres, c. c. c. les champs, après la moisson E. A.

†† *Glandes de l'involucre arrondies.*

E. platyphylle, E. Platyphylla *L.* capsule globuleuse à coques séparées par des sillons superficiels, c. c. c. les prés E.

E. raide, E. Stricta *L.* capsule globuleuse trigone, à sillons profonds, c. les vignes, les chemins E.

E. tuberculeuse, E. Hyberna *L.* capsule grosse couverte de gros tubercules, r. au bois d'Auch E.

E. pourprée, E. Dulcis *L.* capsule petite à tubercules saillants et épars, souche horizontale, charnue rougeâtre, c. les bois P. E.

2. Mercuriale, Mercurialis *L.*

M. annuelle, M. Annua *L.* fruits presque sessiles, c. c. c. les lieux cultivés P. E. A.

M. vivace, M. Perennis *L.* fruits pédonculés, r. les bois ombragés, bois d'Auch, bois de Miraíl, du Petit près Lectoure, Malausanne, etc. P. E.

LXXVI. CALLITRICHINÉES.

Callitriche, Callitriche *L.*

C. des étangs, C. Stagnalis *Scop.* feuilles toutes oblongues obovées, c. dans les fossés de l'Armagnac P. A.

C. platicarpe, C. Platycarpa *Kutz.* feuilles inférieures linéaires, les supérieures obovées rapprochées en rosette styles allongés, c. c. c. partout les fossés, les ruisseaux P. A.

C. du printemps, C. Verna *Kutz.* feuilles de l'espèce précédente, styles très courts et fruits très petits, c. dans les fossés, les étangs P. A.

C. hamulée, C. Hamulata *Kutz* styles d'abord horizontaux, puis réfléchis et appliqués contre le fruit, bractées en crochet au sommet.—Nous n'avons pas observé cette espèce, mais nous l'indiquons persuadé qu'on la trouvera dans l'Armagnac.

LXXVII. CÉRATOPHYLLÉES *Gray.*

Cornifle, Ceratophyllum *L.* calice à 12 sépales linéaires, 12-16 étamines, un pistil, stigmate sessile.

C. rude, C. Demersum *L*. fruits axillaires sessiles
à trois épines, les fossés, les marais.

C. lisse, C. Submersum *L*. fruits à une seule épine
terminale et peu sensible, les fossés, les marais.

Nous n'avons jamais cueilli ces deux espèces dans
le Gers, mais il est probable qu'on les trouvera dans
l'Armagnac.

LXXVIII. AMEMTACÉES *Juss.*

A, *Fleurs monoïques.*

1. Aune, Alnus *Tourn.* fruits en châtons à écailles
coriaces.

2. Noisettier, Corylus *Tourn.* fleurs femelles isolées dans un bourgeon.

3. Charme, Carpinus *L*. fleurs femelles en châtons à larges écailles foliacées.

4. Hêtre, Fagus *L*. fruits hérissés d'aiguillons
mous.

5. Chêne, Quercus *L*. involucre du fruit en cupule.

6. Noyer, Juglans *L*. noyau enveloppé en entier
d'un brou, deux stigmates très-grands frangés.

B, *Fleurs dioïques.*

7. Peuplier, Populus *L*. écailles des châtons laciniées.

8. Saule, Salix *L*. écailles des châtons entières.

C, *Fleurs polygames.*

9. Châtaigner, Castanea *L*. fruit tout hérissé d'aiguillons piquants.

1. Aune, Alnus *Tourn.*

A. glutineuse, A. Glutinosa *Gaertn.*, c. c. les
bords des eaux P. (1).

2. Noisettier, Corylus *Tourn.*

N. commun, C. Avellana *L*. c. c. les bois H. (2).

3. Charme, Carpinus *L*.

C. commun, C. Betulus *L*., c. les bois P.

---

(1) Familles des Bétulinées *A. Rich.*
(2) La famille des Cupulifères *A. Rich.*, comprend les
genres *Corylus, Carpinus, Fagus, Quercus et Castanea.*

4. Hêtre, Fagus *L.*

H. des bois, F. Sylvatica *L.*, r. les bois à Marignan, dans l'Armagnac E.

5. Chêne, Quercus *L.*

A, *Feuilles persistantes.*

C. vert, Q. Ilex *L.* écorce non subéreuse, r. r. r. les bois à St-Criq, près d'Auch E.

C. occidental, Q. Occidentalis *Gay.* (Q. Suber *Auct.*) *L.* écorce subéreuse, r. les bois à Juilles, au Pins, près Lectoure, à Marignan, dans l'Armagnac, etc. E.

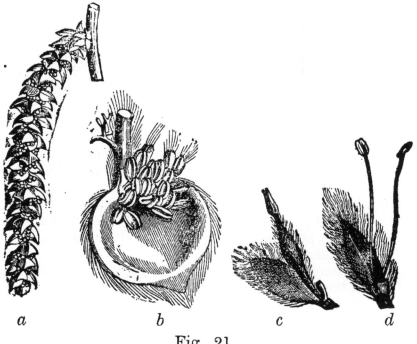

a   *b*   *c*   *d*

Fig. 21.

B, *Feuilles annuelles.*

C. rouvre, Q. Sessiliflora *Sm.* fruits presque ses siles, c. c. c. les bois E.

C. blanc, Q. Pedunculata *Ehrh.* fruits longuement pédonculés, c. c. c. les bois E.

Fig. 21. — *a* châton mâle du *Charme;* — *b* une fleur isolée; — *c* fleur femelle de *Saule;* — fleur mâle de *Saule.*

C. Tozin, Q. Tozza *Bosc.* feuilles plus ou moins profondément pinnatifides tomenteuses, c. c. c. dans l'Armagnac E.

6. Noyer, Juglans *L.* (1).

N. royal, J. Regia *L.* cultivé, spontané dans les bois E.

7. Peuplier, Populus *L.*

P. noir, P. Nigra *L.* 12 étamines, feuilles deltoïdes plus longues que larges, c. c. les bords des eaux P.

P. blanc, P. Alba *L.* feuilles très blanches, tomenteuses en dessous, c. les bois frais P.

P. tremble, P. Tremula *L.* feuilles suborbiculaires glabres en dessous, c. les bois P.

On trouve très fréquemment plantés le *P. Pyramidal* et le *P. de la Virginie* (P. de la Caroline).

8. Saule, Salix *L.*

A, *Capsules glabres.*

S. à feuilles de lavande, S. incana *Schrank*, feuilles roulées et très blanches en dessous, r. les graviers de l'Adour, d'où il est descendu des vallées élevées des Pyrénées E.

S. blanc, S. Alba *L.* feuilles planes, blanches-soyeuses au moins toujours en dessous. Arbre, c. c. c. les prairies P.

S. triandre, S. Triandra *L.* feuilles très glabres, c. les bords des eaux P. Le plus souvent ce n'est qu'un arbrisseau à rameaux effilés.

B, *Capsules velues.*

S. cendré, S. Cinerea *L.* bourgeons pubescents, feuilles d'un vert sombre en dessus, cendrées en dessous, c. les bords des eaux P.

S. marceau, S. Capræa *L.* bourgeons glabres, feuilles ovales elliptiques, c. c. c. les bois, les bords des eaux H. P.

S. à oreillettes, S. Aurita *L.* bourgeons glabres, feuilles obovées, c. c les bords des ruisseaux H. P.

---

(1) Famille des Juglandées *D C.*

S. purpurin, S. Purpurea *L*. monandre (par la soudure des filets des deux étamines), souvent des châtons androgyns ou femelles dans le bas des rameaux, feuilles lancéolées aiguës et dentées, c. les bords de l'Adour H. P.

S. rouge, S. Rubra *Huds*. cultivé sous le nom d'osier rouge.

S. viminal, S. Viminalis *L*. feuilles lancéolées linéaires très longues, capsules très velues, c. bords des rivières P.

LXXIX. CONIFÈRES *Juss*.

1. Genevrier. Juniperus *L*. fruit en baie.
2. Pin, Pinus *L*. fruit en cône.

1. Genevrier. Juniperus *L*.

G. commun, J. Communis *L*. c. c. les bois secs, les friches P.

2. Pin, Pinus *L*.

P. maritime, P. Maritima *Gmel*. nucules petites, ailées, cônes longs et aigus, c. c. les bois dans les sables de l'Armagnac P. E.

P. pignon, P. Pinea *L*. nucules grosses, cônes courts et obtus, r. l'Armagnac P. E.

2e Classe. MONOCOTYLÉDONÉES.

LXXX. ALISMACÉES *D C*.

1. Butome, Butomus *L*. capsule déhiscente.
2. Fluteau, Alisma *L*. capsule indéhiscente, fleurs hermaphrodites.
3. Sagittaire, Sagittaria *L*. capsule indéhiscente, fleurs monoïques.

1. Butome, Butomus *L*.

B. en ombelle, B. Umbellatus *L*. fleurs en ombelle, r. les eaux dans l'Armagnac E.

2. Fluteau, Alisma *L*.

A, *Fruits épineux*.

F. épineux, A. Damasonium *L*. r. les eaux de l'Armagnac E.

Fruits non épineux.

F. plantain d'eau, A. Plantago *L*. feuilles ovales aiguës, fruits à 3 angles, c. c. c. les fossés E.

F. renonculoïde, A. Ranunculoïdes *L*. feuilles lancéolées-linéaires, fruits arrondis, c. les fossés, les marais de l'Armagnac.

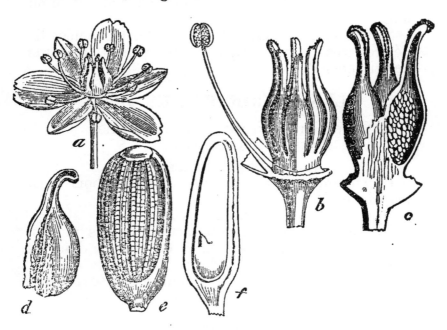

Fig. 22.

F. nageant, A. Natans *L*. feuilles inférieures linéaires, les supérieures ovales-obtuses, nageantes, c. les fossés et les marais de l'Armagnac E.

3. Sagittaire, Sagittaria *L*.

S. à feuilles sagittées, S. Sagittæfolia *L*. feuilles longues, étroites, sagittées à la base, r. dans l'Auroue, à Miradoux, dans l'Armagnac E.

Fig. 22. — Butomus umbellatus : — *a* fleur entière; — *b* le fruit avec une étamine; — *c* l'un des carpelles fendu pour montrer ses nombreux ovules; — *d* un carpelle mur et s'ouvrant par une fente longitudinale; — *e* graine très grossie; — *f* graine fendue longitudinalement pour montrer l'embryon.

LXXXI. **LILIACÉES** *D C.*

A, *Fleurs à spathe.*

1. Ail, Allium *L.*

B, *Fleurs sans spathe.*

† *Racine bulbifère, graines planes.*

2. Tulipe, Tulipa *L.*

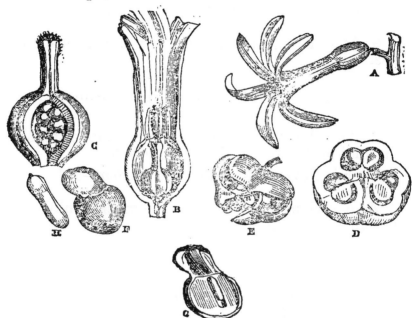

Fig. 23.

† † *Racine bulbifère, graines globuleuses.*

* *Divisions du périgone libres et étalées.*

3. Scille, Scilla *L.* filets des étamines filiformes, capsule ovoïde.

4. Gagée, Gagea *Salisb.* filets des étamines filiformes, capsule trigone.

Fig. 23. — *Hyacinthe* : *a* fleur entière ; — *b* fleur fendue montrant le pistil ; — *c* pistil dont une des loges est ouverte pour montres les ovules ; — *d* ovaire coupé transversalement ; — *e* capsule mûre ; — *f* graine entière ; — *g* la même coupée longitudinalement ; — *h* embryon.

5. Ornithogalle, Ornithogallum *Link*, filets des étamines dilatés à la base.

** *Divisions du périgone conniventes ou urceolées.*
6. Muscari, Muscari *Tourn.*

B, *Racines fasciculées ou fibreuses.*
7. Asphodèle, Asphodelus *L.* racines en gros tubercules allongés.
8. Simethis, Simethis *Kunth.* racines fasciculées moyennes.
9. Aphyllante, Aphyllantes *Tourn.* racines fibreuses.

1. Ail, Allium *L.*
A, *Etamines alternativement tricuspidées.*
† *Feuilles planes.*

A. Ampeloprase, A. Ampeloprasum *L.* c. les vignes au midi de Lectoure, Marsolan, etc. E.

†† *Feuilles cylindriques ou demi-cylindriques.*
A. des vignes, A. Vineale *L.* ombelle bulbifère, bulbilles rougeâtres, c. c. les vignes E.

A. à têtes rondes, A. Sphœrocephalon *L.* ombelle à pédicelles inégaux spathe 2-phyle, c. sur les rochers E.
Var. *Descendens* spathe 1-phylle.

B, *Etamines toutes simples.*
† *Feuilles planes.*

A. rose, A. Roseum *L.* spathe 1-phylle, 4-lobée grandes fleurs roses, r. les champs à Auch, à Lauraët, à Marsolan E. ✿

A. odorant, A. Suaveolens *Jacq.* spathe 2-phylle, fleurs à odeur musquée, c. les landes et probablement la partie du département du Gers qui y confine A.

†† *Feuilles cylindriques.*
A. paniculé A. Paniculatum *L.* spathe 2 ou 4 fois plus longue que les fleurs roses, c. c. les champs, les vignes E.
Var. *Pallens* fleurs d'un blanc sale.
A. des potagers, A. Oleraceum *L.* spathe un peu

plus longue que les fleurs. Cultivé dans les potagers, quelquefois subspontané.

A. magique, A. Magicum *St-Am.* feuilles très
larges finement denticulées, hampe courte et quelquefois presque nulle, supportant ordinairement
plusieurs gros bulbilles enveloppés chacun d'une
spathe, R. R. R. les champs cultivés à Lauraët, à
Pradoulin près Lectoure à côté de la gare P E.

2. Tulipe, Tulipa *L.*

T. œil de soleil, T, Oculus solis *St-Am.* fleurs
rouges avec tache pourpre-noir à la base des divisions du périgone, feuilles dépassant la tige, c. c. les
champs à Mauvezin, Puycasquier, etc. P.

T. précoce, T. Prœcox *Ten.* fleurs rouges, avec
une tache pourpre noire à la base des divisions du
périgone, feuilles plus courtes que la tige, R. les
champs, à Duran, près d'Auch, à Lectoure, Terraube, etc. P.

T. sauvage, T. Sylvestris *L.* fleurs jaunes, R.
les champs, à Puycasquier, à Terraube, à Mont-
réal P.

3. Scille, Scilla *L.*

S. Lilio-hyacinthe, S. Lilio-Hyacinthus *L.* feuilles larges, planes nombreuses, c. bords des ruisseaux ombragés P.

S. Ombellée, S. Umbellata *Ram.* feuilles linéaires, assez épaisses, subcarénées, c. les landes de
l'Armagnac et de Panassac P.

4. Gagée, Gagea *Salisb.*

G. des champs, G. Arvensis *Schult.* fleurs jaunes, R. R. R. trouvée une seule fois dans les champs,
au Petit, près Lectoure P.

Var. *Bulbifera*, des bulbilles à la place de la
fleur.

5. Ornithogalle, Ornithagallum *L.*

O. en ombelle, O. Umbellatum *L.* fleurs en corymbe, c. les champs E.

O. des Pyrénées, O. Pyrenaicum *L.* fleurs en épi,
R. les champs, à Lectoure, à Marsolan, etc. E.

6. Muscari, Muscari *Tourn.*

M. à toupet, M. Comosum *Mill.* fleurs supérieu

14*

res, stériles, longuement pédonculées, c. c. c. les champs P. É.

M. négligé. M. Neglectum *Guss.* fleurs supérieures sessiles, feuilles linéaires, canaliculées en large gouttière, c. c. c. les vignes H. P.

7. Asphodèle, Asphodelus *L.*

A. blanc, A. Albus *Willd.* fleurs grandes blanches en longues grappes, c. les Landes E.

8. Simèthis, Simethis *Kunth.*

S. à feuilles planes, S. Planifolia *Gren.* et *Godr.* hampe rameuse, fleurs purpurines à l'extérieur, blanches à l'intérieur, c. c. c. les Landes E.

9. Aphyllanthe, Aphyllanthes *Tourn.*

A. de Montpellier, A. Montpeliensis *L.* racines fibreuses, tiges nues jonciformes et en touffes, une ou deux fleurs terminales d'un violet bleuâtre, r. r. les friches arides, à Marin, près d'Auch, à Pavie, Auterrive P.

LXXXII. ASPARAGINÉES *Juss.*

1. Muguet, Convallaria *L.* périgone globuleux à 6 dents.
2. Sceau de Salomon, Polygonatum *Desf.* périgone tubuleux.
3. Fragon, Ruscus *L.* filets des étamines réunis en tube, fleurs au dos des feuilles.

1. Muguet, Convallaria *L.*

M. de mai, C. Maialis *L.* fleurs blanches en grappe terminale unilatérale.

2. Sceau de Salomon, Polygonatum *Desf.*

S. commun, P. Vulgare *Desf.* tige à 2 angles, une ou deux fleurs sur un pédoncule axillaire, r. les landes à Nogaro P.

3. Fragon, Ruscus *L.*

F. piquant, R. Aculeatus *L.* feuilles piquantes, fleurs petites violâtres, baie rouge, c. les bois E.

LXXXIII. **DIOSCORÉES** *R. Brown.*

Tame, Tamus *L.* une baie rouge.
T. commun, T. Communis *L.* tiges herbacées,
grimpantes, c. les bois P.

LXXXIV. **IRIDÉES** *Juss.*

1. Safran, Crocus *L.* périgone régulier, stigmates
fendus en lanières.

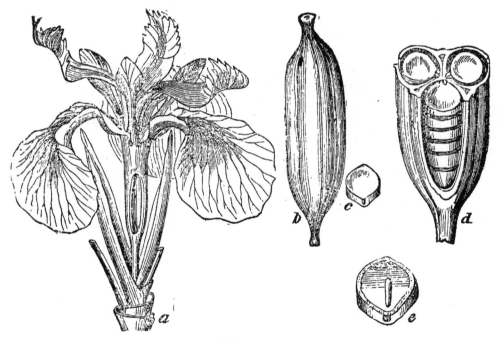

Fig. 24.

2. Iris, Iris *L.* périgone régulier, stigmates péta-
liformes.
3. Glayeul, Gladiolus *L.* périgone irrégulier.

Fig. 24. — *Iris pseado-acorus* : *a* fleur entière ; — *b* capsule ; — *d* capsule coupée pour montrer la position des graines ;
— *c* graine entière ; — *e* la même coupée en travers et montrant
la position de l'embryon.

1. Safran, Crocus *L.*

S. multifide, C. Multifidus *Ram.* hampe uniflore, fleurs violettes, c. les prairies des bords de l'Adour A.

2. Iris, Iris *L.*

A, *Périgone à tube allongé.*

I. d'Allemagne, I. Germanica *L.* fleurs bleues, c. sur les vieux murs P. E.

B, *Périgone à tube court.*

I. fétide, I. Fœtidissima *L.* fleurs violacées, feuilles à odeur fétide, c. les haies, les bois E.

I. jaune, I. Pseudo-acorus *L.* fleurs jaunes, c. les fossés, les marais E.

3. Glayeul, Gladiolus *L.*

G. des moissons, G. Segetum *Gawl.* capsule globuleuse, graines non ailées, c. c. c. les champs E.

G. commun, G. Communis *L.* capsule obovée, graines ailées, r. r. les prés le long du Gers, en amont d'Auch E.

LXXXV. **AMARYLLIDÉES** *R. Brown.*

1. Narcisse, Narcissus *L.* périgone à couronne.
2. Galanthe, Galanthus *L.* périgone sans couronne, stigmate simple.
3. Sternbergie, Sternbergia *W. K. L.* périgone stigmate trilobé.

1. Narcisse, Narcissus *L.*

A. *Couronne plus courte que les divisions du périgone.*

N. des poètes, N. Poeticus *L.* couronne bordée de rouge, r. les prairies; est-il spontané? P.

N. incomparable, N. Incomparabilis *Mill.* fleurs d'un jaune pâle à couronne jaune-dorée, les prairies c. à Duran, près d'Auch, à Castelnau-Barbarens, à Blanquefort, à Escornebœuf, à Castelnau-Magnoac P.

N. biflore. N. Biflorus *Curt.* 1 à 3 fleurs blanchâtres à couronne safranée, r. à Puycasquier, à Panassac, c. c. à Lassales, bords du Gers P.

B, *Couronne au moins aussi longue que les divisions du périgone.*

N. faux Narcisse, N. Pseudo-Narcissus *L.* couronne égale aux divisions du périgone, c. c. bois à Marsolan.

Var. à fleurs doubles, c. les champs H. P.

N. Bulbocode, N. Bulbocodium *L.* couronne plus longue que les divisions du périgone, c. bords de l'Adour, landes près de Garaison P.

. 2. Galanthe, Galanthus *L.*

G. des neiges, G. Nivalis *L.* fleurs blanches, c. bords de l'Adour dans les Hautes-Pyrénées et probablement dans le Gers H.

3. Sternbergie, Sternbergia *W. K.*

S. jaune, S. Lutea *Gawl.* fleurs jaunes solitaires, r. Marsolan, sur les rochers au midi A.

LXXXVI. ORCHIDÉES *Juss.*

A, *Racines tuberculeuses.* † *Un éperon.*

1. Orchis, Orchis *L.* labelle moyen.
2. Loroglosse, Loroglossúm *Rich.* labelle très long et linéaire. ·

†† *Point d'éperon.*

3. Ophrys, Ophrys *L.* labelle convexe.
4. Spiranthe, Spiranthes *Rich.* labelle canaliculé.
5. Helléborine, Serapias *L.* labelle concave.

B, *Racines fibreuses.*

6. Epipactis, Epipactis *Sw.* labelle sans éperon.
7. Limodore, Limodorum *Tourn.* labelle éperonné.

1. Orchis, Orchis *L.*

A, *Tubercules palmés.*

O. vert, O. Viridis *Oll.* fleurs verdâtres, c. c. les prairies basses E.

O. à long éperon, O. Conopsea *L.* éperon subulé, 2 fois plus long que l'ovaire, c. les bois E.

O. maculé, O. Maculata *L.* éperon cylindrique plus court que l'ovaire, feuilles maculées de noir, c. les prés E.

O. à larges feuilles, O. Latifolia *L.* éperon conique plus court que l'ovaire, feuilles larges, c. les prairies très-humides E.

O. divariqué, O. Divaricata *Chaub.* éperon co-nique plus court que l'ovaire, feuilles étroites pliées en gouttière dressées, c. les prairies humides E.

B, *Tubercules entiers.*

† *Labelle non lobé, denté.*

O. à 2 feuilles, O. Bifolia *L.* loges des Anthères contiguës et parallèles très odorant, c. les bois, les landes E.

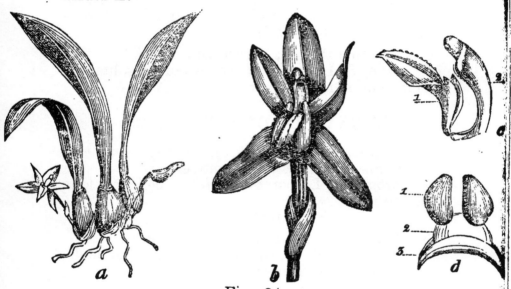

Fig. 24.

O. de montagne, O. Montana *Schmidt.* loges des anthères écartées et divergentes, c. les bois, les lan-des E.

†† *Labelle à peine échancré.*

O. laxiflore, O. Laxiflora *Lam.* feuilles aiguës pliées en gouttière, c. c. c. les prairies humides E.

O. mâle, O. Mascula *L.* feuilles obtuses, planes, c. les bois, les prairies E.

Fig. 24. — *Orchidée* : *a* plante entière ; — *b* fleurs ; — *c*, 1 labelle, 2 gynortème ; — *d* les deux masses polliniques (1), et portées sur une coudicule (2) et terminée par une glande (3) ou rétinacle.

††† *Labelle trilobé, lobe médian entier.*

O. pyramidal, O. Pyramidalis *L.* lobe médian coupé carrément, c. c. c. les friches, les bois des coteaux E.

O. punaise, O. Coriophora *L.* lobe médian presque mucroné, R. les prairies de la Baïse, à Miramont E.

†††† *Labelle trilobé, lobe médian bilobé avec une dent au milieu.*

O. brûlé, O. Ustulata *L* lobe moyen étroit bifide au sommet, R. les friches et prairies sèches, à Bézues E.

O. tridenté, O. Tridendata *Scop.* (*Variegata auct.*) la belle à lobes latéraux divariqués, lilas pâle, tacheté de rouge, c. les prés, les bois découverts E.

O. militaire, O. Militaris *L.* (*Galeata auct.*) labelle à lobe moyen longuement linéaire à la base, dilaté et bifide au sommet, c. les prés secs E.

O. pourpré, O. Purpurea *Huds.* (*Fusca Jacq.*) labelle à lobe moyen s'élargissant de la base au sommet, c. c. c. les friches, les bois secs E.

O. singe, O. Simia *Lam.* labelle à lobes linéaires allongés, R. prairies sèches et friches, Gimont, Auch E.

††††† *Labelle trilobé, lobe médian bilobé sans dent.*

O. bouffon, O. Morio *L.* fleurs en épi lâche, c. c. c. les prés, les pelouses P. E.

2. Loroglosse, Loroglossum *Rich.*

L. à odeur de bouc, L. Hircinum *Rich.* fleur à odeur de bouc très prononcée, c. les pelouses, les bois secs E.

3. Ophrys, Ophrys *L.*

A, *Segments supérieurs connivents.*

O. anthropophore, O. Anthropophora *L.* (*Aceras R. Br.*) labelle profondément divisé, divisions très étroites, R. R. R. friches au-dessus du Garros E.

B, *Segments supérieurs non connivents.*

† *Labelle trilobé au sommet.*

O. fauve, O. Fusca *Jacq.* face supérieure du labelle d'un brun velouté jusqu'aux bords, c. c. c. les friches, les pelouses P.

O. jaune, O. Lutea *Cav.* face supérieure du labelle pubescente entourée d'une bordure jaune et glabre, c. les friches arides, Auch, Lectoure, Mirande, Marignan, etc. P.

†† *Labelle bilobé au sommet.*

O. apifère, O. Apifera *L.* segments internes supérieurs élargis, c. c. les friches, les pelouses P. E.

O. mouche, O. Muscifera *Huds.* (O. myodes *Jacq.*) segments internes supérieurs filiformes, r. les bois montueux, Gimont, Auch, Lectoure, etc. E.

††† *Labelle entier ou à peu près.*

O. aranifère, O. Aranifera *Huds,* labelle à peine lobé avec des lignes glabres parallèles, c. c. c. les lieux secs E.

O. araignée, O. Arachnites *Reich.* labelle avec un appendice terminal recourbé en avant, c. les coteaux incultes E.

4. Spiranthe, Spiranthes, *Rich.*

S. d'automne, S. Autumnalis *Rich.* fleurs disposées en épi en spirale, c. les bois découverts, les prairies A.

5. Helléborine, Serapias *L.*

H. de Rous, S. Rousii *Dup.* labelle glabre à 3 lobes larges; le médian crénelé obtus, les lobes des côtés larges arrondis, peu ou point crénelés, r. r. r. trouvé dans une prairie à Vicnau. En 1839 et en 1841, où nous en trouvâmes M. Rous et moi, deux pieds seulement; retrouvé en 1849 à Lamothé-Goas par M. l'abbé Rous qui put en recueillir une quarantaine de pieds. Dans la même prairie on trouvait abondamment les *Serapias lancifera* et *lingua,* ainsi que les *Orchis Laxiflora et Morio.* Cette prairie a été défrichée l'année suivante et nous n'avons pas pu en retrouver d'autres depuis, bien que nous connaissions des milliers de prairies où les espèces précitées abondent.

Je ne sais si c'est une hybride comme on le prétend. Quoi qu'il en soit, ses caractères sont au moins aussi fixes que ceux de beaucoup de plantes considérées comme de bonnes espèces. Mai.

H. en languette, S. Lingua *L.* labelle très glabre, division médiane très allongée, aiguë, c. c. c. les prairies sèches, les bois E.

H. lancifère, S. Lancifera *St-Am.* (longipetala *Poll?*) labelle à divisions médiane, lancéolée allongée, pileuse au centre, c. les prairies sèches E.

H. cordigère, S. Cordigera *L.* labelle à division médiane cordiforme, lancéolée-élargie, r. le bois d'Auch, bois de Gardebois à Montfort E.

6. Epipactis, Epipactis *Sw.*

A, *Labelle lobé.*

E. ovale, E. Ovata *A ll.* (Listera *R. Br.*) 2 feuilles ovales-arrondies, opposées, c. les landes, les bois E.

E. nid d'oiseau, E. Nidus avis *A ll.* (Neottia *Rich.*) tige munie d'écailles engaînantes, r. r. r. bois du Tougey près d'Auch E.

B, *Labelle entier au sommet.*

† *Fleurs blanches, labelle tâché de jaune.*

E. à grandes fleurs, E. Grandiflora (Cephalantera *Rich.*) feuilles ovales ou ovales-lancéolées, r. les bois montueux, Auch, Lectoure, Gimont, etc. E.

E. à feuilles ensiformes, E. Ensifolia *Sw.* feuilles longues lancéolées distiques, c. les bois frais E.

† † *Fleurs verdâtres ou purpurines.*

E. à larges feuilles, E. Latifolia *A ll.* feuilles inférieures ovales-arrondies, r. r. r. les bois secs à Bazin E.

E. des marais, E. Palustris *Crantz* feuilles toutes lancéolées, r. r. r. prairies marécageuses au Bouscassé, à Bezues E.

7. Limodore, Limodorum *Turn.*

L. avortif, L. Abortivum *Sw.* écailles engaînantes remplaçant les feuilles, R. les bois découverts, les friches herbeuses, Auch, Mirande, Lectoure E.

LXXXVII. **HYDROCHARIDÉES** *D C.*

Vallisnérie, Vallisneria *L.*
V. en spirale, V. Spiralis *L.*, c. c. c. canal latéral

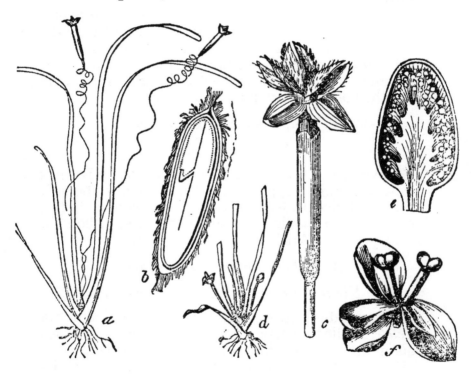

Fig. 25.

de la Garonne et le sera certainement bientôt dans le canal de la Baïse E.

Fig. 25. — Vallisneria spiralis : — *a* individu femelle; — *b* graine fendue longitudinalement; — *c* fleur femelle; — *d* individu mâle; — *e* spacthe contenant les fleurs mâles fendues dans sa longueur; — *f* une fleur mâle ouverte.

LXXXVIII. **POTAMÉES** *Juss.*

1. Potamot, Potamogeton *L.* fleurs hermaphrodites.

2. Zanichellie, Zanichellia *L.* fleurs monoïques.

1. Potamot, Potamogeton *L.*

A, *Feuilles supérieures coriaces, nageantes.*

P. nageant, P. Natans *L.* feuilles à plis saillants à la jonction du limbe au pétiole, c. c. les eaux stagnantes E.

P. flottant, P. Fluitans, feuilles sans plis saillants, etc., c. c. eaux des canaux et des rivières E.

B, *Feuilles submergées, pellucides élargies.*

P. à feuilles serrées, P. Densus *L.* feuilles toutes opposées, pédoncules grêles, c. c. les fossés, les mares E.

P. crépu, P. Crispus *L.* feuilles oblongues ondulées crispées, c. c. les mares E.

P. perfolié, P. Perfoliatus *L.* feuilles cordiformes amplexicaules, c. c. les eaux de l'Armagnac E.

P. luisant, P. Lucens *L.* feuilles grandes ovales-lancéolées, c. le canal d'Alaric E.

C, *Feuilles linéaires.*

P. menu, P. Pusillus *L.* feuilles aiguës, R. les ruisseaux à Gimont E.

P. à feuilles obtuses, P. Obtusifolius *M. K.* feuilles obtuses, c. l'Armagnac E.

Zanichellie, Zanichellia *L.*

Z. dentée, Z. Dentata *Willd.* tiges rameuses, c. les mares près des sources E.

LXXXIX. **LEMNACÉES** *Duby.*

Lentille d'eau, Lemna *L.*

A, *Fibrille radicale solitaire.*

L. à trois sillons, L. Trisulca *L.* feuilles minces lancéolées-aiguës, eaux de l'Armagnac? P. E.

L. mineure, L. Minor *L.* feuilles épaisses ovales ou suborbiculaires, c. c. c. surface des eaux stagnantes P. E.

B, *Fibrilles radicales nombreuses.*

L. à plusieurs racines, L. Polyrrhiza *L*. c. les eaux des bords de l'Adour, marais E.

XC. **AROÏDÉES** *Juss.*

Gouet, Arum *L*.
G. d'Italie, A. Italicum *Mill.* c. les haies, les vignes P.

XCI. **TYPHACÉES** *Juss.*

1. Massette, Typha *L*. graines à aigrettes.
2. Rubannier, Sparganium *L*. graines sans aigrettes.

1. Massette, Typha *L*.

M. à larges feuilles, T. Latifolia *L*. feuilles larges, c. c. les fossés, les marais E.
M. à feuilles étroites, T. Angustifolia *L*. feuilles étroites, c. les marais E.

2. Rubannier, Sparganium *L*.

R. rameux, S. Ramosum *Huds.* tige rameuse dans le haut, c. c. c. bord des eaux E.
R. simple, S. Simplex *Huds.* tige simple, c. les marais, fossés et étangs de l'Armagnac E.

XCII. **JONCÉES** *D C.*

1. Luzule, Luzula *D C.* capsule uniloculaire.
2. Jonc, Juncus *L*. capsule 3-loculaire, périgone non coloré.
3. Narthécie, Narthecium *Moëhr.* capsule 3-loculaire, périgone coloré.

1. Luzule, Luzula *D C.*

A, *Fleurs isolées en panicule.*

L. géante, L. Maxima *D C.* feuilles radicales larges, les caulinaires très petites, c. les bois frais P. E.
L. de Forster, L. Forsteri *D C.* feuilles radicales étroites, les caulinaires plus larges, c. c. c. les bois des coteaux P. E.

B, *Fleurs réunies en épis.*

L. champêtre, L. Campestris *D C.* capsule plus courte que le périgone, c. c. c. les prés, les bois P. E.

2. Jonc, Juncus *L.*

A, *Feuilles réduites à une gaîne.*

J. diffus, J. Effusus *L.* tiges vertes, fleurs diffuses, c. c. c. les bords des eaux E.

J. aggloméré, J. Conglomeratus *L.* tiges vertes, fleurs agglomérées, les prairies humides, les bois marécageux E.

J. glauque, J. Glaucus *Ehr.* tiges glauques, c. c. les bois marécageux E.

B, *Feuilles toutes radicales.*

J. en tête, J. Capitatus *Weig.* feuilles filiformes, fleurs en tête, r. les champs arides de l'Armagnac au Lin E.

C, *Tiges feuillées.*

† *Feuilles sans nodosités.*

J. des crapauds, J. Bufonius *L.* plante annuelle, tiges non noueuses à la base, c. c. les lieux inondés en hiver E.

J. bulbeux, J. Bulbosus *L.* plante vivace, tiges noueuses à la base, c. les lieux marécageux de l'Armagnac E.

† † *Feuilles munies de nodosités.*

J. brillant, J. Lamprocarpus *Ehr.* divisions extérieures du périgone aiguës, les intérieures obtuses, c. c. lieux humides ou marécageux E.

J. des bois, J. Sylvaticus *Reich,* périgone à divisions toutes aiguës, c. les lieux marécageux E.

J. à fleurs obtuses, J. Obtusiflorus *Ehr.* périgone à divisions toutes obtuses, c. c. les lieux marécageux E.

3. Narthécie, Narthecium *Moëhr.*

N. ossifrague, N. Ossifragum *Huds.* fleurs jaunes, c. marais de Garaison E.

15

XCIII. CYPERACÉES *Juss.*

A, *Fleurs hermaphrodites.*

1. Souchet, Cyperus *L.* écailles des épis distiques.
2. Choin, Schœnus *L.* écailles imbriquées, graines convexes.
3. Scirpe, Scirpus *L.* écailles imbriquées; graines aplaties ou trigones.
4. Linaigrette, Eriophoron *L.* aigrettes nombreuses et longues.

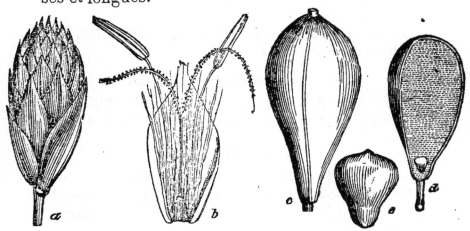

Fig. 27.

B, *Fleurs monoïques ou dioïques.*
5. Laiche, Carex *L.* 2 ou 3 stigmates filiformes.

1. Souchet, Cyperus *L.*

S. long, C. Longus *L.* racine rampante, involucre à folioles de 3 à 6 fois plus longues que les épis, c. c. les lieux humides et marécageux E.

S. brun, C. Fuscus *L.* racine fibreuse, épis bruns, fleurs à 3 stigmates, c. c. les lieux marécageux E A.

S. jaunâtre, C. Flavescens *L.* racine fibreuse, épis jaunâtres, fleurs à 2 stigmates, c. bords de l'Adour, marais de Garaison A.

Fig. 27. — *Eriophoron* : *a* épi de fleurs grossie et non développé;— *b* une fleur vue par sa face interne;—*c* fruit;—*d* graine coupée longitudinalement pour faire voir l'embryon; — *e* l'embryon très grossi.

2. Choin, Schœnus *L.*

C. marisque, S. Mariscus *L.* (Cladium *Br.*) feuilles épineuses sur la carène, épis bruns, r. marais du Masca E.

C. blanc, S. Albus *L.* (Rhyncospora *Vahl.*) feuilles un peu raides, épis blanchâtres, c. marais de Garaison E.

3. Scirpe, Scirpus *L.*

A, *Epi solitaire.*

· S. des marais, S. Palustris *L.* souche vivace rampante, tiges simples épaisses, c. c. les fossés, les marais E.

S. multicaule, S. Multicaulis *L.* souche vivace courte et fibreuse, tiges simples minces, c. marais de Garaison E.

S. aciculaire, S. Acicularis *L.* souche annuelle fibreuse, tiges simples filiformes, c. bords des marais de l'Armagnac E.

Ces trois espèces entrent dans le genre Eleocharis *R. Br.*

S. flottant, S. Fluitans *L.* tiges rameuses, c. les marais de l'Armagnac et de Garaison E.

B, *Plusieurs épis, tiges cylindriques.*

S. des lacs, C. Lacustris *L.* épis ovales, c. les étangs de l'Armagnac E.

S. globuleux, S. Holoschœnus *L.* épis en capitules globuleux, c. c. les rivières, les lieux humides E.

S. sétacé, S. Setaceus *L.* épis serrés, ovales, petits, tiges sétacées, c. les lieux sablonneux et humides de l'Armagnac E.

C, *Plusieurs épis, tiges trigones.*

S. maritime, S. Maritimus *L.* épillets à pédicelles simples, c. les lieux humides E.

S. des bois, S. Sylvaticus *L.* épillets à pédicelles rameux, c. les lieux humides de l'Armagnac E.

4. Linaigrette, Eriophoron *L.*

L. à larges feuilles, E. Latifolium hoppe, r. les marais de l'Armagnac, à Barbotan, Estang, etc. E.

5. Laiche, CAREX *L.*

A, *Epi simple solitaire au sommet de la tige.*

L. pulicaire, C. PULICARIS *L.* 2 styles, R. les marais à Barbotan, à Estang, à Marsolan E.

B, *Epi terminal composé d'épillets androgynes.*

L. distique, C. DISTICHA *Huds.* capsule à bec bidenté, R. les prairies humides à Marsolan E.

L. des sables, C. ARENARIA *L.* capsule à large bordure membraneuse, c. c. c. dans les sables des landes et probablement dans les sables de l'Ouest du département E.

C, *Plusieurs épis androgyns.*

† *Epis mâles au sommet.*

L. de Renard, C. VULPINA *L.* tige ferme, triquètre, angles très aigus, c. c. les lieux humides E.

L. muriquée, C. MURICATA *L.* écailles scarieuses, ferrugineuses, c. c. les prairies E.

L. interrompue, C. DIVULSA *Good* épi grêle, écailles d'un blanc verdâtre, c. les bois E.

L. paniculée, C. PANICULATA *L.* épillets distants, écailles largement bordées de blanc, c. prairies marécageuses E.

†† *Epis femelles au sommet.*

L. échinulée, C. ECHINATA *Murr.* capsules étalées en étoile, c. les prairies E.

L. éloignée, C. REMOTA *L.* bractées très longues, c. les bois humides E.

D, *Plusieurs épis mâles au sommet, un ou plusieurs épis femelles axillaires.*

† *Capsules à bec arrondi, glabres;* * *2 stigmates.*

L. raide, C. STRICTA *Good.* tiges triquètres, souche sans stolons, c. marais de l'Armagnac P E.

L. trinervié, C. TRINERVIS *Desgt.* tiges obscurément triquètres, souche stolonifère, les sables de l'Armagnac ? E.

L. aiguë, C. ACUTA *Fries.* tige triquètres à angles aigus, souche stolonifère, c. marais de l'Armagnac E.

** *3 stigmates; ⚥ capsules glabres.*

L. glauque, C. Glauca *Scop.* plante toute glauque, c. c. c. les prés, les bois P. E.

L. géante, C. Maxima *Scop.* feuilles très larges, planes, c. c. c. les bords des ruisseaux E.

L. pâle, C. Pallescens *L.* capsule obtuse percée au sommet d'une ouverture arrondie, c. les prés humides P. E.

L. panicée, C. Panicea *L.* capsule ovoïde lisse, souche stolonifère, c. les prés humides E.

⚥ ⚥ *Capsules velues, bractée inférieure non engaînante.*

L. précoce, C. Præcox *Jacq.* bractée inférieure scarieuse à la base, capsules pyriformes, c. c. les bois secs P.

L. tomenteuse, C. Tomentosa *L.* bractée inférieure foliacée, capsules globuleuses obovées, c. les bois E.

⚥ ⚥ ⚥ *Capsules velues, bractée inférieure engaînante.*

L. gynobase, C. Gynobasis *Vill.* un ou plusieurs épis femelles à la base de la touffe portée sur de longs pédoncules, c. c. c. les bois calcaires P.

† † *Capsules à bec long, bicuspidé; * 3 stigmates.*
* *Capsules glabres, bractée inférieure engaînante.*

L. des bois, C. Sylvatica *Huds.* épis femelles linéaires, lâches, penchés et pendants, r. les bois à Marignan E.

L. jaune, C. Flava *L.* épis globuleux, rapprochés, jaunes à la maturité, c. les marais de l'Armagnac E.

L. distante, C. Distans *L.* épis femelles très éloignés les uns des autres, denses et pédonculés, c. les prairies humides E.

L. faux souchet, C. Pseudo-Cyperus *L.* épis femelles rapprochés, pendants, c. les marais E.

** *Capsules glabres, bractée inférieure non engaînante.*

L. des rives, C. Riparia *Curt.* écailles des épis mâles toutes aristées, bords des ruisseaux E.

L. des marais, C. Paludosa *Good.* écailles inférieures des épis mâles obtuses au sommet, c. bord
des étangs de l'Armagnac E.

L. enflée, C. Vesicaria *L.* capsules très grosses,
enflées, c. les étangs de l'Armagnac E.

*** *Capsules velues.*

L. hérissées, C. Hirta *L.* feuilles velues, c. c. les
bords des ruisseaux E.

Var. Hirtœformis *L.* f. glabres, c. prairies humides E.

XCIV. **GRAMINÉES** *Juss.*

**A, Epillets non insérés dans les excavations
du rachis**.

A, *Fleurs ne s'étalant pas pendant la floraison.*

† ORYZÉES, *glumes nulles ou presque nulles.*

1. Léersie, Leersia *Soland.*

†† PHALARIDÉES, *épillets à une fleur fertile,
styles longs, stigmates sortant au sommet de la
fleur.*

2. Phalaris, Phalaris *L.* fleur fertile accompagnée
de petites écailles ciliées.

3. Phléole, Phleum *L.* stigmate plumeux, épillets
en épi cylindrique.

4. Alopécure, Alopecurus *L,* styles soudés en un
seul terminal.

5. Flouve, Anthoxanthum *L.* 2 étamines seulement.

6. Mybore, Mybora *Adans,* épillets latéraux en
épi filiforme.

7. Cynodon, Cynodon *Rich.* épis en panicule digitée.

††† PANICÉES, *épillets à une fleur fertile, styles
longs, stigmates sortant au-dessous du sommet
de la fleur.*

8. Digitaire, Digitaria *Scop.* épillets géminés en
panicule digitée.

9. Panic, PANICUM *L.* épillets en panicule rameuse.

10. Sétaire, SETARIA *Beauv.* épillets entourés d'un involucre de soies raides.

11. Echinaire, ECHINARIA *Desft* glumelle inférieure terminée par des épines.

12. Seslérie, SESLERIA *Scop.* glumelle inférieure terminée par des dents mucronées ou aristées.

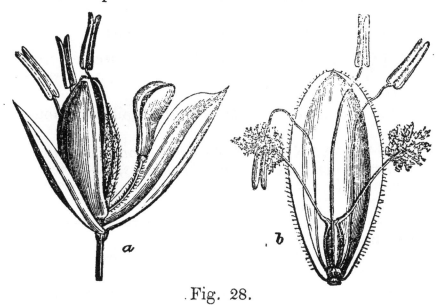

.Fig. 28.

B, *Fleurs s'étalant pendant la floraison.*

† ANDROPOGONÉES, *épillets géminés.*

13. Andropogon, ANDROPOGON *L.*

†† ARONDINACÉES, *épillets de 2-6 fleurs, glumelles membraneuses, carènées sur le dos.*

14. Phragmite, PHRAGMITES *Trin.* fleurs en grandes panicules.

††† AGROSTIDÉES, *épillets épars à une seule fleur, glumelles membraneuses carénées sur le dos.*

Fig. 28. — *Melica uniflora* : a épillet composé de deux fleurs, l'une inférieure fertile et sessile, l'autre supérieure pédicellée et rudimentaire; — b fleur fertile dont on a enlevé la valve interne de la glume pour faire voir le pistil et les trois étamines.

15. Calamagrostide, Calamagrostis *Adans*, glumelle tronquée ou dentée au sommet.

16. Agrostide, Agrostis *L.* épillets pédicellés, comprimés.

17. Gastridie, Gastridium *Beauv.* épillets presque sessiles globuleux à la base.

††† STIPACÉES, *épillets en panicule, glumelles coriaces à la maturité.*

18. Mil, Milium *L.* épillets comprimés.

†††† AIROPSIDÉES, *épillets en panicule; glumelles membraneuses, l'inférieure carénée et mutique.*

19. Airopside, Airopsis *Beauv.* épillets globuleux.

††††† AVÉNACÉES, *épillets en panicule, glumelles herbacées ou membraneuses, l'inférieure arrondie mutique ou munie d'une arête sur le dos.*

20. Canche, Aira *L.* glumelle inférieure 3-5 dentée, tronquée.

21. Avoine, Avena *L.* glumelle inférieure arrondie sur le dos, bidentée, aristée.

22. Arrhenathère, Arrhenatherum *Beauv.* glumelle inférieure carénée sur le dos, bifide.

23. Houque, Holcus *L.* glumelle inférieure, carénée, obtuse.

24. Kœlerie, Kœleria *Pers.* glumelle inférieure entière et mutique ou bidentée aristée.

25. Catabrose, Catabrosa *Beauv.* glumelle inférieure carénée, scarieuse, tronquée ou arrondie au sommet, mutique.

†††††† FESTUCACÉES, *épillets épars, glumelles herbacées, l'inférieure mutique ou munie d'une arête terminale.*

* *Glumelle inférieure ni apiculée, ni aristée, fruit non appendiculé.*

26. Glycérie, Glyceria *R. Br.* glumelle inférieure arrondie sur le dos, obtuse ou tronquée.

27. Paturin, Poa *L.* glumelle inférieure carénée, entière et mutique.

28. Eragrostide, Eragrostis *Beauv.* épillets linéaires, de 10 à 25 fleurs.

29. Brize, Briza *L.* épillets de 5 à 10 fleurs longuement pédicellées en panicule rameuse.

30. Mélique, Melica *L.* épillets de 2 à 4 fleurs en panicule.

** *Glumelle inférieure apiculée ou aristée, fruit non appendiculé.*

31. Scleropoa, Scleropoa *Gris.* glumelle supérieure bidentée au sommet.

32. Dactyle, Dactylis *L.* glumelle supérieure bifide au sommet.

33. Danthonie, Danthonia *D C.* glumelle supérieure entière au sommet.

*** *Glumelle inférieure apiculée ou aristée, fruit appendiculé.*

34. Cynosure, Cynosurus *L.* épillet en panicule spiciforme, unilatérale, glumelle inférieure bidentée, aristée entre les dents.

35. Vulpie, Vulpia *Gmel.* glumelle inférieure fusiforme carénée, arête terminale.

36. Fétuque. Festuca *L.* glumelle inférieure arrondie.

37. Brôme, Bromus *L.* glumelle inférieure carénée, arête insérée au-dessous du sommet.

B, Epillets insérés dans les excavations du rachis.

* *Epillets réunis 2 à 6 sur chaque dent du rachis.*

† HORDÉACÉES.

38. Orge, Hordeum. *L.*

* * *Epillets solitaires sur chaque dent du rachis.*

† † TRITICÉES *deux ou plusieurs fleurs dans chaque épillet.*

‡ *Graines pubescentes au sommet.*

39. Froment, Triticum *L.* épillets sessiles, glume à une seule arête.

40. Œgylops, ŒGYLOPS *L.* épillets sessiles, glume à 3-5 arêtes.

41. Brachypode, BRACHYPODIUM *Beauv.* épillets brièvement pédicellés.

☨ ☨ *Graines glabres au sommet.*

42. Ivraie, LOLIUM *L.* glumelle inférieure équilatère.

43. Gaudinie, GAUDINIA *Beauv.* glumelle inférieure inéquilatère.

† † † NARDOÏDÉES *épillets à une seule fleur, un seul stigmate.*

44. Nard, NARDUS *L.*

1. Léersie, LÉERSIA *Soland.*

L. faux ris, L. ORIZOÏDES *Sol.*, c. les fossés, les marais A.

2. Phalaris, PHALARIS *L.*

P. à épis courts, P. BRACHYSTACHIS *Link.* racine fibreuse, panicule, spiciforme, épis gros, R. les champs à Lectoure, Marsolan, Sempesserre E.

P. roseau, P. ARUNDINACEA *L.* souche rampante, paniculée, étalée, c. bord des eaux E.

3. Phléole, PHLEUM *L.*

P. des prés, P. PRATENSE *L.* souche vivace, courte et fibreuse, c. c. les prés E.

P. noueux, P. NODOSUM *L.* souche vivace, courte et tuberculeuse, c. c. c. les prés, les chemins E.

P. de Bœhmer, P. BŒHMERI *Wib.* glumes linéaires obliquement tronqués au sommet, c. les coteaux calcaires E.

P. des sables, P. ARENARIUM *L.* chaumes rameux dès la base, c. sables de l'Armagnac E.

4. Alopécure, ALOPECURUS *L.*

A. des prés, A. PRATENSIS *L.* tige dressée, lisse, c. les prairies P. E.

A. bulbeux, A. BULBOSUS *L.* souche tuberculeuse, c. les lieux humides et sablonneux E.

A. Agreste, A. AGRESTIS *L.* tige dressée, scabre au sommet, c. c. c. les champs P. E.

A. Géniculé, A. Geniculatus *L.* tige géniculée à la base, c. les prairies, les champs humides E.

5. Flouve, Anthoxanthum *L.*

F. Odorante, A. Odoratum *L.*, c. c. c. les . prés P. E.

6. Mybore, Mybora *Adans.*

M. naine, M. Minima *Coss.* et *Germ.*, c. les sables de l'Armagnac P.

7. Cynodon, Cynodon, *Rich.*

C. dactyle, C. Dactylon *Pers.*, c. c. c. lieux secs E. A.

8. Digitaire, Digitaria.

D. Sanguinale, D. Sanguinalis *Scop.* chaumes couchés et ascendants, c. c. champs, vignes, terres légères E. A.

D. glabre, Glabra *Rœm* et *Sch.* chaumes entièrement couchés, c. les sables de l'Armagnac E. A.

9. Panic, Panicum *L.*

P. cuisse de coq, P. Crus Galli *L.* (Echinochloa *Beauv.*), c. c. c. lieux sablonneux, décombres E. A.

10. Sétaire, Sétaria.

S. verte, S. Viridis *Beauv.* soies non accrochantes, vertes ou rougeâtres, c. c. lieux cultivés A.

S. glauque, S. Glauca *Beauv.* soies non accrochantes d'un jaune roussâtre, c. c. lieux cultivés A.

S. Verticillée, S. Verticillata *Beauv.* soies accrochantes, c. c. c. lieux cultivés A.

11. Echinaire, Echinaria *Desf.*

E. en tête, E. Capitata *Desf.* épis courts, etc., r. r. r. La Sauvetat E.

12. Seslérie, Sesleria *Scop.*

S. bleuâtre, S. Cœrulea *Ard.* coteaux secs? E.

13. Andropogon, Andropogon *L.*

A. pied de poule, A. Ischœnum *L.* panicule de 5 à 10 épis digités, c. c. les bois secs E. A.

14. Phragmite, Phragmites *Trin.*

P. commun, P. Communis *Trin.* (roseau des marais), c. c. c. bord des eaux dans l'Armagnac, r. le long du Gers, de l'Arrats, de la Gimone, etc. E. A

N. B. On cultive le vrai roseau (Arundo Donax *L*.) sur les coteaux calcaires et frais.

15. Calamagrostide, Calamagrostis *Adans.*

C. des bois, C. Epigeios *Roth.*, c. bois humides E. A.

16. Agrostide, Agrostis *L*.

A, *Feuilles radicales filiformes enroulées.*

A. des chiens, A. Canina *L*., c. c. c. prés et bois humides E.

B, *Feuilles radicales planes.*

A. blanches, A. Alba *L*. ligule oblongue, c. c. les terres légères E.

A. commune, A. Vulgaris *L*. ligule courte et tronquée, glumes aiguës, c. c. c. les terres légères E.

A. stolonifère, A. Stolonifera *L*. ligule courte et tronquée, glumes obtuses c. lieux humides E.

17. Gastridie, Gastridium *Beauv.*

G. lendigère, G. Lendigerum *Beauv.* c. c. les champs après la moisson E. A.

18. Mil. Milium *L*.

M. diffus, M. Effusum *L*. c. les bois de l'Armagnac E.

19. Airopside, Airopsis *Beauv.*

A. globuleuses, A. Globosa *Beauv.* c. sables des landes E.

20. Canche, Aira *L*.

A, *Feuilles planes.*

C. Cespiteuse, A. Cœspitosa *L*. c. c. à Garaison E.

B, *Feuilles enroulées ou pliées.*

C. caryophyllée, A. Caryophyllœa *L*. épillets écartés les uns des autres, c. c. c. les terres légères E.

C. précoce, A. Prœcox *L*. épillets rapprochés, ligule lacérée, c. les terrains sablonneux P.

C. aggrégée, A. Multiculmis *Dum.* épillets rapprochés, ligule non lacérée, c. bords de l'Adour E.

C. flexueuse, A. Flexuosa *L*. ligule courte et profondément bilobée, c. les bois à Garaison E.

21. Avoine, AVENA *L.*

A, *épillets pendants,* † *fleurs non articulées.*

A. cultivée, A. SATIVA *L.* fleurs en panicule lâche, cultivée, souvent spontanée.

A. d'Orient, A. ORIENTALIS *Schreb.* panicule plus serrée, unilatérale, cultivée, rarement spontanée.

†† *Toutes les fleurs articulées.*

A. barbue, A. BARBATA *Brot.* glumelle inférieure bifide, lobes terminés chacun par une arête, c. les tertres E.

A. folle, A. FATUA *L.* glumelle inférieure terminée par deux dents aiguës, c. les moissons E.

††† *Fleur inférieure seule articulée.*

A. de Ludovic, A. LUDOVICIANA *Dur.* épillets à 2 fleurs, c. c. c. les moissons E.

A. stérile, A. STERILIS *L.* épillets à 3 ou 4 fleurs, ʀ. près de l'ancien cimetière d'Auch.

B, *Epillets dressés,* † *ligule lancéolée.*

A. sillonnée, A. SULCATA *Gay.* épillets luisants, panachés de fauve et de blanc, c. à Garaison.

A. jaunâtre, A. FLAVESCENS *L.* épillets formant une belle panicule d'un jaunâtre luisant, c. c. c. les prés, les bois E.

A. pubescente, A. PUBESCENS *L.* épillets panachés de blanc et de violet, pédicelle barbu sous la fleur, c. prés secs, bois E.

22. Arrhénathère, ARRHENATERUM *Beauv.*

A. élevé, A. ELATIUS *Beauv.* glume inférieure, uninerviée, c. c. les haies, les bois, les prés E. — Var. BULBOSUM, plusieurs tubercules superposés au-dessus du collet.

A. de Thore, A. THOREI *Desm.* glumes trinerviées, c. sables des landes E.

23. Houque, HOLCUS *L.*

H. laineuses, H. LANATUS *L.* arête ne dépassant pas les glumes, c. les prés, les bois E. A.

H. molle, H. MOLLIS *L.* arête dépassant longuement les glumes, c. prés, bois E. A.

24. Kœlérie, Kœleria *Pers.*

K. en crète, K. Cristata *Pers.* des pousses stériles à la base des tiges, c. bord de l'Adour E.

K. Phléoïdes, K. Phleoides *Pers.* point de pousses stériles à la base des tiges, c. c. lieux secs E.

25. Catabrose, Catabrosa *Beauv.*

C. aquatique, C. Aquatica *Beauv.*, c. fossés et marais de l'Armagnac E.

26. Glycérie, Glyceria *R. Br.*

G. flottante, G. Fluitans *R. Br.* ligule presque aiguë, feuilles aiguës, c. c. fossés, ruisseaux E.

G. aquatique, G. Aquatica *Wahl.* ligule tronquée, feuilles obtuses E.

27. Paturin, Poa *L.*

A, *Tige sensiblement comprimée jusqu'au sommet.*

P. comprimé, P. Compressa *L.*, c. c. prairies sèches, décombres E.

B, *Tige cylindrique vers le sommet.*

P. annuel, P. Annua *L.* ligule oblongue, panicule à rameaux solitaires ou géminés, c. c. c. partout H. P. E. A.

P. des bois, P. Nemoralis *L.* ligule courte, gaîne des feuilles plus courte que les entre-nœuds, c. les bois E.

P. trivial, P. Trivialis *L.* ligule oblongue, base de la panicule de 3-5 rameaux, c. les chemins P. E.

P. des prés, P. Pratensis *L.* ligule courte, gaîne des feuilles plus longues que les entre-nœuds, c. c. c. les prés, les champs P. E..

Var. Angustifolia (L.) feuilles étroites.

C, *Tige cylindrique dès la base.*

P. bulbeux, P. Bulbosa *L.* collet bulbeux, c. c. c. lieux secs P.

Var. Vivipara (L.) épillets vivipares.

28. Eragrostide, Eragrostis *Beauv.*

E. à gros épis, E. Megastachia *Link.* épis assez gros, épillets brièvement pédicellés, c. c. les lieux sablonneux E. A.

E. pileuse, E. Pilosa *Beauv.* épis petits, épillets longuement pédicellés, c. l'Armagnac, les lieux humides et sablonneux E. A.

29. Brize, Briza *L.*

B. moyenne, B. Media *L.* ligule courte, tronquée, c. c. c. prés, bois, etc. P. E.

B. mineure, B. Minor *L.* ligule lancéolée-aiguë, c. les boulbènes et les sables E.

30. Mélique, Mélica *L.*

M. uniflore, M. Uniflora *L.*, c. les bois frais E.

31. Scleropoa, Scleropoa *Gris.*

S. roide, S. Rigida *Gris.*, c. c. les lieux secs, les murs E.

32. Dactyle, Dactylis *L.*

D. aggloméré, D. Glomerata *L.*, c. c. les prés, les bois E.

33. Danthonie, Danthonia *D C.*

D. couchée, D. Decumbens *D C*, c. c. les landes, les bois boulbéneux E.

34. Cynosure, Cynosurus *L.*

C. à crêtes, C. Cristatus *L.* panicule spiciforme, linéaire, c. c. c. les prés E.

C. hérissé, C. Echinatus *L.* panicule ovale, unilatérale hérissée, r. les champs à Lectoure, à Montfort E.

35. Vulpie, Vulpia *Gmel.*

V. queue de rat, V. Myuros *Rchb.* panicule spiciforme, glumelle supérieure aristée, r. les murs à Lectoure E.

V. fausse queue de rat, V. Pseudo-myuros *Soy-Vill.* glumelle non aristée, panicule courte, éloignée des feuilles, c. c. les champs, les mùrs.

V. queue d'écureuil, V. Sciuroides *Gmel.* glumelle non aristée, panicule allongée et rapprochée des feuilles, c. les lieux sablonneux E.

36. Fétuque, Festuca *L.*

A, *Feuilles radicales enroulées-sétacées.*

F. à feuilles minces, F. Tenuifolia *Sibt.* feuilles d'un vert pâle, toutes capillaires molles, c. les landes sablonneuses E.

F. des brebis, F. Ovina *L.* feuilles vertes, toutes filiformes subulées, c. les landes E.

F. duriuscule, F. Duriuscula *L.* feuilles d'un vert un peu glauque, sétacées, carénées, dures, c. c. coteaux secs et friches arides E.

F. rouge, F. Rubra *L.* feuilles radicales sétacées-anguleuses, les caulinaires plus larges et presque planes, c. les prés, les bois secs E.

B, *Feuilles radicales d'abord planes.*

F. sylvatique, F. Sylvatica *Vill.* ligule oblongue, obtuse, c. les bois à Garaison E.

F. arondinacée, F. Arundinacea *Sm.* ligule courte et tronquée, souche rampante et stolonifère, c. bords des eaux E.

F. des prés, F. Pratensis *Huds.* panicule étroite, souche fibreuse, c. c. les prés E.

F. gigantesque, F. Gigantea *Vill.* panicule très lâche et très étalée, souche fibreuse, c. bois humides E.

37. Brôme, Bromus *L.*

A, *Epillets plus larges au sommet après la floraison.*

† *Arêles toujours dressées.*

B. des toits, B. Tectorum *L.* chaume pubescent au sommet, c. c. les murs, les chemins E.

B. stérile, B. Sterilis *L.* chaume glabre, luisant, c. c. c. partout E.

† † *Arêtes d'abord dressées puis étalées.*

B. de Madrid, B. Madritensis *L.* panicule oblongue et lâche, chaume glabre au sommet, c. lieux secs au midi E.

B. rougeâtre, B. Rubens *L.* panicule obovée, très compacte, chaume pubescent au sommet, c. c. les chemins E.

B, *Epillets plus étroits au sommet, glume supérieure non ciliée.*

B. rude, B. Asper *L.* panicule penchée, gaînes velues, c. c. les bois des coteaux E.

B. gigantesque, B. Giganteus *L.* panicule penchée, gaînes velues, c. les bois E.

B. dressé, B. Erectus *Huds.* panicule droite, c. lieux secs E.

C, *Epillets plus étroits au sommet, glume supérieure ciliée de poils raides.*

B. des champs, B. Arvensis *L.* feuilles inférieures à gaînes pubescentes, épis étroits, c. c. les champs E.

B. sécalin, B. Secalinus *L.* feuilles inférieures à gaînes glabres, épis larges, luisants, c. les champs E.

B. mou, B. Mollis *L.* feuilles inférieures à gaînes velues, épis larges, pubescents, c. c. c. les prés, les champs E.

38. Orge, Hordeum *L.*

O. queue de souris, H. Murinum *L.* épis gros, glumelle inférieure longuement aristée, c. c. c. bords des chemins E.

O. sécalin, H. Secalinum *L.* épis étroits et linéaires, glumelle inférieure brièvement aristée, c. les prairies E.

On cultive les *H. Vulgare L., Hexasticon L.*, etc.

39. Froment, Triticum *L.*

F. des chiens, T. Caninum *L.* souche fibreuse, gazonnante, c. les haies, les lieux frais E.

F. rampant, T. Repens *L.* souche traçante, c. c. c. les lieux cultivés E.

Var. *Pungens* feuilles roulées à pointe dure.

On cultive le *T. Hybernum L.* (blé) et ses variétés.

40. Ægylops, Ægylops *L.*

Æ. ovale, Æ. Ovata *L.* c. les tertres calcaires au midi E.

41. Brachypode, Brachypodium *Beauv.*

A, *Plante de 20 centimètres au plus.*

B. à deux épis, B. Distachyon *Beauv.* c. tertres et rochers arides E.

B, *Plante de 60 centimètres au moins.*

B. pinné, B. Pinnatum *Beauv.* chaumes rameux à la base, c. c. les lieux secs E.

B. des bois, B. Sylvaticum *R.* et *Sch.* chaumes non rameux à la base, c. bois E.

42. Ivraie, LOLIUM *L.*

A, *Epillets lancéolés.*

I. vivace, L. PERENNE *L.* épillets appliqués contre l'axe à la floraison, c. c. c. prairies, chemins, etc. E.

I. multiflore, L. MULTIFLORUM *Lam.* épillets étalés-dressés à la floraison, R. environs de la gare à Auch E.

B, *Epillets elliptiques.*

I. des lins, L. LINICOLA *Sond.* épillets petits, obovés, c. les lins.

I. enivrante, L. TEMULENTUM *L.* épillets gros, oblongs, c. les moissons.

43. Gaudinie, GAUDINIA *Beauv.*

G. fragile, G. FRAGILIS *Beauv.* c. les bords des champs E.

44. Nard, NARDUS *L.*

N. roide, N. STRICTA *L.* c. pâturages près de Garaison E.

ACOTYLÉDONÉES.

XCV. **FOUGÈRES** *Juss.*

A, *Fructification à la page inférieure des feuilles* (Frondes).

† *Feuilles divisées ou profondément découpées.*

1. Polypode, POLYPODIUM *L.* fructifications en groupes arrondis ou un peu allongés.

2. Cetherac, CETHERAC, *Bauh.* fructifications en groupes linéaires couvrant toute la page inférieure des feuilles.

3. Doradille, ASPLENIUM *L.* fructifications en groupes linéaires, épars et solitaires.

4. Ptéride, PTERIS *L.* fructifications formant une ligne qui borde tous les segments de la feuille.

5. Adianthe, ADIANTHUM *L.* fructifications en paquets irréguliers sur les bords de la feuille.

† †. *Feuilles entières ou non profondément
découpées.*

6. Scolopendre, SCOLOPENDRIUM *Smith*. fructifications en groupes linéaires, parallèles entre eux et
obliques à la nervure moyenne de la feuille.

7. Blechne, BLECHNUM *Smith*. fructifications en
deux séries parallèles à la nervure moyenne de la
feuille.

B, *Fructifications en panicule ou en épi.*

8. Osmonde, OSMONDA *L*. fructifications en panicule au sommet de la tige, feuilles divisées.

9. Ophioglosse, OPHIOGLOSSUM *L*. fructifications en
épi, feuille entière.

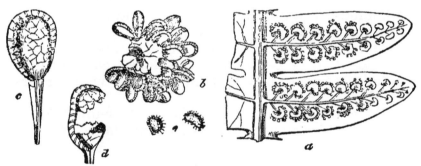

Fig. 29.

1. Polypode, POLYPODIUM *L*.

P. commun, P. VULGARE *L*. feuilles pinnatifides,
c. c. sur les rochers, les vieux murs, les vieux arbres
E. A.

P. fougère mâle, P. FILIX-MAS *L*. feuilles bipin-
nées, pinnules arrondies, groupes de fructifications
assez grands, c. les tertres des fossés dans l'Armagnac E. A.

P. oreoptère, P. OREOPTERIS *Ehr*. (Polysticum
Roth.) segments linéaires lancéolés aigus, pinnati-
partites, glanduloso-résineux en-dessous, c. bords
du Gers à Lassales et à Garaison.

P. aiguillonneux, P. ACULEATUM *L*. (Aspidium

Fig. 29. — *Polypodium* : *a* fragment de fronde fructifère; —
b sore composé d'une écaille et d'un grand nombre de capsules;
— *c* capsule entière; — *d* capsule ouverte.

R. Br.) feuilles bippinnées, pinnules aiguës, aiguil-
lonneuses, groupes de fructifications petits, c. c.
bords des ruisseaux, fossés E. A.

P. fougère femelle, P. Filix Femina *L.* (Cystop-
teris *Coss.* et *Germ.*) feuilles bippinnées, pinnules
incisées-dentées, fructifications en groupes un peu
allongés, r. au pied des murs de l'église à Barbotan
E. A.

2. Céthérac, Cetherac *Bauh.*

C. des pharmacies, C. Officinarum *L.* c. c. c. les
rochers, les vieux murs E. A.

3. Doradille, Asplenium *L.*

D. Polytric A. Trichomanes *L.* feuilles pinnées,
allongées, à pinnules ovales-arrondies, c. c. les
haies, les rochers à l'ombre E. A.

D. rue des murailles, A. Ruta Muraria *L.* feuilles
courtes (6 à 12 centimètres), à lobes cunéiformes,
pétiole vert. c. c. les rochers, les vieux murs
P. E. A.

D. noire. A. Adianthum Nigrum *L.* feuilles assez
grandes (15 à 40 centimètres), à lobes lancéolés, pétioles noirâtres, c. c. sous les haies E. A.

4. Ptéride, Pteris *L.*

P. aquiline, P. Aquilina *L.*, c. c. c. les bois E. A.

5. Adianthe, Adianthum *L.*

A. capillaire, A. Capillus Veneris *L. R.*, rochers
humides, fontaine de Carlés, près d'Auch, La
Bouère et Cardès, près Lectoure, Malausanne, près
Condom E. A.

6. Scolopendre, Scolopendrium *Smith.*

S. Officinal, S. Officinale *Smith*, c. c. dans les
vieux pins, sous les grands rochers humides A.

7. Blechne, Blechnum *Smith.*

B. en épi, B. Spicant *Smith*, les tertres, les haies
dans l'Armagnac A.

8. Osmonde, Osmonda *L.*

O. royale, O. Regalis *L.*, les marais tourbeux de
l'Armagnac à Barbotan, à Sainte-Christie E.

9. Ophioglosse, OPHIOGLOSSUM. *L.*

O. commune, O. VULGARE *L.*, c. les landes, les bois et surtout les prairies humides P. E.

XCVI. MARSILÉACÉES *Brown.*

1. Marsilée, MARSILEA *L.* 2 ou 3 involucres capsulaires sur un pédicelle.

2. Pilulaire, PILULARIA *L.* un seul involucre capsulaire subsessile.

1. Marsilée, MARSILEA *L.*

M. à 4 feuilles, M. QUADRIFOLIA *L.* feuilles quadrifoliées, nageantes, longuement pétiolées, c. dans les marais de l'Armagnac E. A.

P. pilulifère, P. PILULIFERA *L.* feuilles fasciculées étroites et linéaires, c. les étangs et les marais de l'Armagnac E. A.

XCVII. LYCOPODIACÉES.

1. Lycopode, LYCOPODIUM *L.*

L. inondé, L. INUNDATUM *L.* petite plante musciforme à épi fructifère terminal, r. les marais tourbeux de l'Armagnac à Barbotan, Estang, etc. E. A.

XCVIII. EQUISÉTACÉES *Rich.*

Prêle, EQUISETUM *L.*

A, *Tiges fructifères sans rameaux verticillés.*

P. des Thelmateia, E. THELMATEIA *Ehr.* tige fructifère grosse, courte, gaînes à 8-12 dents, tige stérile munie de rameaux verticillés longs et très nombreux, c. c. c. bords des ruisseaux, lieux humides H. P.

P. des champs, E. ARVENSE *L.* tige fructifère assez grosse, assez courte, gaînes lâches à 20-30 dents, tiges stériles à rameaux verticillés très longs et peu nombreux, c. champs humides H. P.

P. d'hiver, E. HYEMALE *L.* tiges fructifères et stériles, grêles et longues (de 80 centimètres à 1 mètre 40), gaînes apprimées contre la tige à 15-20 dents, les tiges stériles à rameaux peu nombreux, r. à Cardès près Lectoure, rochers humides et marécageux à Sainte-Christie, à Estang, etc. P. E.

16

B, *Tiges fructifères à rameaux verticillés.*

P. des marais, E. Palustre *L.* gaînes lâches de 6-12 dents, c. c. c. les marais, les fossés E.

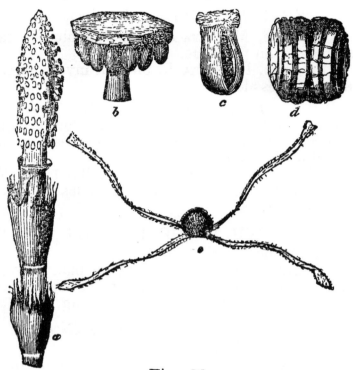

Fig. 30.

P. des bourbiers, E. Limosum *L.* gaînes apprimées contre la tige à 15-20 dents E.

XCIX. CHARACÉES *Rich.* (plantes aquatiques immergées).

1. Charagne, Chara *L.* verticilles des rameaux entourés à la base d'un involucre de papilles.

2. Nitelle, Nitella *Aghard.* verticilles des rayons dépourvus à la base d'un involucre de papilles.

N'ayant pas suffisamment étudié les Characées, nous renvoyons à plus tard une Revue détaillée des espèces des deux genres de cette petite famille.

Fig. 30. — *Equisetum thelmateia :* a rameau fructifère; — b écaille portant des capsules à sa base interne; — c capsule s'ouvrant; — d spore dont les filaments sont encore enroulés; — e spore dont les filaments sont étalés.

COUPLETS

A CHANTER AU RETOUR DES HERBORISATIONS

Ces couplets sont destinés à donner aux élèves le souvenir précis des localités dans lesquelles on trouve les plantes rares ou essentiellement méridionales de nos contrées.

Nous les avons distribuées par arrondissement en commençant par les stations du chemin de fer.

REFRAIN.

Chantons amis, chantons gaîment ensemble
Chacun des lieux témoins de nos plaisirs,
En les chantant avec vous, il me semble
Joyeusement encor les parcourir (1).

LECTOURE.

Castex.

Près de Castex le joli Nuphar jaune (2)
Sur l'eau du Gers montre ses belles fleurs;
A la Hillère on voit là Toute Bonne (3)
Avec corolle à très pâles couleurs.

Chantons amis, etc.

(1) Le refrain est tiré d'une chansonnette de botanique chantée à la dernière herborisation d'automne de M. de Jussieu, en 1846. Il peut être repris après chaque couplet, ou bien après chaque deux ou trois couplets, selon le goût ou la fantaisie des amateurs.

(2) Nuphar lutea *Smith*. — (3) Salvia sclarea *L*.

Tulle.

Près de Lectoure, à Tulle, il faut aller
Cueillir le Ciste à feuille de laurier (1);
Du Trèfle d'or la corolle brillante (2)
Couvre les prés d'une nappe charmante.

La Marque.

Sur le plateau de la Marque, cherchez
Sous les gazons naissants, vous trouverez
Deux Cerastium (3) pointant sur l'herbe à peine,
Un Myosotis (4) et non loin un Silène (5).

Sur le coteau, dans le sentier tout proche,
Vers le moulin dont l'aile tourne à gauche (*),
Partout on voit fleurir la Capsella
Que Reuter a dénommé Rubella.

Un peu plus loin, aux galeries de l'Auze,
Vous cueillerez mainte fleur fraîche éclose :
Le Buphthalmum (6) et deux Erodium (7),
Le Lepidium graminifolium.

Près de la route, au-dessous de la Marque,
Sur le rocher, d'assez loin on remarque
Le Rhus que l'on nomme Corriaria (8),
Et par très loin croit le Myrtyfolia (9).

---

(1) Cistus laurifolius *L.* — (2) Trifolium aureum *Thuil.* —
(3) Cerastium glomeratum *Thuil.* et C. obscurum *Chaub.* —
(4) Myosotis stricta *Link.* — (5) Silene nutans *L.* — (*) Moulin
de l'Aucate, qui tourne en sens inverse des autres moulins à
vent. — (6) Buphthalmum spinosum *L.* — (7) Erodium præcox
Cav., et malacoides *Willd.* — (8) Rhus corriaria *L.* — (9) Corriaria myrtifolia *L.*

La Hune.

Sur les rochers de la Hune l'on trouve,
Près du Thlaspi (1), la Drave du printemps (2),
Le Muscari négligé de tout temps (3),
Et dans les prés les Carex et la Flouve (4).

Lectoure.

Rentrons dans la cité démantelée (5),
Sur les vieux murs prenons la giroflée (6),
Le Centranthus (7) avec le Lycium (8),
Le Dianthus (9) avec l'Absynthium (10).

Dans les plâtras le Marrube blanchâtre (11),
Tout à côté la Ballotte noirâtre (12),
Près de la fleur d'or du Jasminium (13)
Fleurissent les verts Chenopodium (14).

Vers les anciens Moulins de la Justice,
Où l'on pendait jadis les malfaiteurs,
Vous trouverez, à la saison propice,
Un Fumeterre à très petites fleurs (15).

En plein soleil, voyez les Momordiques (16),
Avec des fruits ovales élastiques
Lançant leur jus dès qu'on veut les toucher,
Ou seulement de trop près approcher.

(1) Thlaspi perfoliatum *L.* — (2) Draba verna *L.* — (3) Muscari neglectum *Gren.* — (4) Anthoxanthum odoratum *L.* — (5) Lectoure était autrefois une place forte à trois enceintes de murailles dont on voit encore les restes. — (6) Cheiranthus cheiri *L.* — (7) Centranthus ruber *D C.* — (8) Lycium Barbarum *L.* — (9) Dianthus caryophyllus *L.* — (10) Artemisia absintium *L.* — (11) Marrubium vulgare *L.* — (12) Ballota fœtida *Lam.* — (13) Jasminium fruticans *L.* — (14) Chenopodium vulvaria *L.* urbicum, *L.* Murale *L.* — (15) Fumaria Vaillantii *Lais.* — (16) Momordica elaterium, *L.*

St-Geny.

En descendant, à l'est de la chapelle
De Saint-Geny, vous trouverez la belle
Angélique (1) tout le long du ruisseau,
La Léersie au pied toujours dans l'eau (2).

Bois du Ramier.

Au mois d'avril, le brillant Bouton d'or (3),
Aux bords aimés du serpenteux Rieutort,
Se mêle à la Cardamine fleurie (4),
Et l'Anémone à fleur jaune et jolie (5).

Là, nous cueillons encore la Pervenche (6)
Et le Carex qui sur l'onde se penche (7),
Le Myosotis (8) et le beau Symphytum (9),
Et l'Orobe (10) et le modeste Geum (11).

Brescon.

Au grand rocher du rocailleux Brescon,
Sous lequel croît une belle Fougère (12),
Vit l'Orobanche, à qui du vert Lierre (13)
Un botaniste a conféré le nom.

Sainte-Croix.

De Sainte-Croix la colline élevée
Prodigue à nos regards des végétaux
Rares encor, et peut-être nouveaux,
Tels que la Sauge au sommet retrouvée (14).

(1) Angelica sylvestris *L.* — (2) Leersia orizoides *Sw.* —
(3) Ranunculus auricomus *L.* — (4) Cardamine pratensis *L.* —
(5) Anemone ranunculoides *L.*— (6) Vinca minor *L.*— (7) Carex
maxima, *Scop.* — (8) Myosotis palustris *With.* — (9) Symphytum tuberosum *L.* — (10) Orobus tuberosus *L.* — (11) Geum
urbanum *L.* — (12) Scolopendrium officinale *Sm.* — (13) Orobanche hederæ *Vauch.* — (14) Salvia aprica *Dup.*

Les Buplevrum (1) et les Cerastium (2),
Les Lamium (3) avec les Allium (4),
Les Lathyrus (5) et la petite Vesce (6),
Lathyroïde y croît près de la Gesse.

Et sans compter qu'en la vigne voisine,
L'Arenaria, que l'on doit dédoubler (7),
Va vous montrer sa corolle lutine
Tout exprès pour vous faire endiabler (8).

Un peu plus loin, dans les champs de Groussan,
Se cache dans les blés l'Ornithogalle (9),
Tout près, sur la pelouse aussi s'étale
La Luzerne à légume jaunissant (10).

Beaucoup plus bas, le long de la prairie,
Près du ruisseau qui descend vers l'Arrieu,
Vous trouverez la Julienne chérie (11),
Qui vous embaume au jour de Fête-Dieu.

Montez encor jusques à Peyregude,
Dans la prairie, au-dessous du grand bois
De la Bourdasse, et d'une multitude
De beaux Orchis (12) vous allez faire choix.

Près du hameau du *Petit*, la Gagée (13),
Avec sa fleur presque jaune orangée,
Se montre à vous rare dans les guéréts,
Et près de l'eau vous cueillez les Souchets (14).

---

(1) Buplevrum rotundifolium *L*. — (2) Cerastium obscurum
Chaub. — (3) Lamium amplexicaule *L*. — (4) Allium paniculatum *L*.— (5) Lathyrus latifolius *L*.— (6) Vicia Lathyroides. *L*.
(7) Arenaria serpyllifolia *L*. — (8) Var micrantha. — (9) Ornithogallum Pyrenaicum *L*. — (10) Medicago minima *Lam*. —
(11) Hesperis matronalis *L*.— (12) Orchis latifolia *L*.— (13) Gagea
arvensis *Schult*. — (14) Cyperus longus *L*. et fuscus *L*.

Non loin de là, dans le même hameau,
On voit fleurir les charmantes Circées (1)
Avec la Menthe à pied presque dans l'eau (2),
Et tout auprès des Renonculacées (3).

Mirail.

Aux alentours du bien soigné Mirail (4),
Sur les rochers nous cueillerons un Ail·(5),
Sur le plateau la rare Cynoglosse (6),
La Mæhringie (7) avec le Loroglosse (8).

Près des bassins, dans un bosquet charmant,
On touvera l'Hellebore puant (9),
Et non loin d'eux la Mercuriale verte (10)
Au mois d'avril à nos yeux s'est offerte.

Tout près encore le Galeobdolon (11)
Orne les bois de ce joli vallon,
Et dans les champs où croît le Rhagadiole (12),
Plusieurs Vicia nous montrent leur corolle (13).

Douat.

Dans le bosquet, vers le nord de Douat,
Sur les rochers le botaniste voit
Une Arabis (14) avec une Epervière (15),
Et tout auprès une jolie Epiaire (16).

(1) Circæa lutetiana *L.* — (2) Mentha sativa *L.* — (3) Ranunculus acris *L.* bulbosus *L.* repens *L.* etc. — (4) Jolie campagne entre Lectoure et Lagarde. — (5) Allium paniculatum *L.* — (6) Cynoglossum officinale *L.* — (7) Arenaria trinervia *L.* — (8) Loroglossum hircinum *Rich.* — (9) Helleborus fœtidus *L.* — (10) Mercurialis perennis *L.* — (11) Galeobdolom luteum *Huds.* (12) Rhagadiolus stellatus *D C.* — (13) Vicia segetalis, *Thuil.* Cracca, *L.* Gerardi *D C.* — (14) Arabis hirsuta *L.* — (15) Hieracium murorum *L.* — (16) Stachys alpina *L.*

Garbeau.

Sur le chemin qui conduit à Garbeau,
Les champs sont pleins de Tulipe précoce (1),
D'Ornithogale (2), et le long du coteau,
A chaque pas fleurit la Cynoglosse (3).

Aspazot.

Près d'Aspazot la brillante Alkékenge (4),
Par la couleur de son calice étrange,
En même temps que le fruit grossissant,
Se carmine et boursoufle en mûrissant.

Marsolan.

A Marsolan, au bois de Richevolte,
Faisons, amis, une bonne récolte
De Narcissus (5), et la Diplotaxis (6)
Est dans la vigne unie aux Arabis (7).

Sous les rochers sur lequel le village
Est établi au-dessus du vallon,
On voit briller le riche et grand feuillage
De l'Echinops dit Spherocephalon (8).

Admirez-y dans la maigre févière
L'un des plus grands et plus beaux Phalaris (9),
Dont votre boîte à raison sera fière
Quand vous prendrez ses épis bien fleuris.

---

(1) Tulipa præcox *Ten.* — (2) Ornithogallum umbellatum *L.*
— (3) Cynoglossum pictum *Ait* — (4) Physalis Alkekengi *L.* —
(5) Narcissus pseudo-narcissus *L.* — (6) Diptotaxis viminea
D C. — (7) Arabis thaliana *L.* — (8) Echinops sphœrocephalus *L.'*
— (9) Phalaris brachystachys *Link.*

Lawenlaw.

A Lawenlaw, dans mes champs en culture,
Prenez donc la Saponaire (1) avec fleur
Couleur de chair qui fait sur la verdure
De son feuillage un effet enchanteur.

Dans les moissons, voyez la Spéculaire (2),
Parmi les lins le mince Lolium (3),
Et la Luzerne à gousse orbiculaire (4)
Accompagne un joli Trifolium (5).

Près du ruisseau, cueillez dans la prairie
Le Silaüs au feuillage luisant (6),
La Spircea (7) dont la cime fleurie
Forme un bouquet tout fait et bien plaisant.

Bazin.

Dans les moissons la puante Bifore (8)
Près de Bazin, infecte tous les champs;
Ça m'est égal, dans la boîte de Flore
Pour l'étranger j'en mettrai bien deux cents.

Au potager, à travers les carottes,
Navets, oignons, radis en mettre en bottes,
On voit pousser le Chenopodium
Rare, connu sous le nom d'Hybridum (9).

(1) Saponaria vaccaria *L.*— (2) Specularia speculum *A. D. C.*,
et hybrida *A. D. C.* — (3) Lolium linicola *Sand.* — (4) Medicago marginata *Willd.* — (5) Trifolium lappaceum *L.* —
(6) Silaus pratensis *Ben.* — (7) Spircea ulmaria *L* — (8) Bi-
fora testiculata *D. C.* — (9) Chenopodium hybridum *L.*

Dans le bosquet derrière la maison,
Si vous cherchez à la bonne saison,
Vous trouverez la rare Helléborine (1)
A large feuille, et plus tard la Carline (2).

Castelneau.

A l'Ast, non loin du bourg de Castelneau,
Dans le soulan d'un rapide coteau,
On cueillera la rare Psoralée (3),
Dans nos pays pas encore observée.

Montfort.

Sur le penchant du coteau de Montfort,
Qui fut jadis un très bon château-fort,
On a trouvé la verte Crucianelle (4),
Un Echinops (5) et la jaune immortelle (6).

Au mois de juin allez de Gardebois,
Parcourez-en les vieux et sombres bois,
Vous y prendrez cette belle Orchidée
Qu'on a très bien Cordigère nommée (7).

Homps.

Non loin de là, Homps est plein de rocailles,
Sur ses rochers à très hautes murailles,
La Toute Bonne, avec sa pâle fleur (8),
De son feuillage étalera l'ampleur.

(1) Epipactis latifolia *All.* — (2) Carlina vulgaris *L.* — (3) Psoralea bituminosa *L.* — (4) Crucianella angustifolia *L.* — (5) Echinops ritro *L.* — (6) Helichrysum stæchas *D. C* — (7) Serapias cordigera *L.* — (8) Salvia Sclarea *L.*

Mauvezin.

A Mauvezin, dans les vignes passant,
J'ai vu briller une Diplotaxide (1);
En même temps que la blanche Arabide (2)
La Primevère a fleuri vers Sarrant (3).

Sainte-Christie.

Lorsque jadis dans la lente voiture
De Colomès, je suivais le chemin
D'Auch à Agen, je vis par aventure
Un Lathyrus tout auprès d'un moulin. (4).

A la Testère, on trouve bien souvent
Dans le pâtus la belle Vipérine (5),
Dont chaque poil pique comme une épine,
Et les Briza branlant au moindre vent (6).

En poursuivant près de Casteljaloux,
Une Orobanche à la fleur bien jolie (7);
Et dans les champs la visqueuse Bartsie (8)
Avec les fleurs bonnes contre la toux (9).

AUCH.

Sur le chemin qui conduit à Condom,
Près de la source en face de Landon,
Allez cueillir la Nigelle d'Espagne (10)
Que bien souvent sa cousine accompagne (11).

---

(1) Diplotaxis erucoides *D. C.* — (2) Arabis Thaliana *L.* —
(3) Primula officinalis *Jacq.* — (4) Lathyrus Silvestris, *L.* —
(5) Echius Pyrenaicum *Lap.* — (6) Briza media *L.*, et minor *L.*
— (7) Orobanche Eryngii *Vauch.* — (8) Bartsia viscosa *L.*
— (9) Altæa officinalis *L.* Borrago officinalis *L.* viola odorata *L.*
Papaver rhæas *L.* — (10) Nigella hispanica *L.* — (11) Nigella
damascena *L.*

De Buxbaüm la fraîche Véronique (1),
Qu'aujourd'hui l'on doit appeler Persique (2),
Vient s'étaler au tertre du chemin
Changeant de fleur chaque soir et matin.

Bois d'Auch.

Quand du bois d'Auch sondant les profondeurs
Nous y voulons aller chercher des fleurs,
De tout trouver si nous avons la chance
De nos cartons nous enflerons la panse.

La Scille en fleurs (3), tout le long des ruisseaux,
Sous l'aune vert (4) s'abrite près des eaux ;
Les beaux Orchis (5), le Melampyre en crête (6),
Le Viorne obier (7) vont vous montrer leur tête,

La Prêle aussi de diverses espèces,
Celle des champs (8) et le Telmateya (9),
Dans nos herbiers tout humide entrera
Pour augmenter nos charmantes richesses.

Le Bouscassé cache sous le couvert
De ses bois un bel Hellébore vert (10)
L'Isopire (11) et l'Anémone sylvie (12)
De sa fleur blanche émaille la prairie.

(1) Veronica buxbaumii *Ten.* — (2) Parce que les critiques très récents ont trouvé que l'abbé Poiret lui avait donné longtemps avant Tenore le nom de Veronica persica. — (3) Scilla lilio-hyacynthus *L.* — (4) Alnus viridis *D C.* — (5) Orchis conopsea *L.*, laxiflora *Lam.*, bifolia *L.*, maculata *L.*, mascula *L.*, pyramidalis *L.*, viridis *Crantz*, purpurea *Huds.*, galeata *Lam.* — (6) Melampyrum cristatum *L.* — (7) Viburnum opulus *L.*— (8) Equisetum arvense *L.* — (9) Equisetum Telmateya *Ehr.* Limosum *L.* — (10) Helleborus viridis *L.* — (11) Isopyrum thalictroides *L.* — (12) Anemone nemorosa *L.*

On voit encor se mirant dans son eau,
Au bord du clair et limpide ruisseau,
La Clandestine (1) avec la Primevère (2)
Et dans les champs le fils avant le père (3).

Route de Vic à Las Tortes on trouve
Un beau Plantain (4) et plus bas une douve
Sans compter un élégant Verbascum,
Sa feuille l'a fait nommer Sinuatum (5).

Bois du Toujey.

Le Toujey vous offre sous sa feuillée
Le rare Ophrys appelé Nid d'Oiseau (6),
Dont la racine avec art tortillée
Simule un nid si gracieux et si beau.

Bois de la Baronne.

Montons, amis, au bois de la Baronne,
Nous trouverons mainte plante fort bonne;
Un Ophrys mouche (7) avec l'Orobe noir (8)
Et des Orchis (9) toujours si beaux à voir.

Beaulieu.

Si de Beaulieu gravissant le coteau
Nous recueillons la jaune Potentille (10)
Qui du printemps porte le nom si beau
Mainte autre fleur à côté d'elle brille (11).

---

(1) Clandestina rectiflora *Lam.* — (2) Primula elatior *Jacq.*
(3) Tussilago farfara *L.* — (4) Plantago cynops *L.* — (5) Verbascum sinuatum *L.* — (6) Ophrys nidus avis *L.* — (7) Ophrys muscifera *Huds.* —(8) Orobus niger *L.*—(9) Orchis fusca *Jacq.*, Galeala *D C.*, Pyramidata *L.* — (10) Potentilla verna *L.* — (11) Luzula Forsteri *D C.*, Luzula maxima *D. C.*, Vinca major *L.*, minor *L.*, etc., etc.

Des Orchidées la phalange charmante
Au lieu le plus aride et desséché
Nous montrera la corolle éclatante
Du jaune Ophrys (1) de tous si recherché.

L'Ophrys fusca (2) et l'Orchis militaire (3)
Les Serapias à singulière fleur
Que le bon Dieu leur donna pour nous plaire
En languette (4), en lance (5) ou bien en cœur (6).

Sous les Genêts (7) le Cytise argenté (8)
De son feuillage étale la beauté;
La gracieuse Avoine de prairie (9)
Nous montre sa panicule fleurie.

Le Fumana (10) tout près de la Carline (11),
Le Cardoncelle à feuille sans épine (12)
Et le Carex Gynobase y fleurit (13)
Sous le verger renommé par son fruit.

Le Garros.

Allez cueillir aux bosquets du Garros
Le Cyclamen à la fleur si jolie (14)
Et sur les flancs des arides coteaux
Le Cerisier dit de Sainte-Lucie (15).

(1) Ophrys lutea *Cav.* — (2) Ophrys fusca *Link.* — (3) Orchis militaris *L.* — (4) Serapias lingua *L.* — (5) Serapias lancifera *St-Am.* — (6) Serapias cordigera *L.* — (7) Spartium junceum *L.* — (8) Argyrolobium linneanum *Walp.* — (9) Avena pratensis *L.* — (10) Fumana procumbens *Gren.* et *Godr.* — (11) Carlina vulgaris *L.* — (12) Carduncellus mitissimus *D C.* — (13) Carex gynobasis *Vill.* — (14) Cyclamen neapolitanum *Ten.* — (15) Cerasus mahalep *Mill.*

St-Christeau.

Dans une friche auprès de St-Christeau
Un jour je vis l'Ophrys Antropophore (1)
Mais autour d'Auch nous ne l'avons encore
Jamais trouvé qu'au haut de ce coteau.

En y montant, au-delà de Boubée,
Tout à coup une Orobanche a paru (2)
Jusqu'à ce jour à nos yeux dérobée
Dans un champ par nous souvent parcouru.

Là sur la gauche à côté du chemin
Un beau Silène (3) est tombé sous ma main.
Dans la rocaille on voit la Crucianelle (4),
Le Melilot des champs (5) croît non loin d'elle.

La Caillaouëre.

Les prés du lieu dit à la Caillaouëre
Vous offriront un rare Gladiolus (6)
Qui fut trouvé par un heureux confrère (7)
Tout près du Gers où croît l'Evonymus (8).

Pavie.

En remontant du côté de Pavie
Renommé pour sa salade et ses choux (9),
L'Asphodelus (10) avec la Lobélie (11)
Chez les Ajoncs (12) se donnent rendez-vous.

(1) Ophrys anthropophora *L.* — (2) Orobanche carotæ *Ch. des Moul.* — (3) Silene muscipula *L.* — (4) Crucianella angustifolia. — (5) Melilotus arvensis *Wahl.* — (6) Gladiolus communis *L.* — (7) M. Boutigny, sous-inspecteur des eaux et forêts. — (8) Evonymus europœus *L.* — (9) A Pavie sont la plupart des maraîchers qui fournissent le marché d'Auch. — (10) Asphodelus albus *L.* — (11) Lobelia urens *L.* — (12) Ulex europœus *L.* et U. Nanus *Smith.*

Friches d'Auterive.

Allez, du Gers passez sur l'autre rive,
Montez au haut du coteau désolé (1)
Et vous serez, tout suant, consolé
Par les splendeurs des friches d'Auterive.

La Stéhéline (2) et le Convolvulus (3)
Baptisé du nom de Cantabricus,
Un Ononis que Parviflore on nomme (4)
L'Aphyllanthes tel qu'on le trouve à Rome (5).

L'Asperula dite à l'Esquinancie (6)
Et l'élégant Trifolium medium (7),
Le Xéranthème (8) et les deux Dorychnie (9),
Le Podosperme (10) avec l'Helichrysum (11).

Le Limodore (12) et la rare Leuzée (13),
Et le Stachys (14) et plusieurs Teucrium (15),
La Globulaire (16) et le Brachypodium (17)
Pour l'herboriste en font un élysée.

Seissan.

Dans les moissons des champs de la Bernisse
J'ai trouvé deux charmants Cicindia (18),
Près des maisons l'odorante Melisse (19),
Et partout la jaune Ficaria (20).

(1) Les sommets des coteaux y sont d'une aridité et d'un aspect aussi désolé que possible. — (2) Stæhelina dubia *L*. — (3) Convolvulus cantabrica *L*. — (4) Ononis Columnæ *All*. — (5) Aphyllantes monspeliensis *L*. — (6) Asperula cynanchica *L*. — (7) Trifolium medium *L*. — (8) Xeranthemum cylindraceum *Sibt.* — (9) Podospermum laciniatum *D C*. — (10) Dorychnium suffruticosum *Vill* , hirsutum *D C*. — (11) Helichrysum stæchas *D C*. — (12) Limodorum abortivum *Sw.* — (13) Leuzæa conifera *D C*. — (14) Stachys recta *L*. — (15) Teucrium chamædrys *L*. et montanum *L*. — (16) Globularia vulgaris *L*. — (17) Brachypodium distachyon *P. B*. — (18) Cicindia filiformis *Delarbr.* et pusilla *Griseb.* — (19) Melissa officinalis *L*. — (20) Ficaria ranunculoides *Mœnch.*

Panassac.

A Panassac, un de mes chers élèves
Me recueillit, il y a bien trente ans,
Des plantes qui se montraient dans mes rêves
Mais que jamais je n'avais vu céans.

La Pinguicule (1) et le chêne Tauzin (2),
Près du ruisseau la jolie Oxalide (3),
Puis le Mouron délicat et timide,
L'Epipactis (4) et l'Orchis son voisin (5).

Dans la prairie, auprès de Bellegarde,
Une Achillée au feuillage denté (6);
Sur le coteau qui de haut la regarde
La Passerage au feuillage épaté (7).

Lucanthe.

Dans les prés des bords fleuris de l'Arçon
Et pas très loin des vignes de Lucanthe
J'ai vu briller la corolle charmante
D'un Narcissus à poétique nom (8).

Sur le chemin qui mène au Malartic,
Dans une terre en friche, l'on rencontre
La Sarriette (au pied d'la cote à pic) (9),
Qui pas ailleurs jusqu'ici ne se montre.

---

(1) Pinguicula lusitanica *L.* — (2) Quercus tozza *Bosc.* —
(3) Oxalis acetosella *L.* — (4) Epipactis palustris *Crantz.* —
(5) Orchis coriophora *L.* Var. suaveolens. — (6) Achillea ptarmica *L.* — (7) Lepidium latifolium *L.* — (8) Narcissus poëticus
L. Il est probable qu'il était échappé des jardins. — (9) Satureia hortensis *L.*

Clairefontaine.

Clairefontaine, avec son eau limpide,
Sur son coteau bien sec et bien aride
Epanouit au soleil les fleurons
Et de l'Inule (1) et des Tragopogons (2).

Montégut.

Dans le vallon, au-dessous du château
De Montégut, dont le site est si beau,
Allez cueillir l'Aunée à grande feuille (3)
Et dans les bois l'odorant chèvrefeuille (4).

Puycasquier.

Puycasquier vous fournira l'Ail rose (5)
Dont le tendre et délicat coloris
Lorsque sa fleur est fraîchement éclose
Le dispute à nos plus tendres Orchis.

Aux mêmes lieux d'un éclat non pareil
Dans les champs la Tulipe Œil de soleil (6)
Nous montre avec sa tâche noircissante
Les bords aigus de son riche périanthe.

Là, tous les ans, une amitié fidèle (7),
Pour nous montrer quelque plante nouvelle
Pour nos pays, nous fait vite accourir,
Toujours, toujours avec nouveau plaisir.

---

(1) Inula salicina *L.*—(2) Tragopogon crocifolius *L.*—(3) Inula helenium *L.* — (4) Lonicera etrusca *Sant.* — (5) Allium roseum *L.* — (6) Tulipa oculus solis *St-Am.* — (7) Sous la figure de MM. IRAT et ROUS.

Près de La Roque, aux champs, vers la prairie
Fleurit la Menthe (1) à la cime fleurie (2),
A qui monsieur Timbal a su donner
Le nom d'un vrai botaniste à prôner (3).

A Bordeneuve, en la froide boulbène
Que le soleil réchauffe avec grand peine
A mons Irat (4), l'abbé Rous (5) a montré
Le Buplevrum (6) qu'il avait rencontré.

Lauraët.

A Lauraët voyez donc l'Ail Magique (7)
Qu'à Pradoulin (8) aussi vous contemplez,
C'est un trésor pour notre botanique
Avec sa feuille à bords denticulés.

Bassin de l'Arratz.

Près du moulin d'Aubiet, l'incomparable
Narcisse à fleur brillante et délectable (9)
De son périanthe étale la beauté
A l'œil jaloux du fleuriste enchanté.

En descendant les rives de l'Arratz
Prenez à vingt kilomètres plus bas
La Germandrée (10) au bord de la rivière
Et le Houblon à fabriquer la bière (11).

(1) Mentha nouletiana *Timb.* — (2) Botaniste de Toulouse.—
(3) M. NOULET, auteur de la *Flore du bassin sous-pyrénéen.*
— (4) M. IRAT, l'un des plus zélés botanistes de France, avant
son entrée dans la magistrature. — (5) L'abbé ROUS, curé de
Puycasquier, l'un des plus sagaces et plus patients botanistes
que je connaisse. — (6) Buplevrum tenuissimum *L.* — (7) Allium magicum *St-Am* — (8) Au bas du coteau de Lectoure. —
(9) Narcissus incomparabilis *Mill.*— (10) Teucrium scordium *L.*
— (11) Humulus lupulus *L.*

De Miradoux franchissez le coteau
Et rendez-vous sus les bords de l'Auroue
Vous y verrez implantés dans la boue
La Sagittaire (1) avec le Plantain d'eau (2).

Puis le Nuphar à corolle dorée (3)
Sur l'eau paisible et calme du ruisseau
Pose sa feuille arrondie et cordée
Qui sert d'asile au petit vermisseau.

Gimont.

A Cahuzac, non loin de la chapelle,
Une fois j'ai trouvé le Xanthium (4)
Spinosum, et le Strumarium (5)
Communément se montre aussi près d'elle.

Dans les ravins, pas très loin du château
De La Salle, est une jolie Aunée (6),
Un Potamot dans l'onde du ruisseau (7)
Et dans les prés plus d'une Graminée.

Quand dans le parc de l'antique abbaye
J'herborisai pour la première fois,
L'Orchis Simia (8) se trouva sous mes doigts
Vers le milieu de la verte prairie.

(1) Sagittaria sagittœfolia *L.* — (2) Alisma plantago *L.* —
(3) Nuphar luteum *Sm.* — (4) Xanthium spinosum *L.* — (5) Xanthium strumarium *L.* — (6) Inula salicina *L.* — (7) Potamogeton pusillus *L.* — (8) Orchis simia *L.*

MIRANDE.

Près du château tout voisin de Mirande
Au mois de mai, cueillez, joyeuse bande,
La Renoncule au laid et triste nom (1)
Des scélérats que l'on mène en prison.

Prenez ensuite à gauche, et rendez-vous
A la forêt que l'on nomme Berdoues;
Vous trouverez un bien joli muguet (2)
Avec fleur ronde en forme de godet.

Et sur les bords de la verte Baïse
Si le bonheur un peu vous favorise
Dans vos cartons serrez le Bunium
Orné du nom de Bulbocastanum (3).

En descendant encore un peu plus bas,
Vers les prés secs dirigez donc vos pas,
Vous trouverez un Orchis bel et rare
Qu'un nom bien laid avec raison dépare (4).

Marignan.

A Marignan, non loin des bords de l'Osse,
De Krock la Drave étalera ses fleurs (5),
Quand de l'hiver cesseront les rigueurs,
Et qu'on peut faire une excursion précoce.

(1) Ranunculus sceleratus *L.* — (2) Convallaria maialis *L.* —
(3) Bunium bulbocastanum *L.* — (4) Orchis coriophora *L.*, orchis punaise, à cause de son odeur de punaise. — (5) Draba
Krockeri *Rchb.*

Sur ces coteaux dont le vin nous rappelle
Du Bordelais les suaves liqueurs (1),
Du beau Genêt d'Espagne (2) on voit les fleurs
Parer la terre ainsi que l'Immortelle (3).

Au même temps, en fin de février (4),
Sur les tilleuls un bien petit arbuste (5)
Nous montre encore son feuillage robuste
Et de loin semble un tout petit laurier.

C'est le vrai Gui tant prisé des druides
Que sur le chêne avec leurs serpes d'or
Ils recueillaient comme un riche trésor
Pour s'en servir dans leurs fêtes splendides (7).

Sous la chenée, une plante fort rare
Pour nos pays se cache au fond du bois,
Oui l'Asperule Odorante (8) vous pare,
Bois explorés pour la première fois.

Au quinze juin dans les champs s'étalait
La Brize Verte (9) et la Gesse Nissole (10)
Près des Bromus (11) et de l'Avoine Molle (12).
Sur les terrains que l'argile couvrait.

Tout à côté, vers la fin de l'automne,
Lorsque j'allais chercher des champignons,
A mes regards s'offrirent des Buissons
Ardents (13), beautés de la Flore Gasconne.

---

(1) Allusion à l'excellent vin que M. de Marignan y a obtenu
en plantant les cépages de St-Emilion. — (2) Genista hispanica
L. — (3) Helichrysum stæchas *D C.* — (4) Epoque de la floraison du gui. — (5) Viscum album *L.* — (6) Nous devons dire
toutefois que le gui n'a jamais à notre connaissance été trouvé
sur le chêne. — (8) Asperula odorata *L.*— (9) Briza virens *D C.*
— (10) Lathyrus nissolla *L.* — (11) Bromus erectus *Huds.* —
(12) Avena mollis *Kœl.* — (13) Mespilus pyracantha *L.*

Aux mêmes bois l'élégante Bruyère (1),
L'Ajonc d'automne (2) avec la Verge d'Or (3)
Sous tous nos pas étaleront encor
De nos plaisirs la cohorte dernière.

Miélan.

Et si poussant au-delà de Miélan
Vous descendez au bord de la rivière,
La vraie Ciguë au poison si violent (4)
Vous montrera sa feuille meurtrière.

Barcelonne.

A Barcelonne où l'on trouve le maire
Le plus zélé de tout l'département,
Près du chemin menant en gare d'Aire
Riche butin à coup sûr vous attend.

Dans un terrain qu'un exact géomètre
Ne trouverait que de quelque cent mètres,
On pourra voir en masse réunis
Des Cerastium (5) et des Myosotis (6).

Le Ciste qui fut un Helianthème (7)
Porte sa fleur comme un beau diadème,
L'Astérocarpe (8) et la Spergularia (9),
L'Adénocarpe (10) et la Teesdelia (11).

(1) Erica vagans *L.* — (2) Ulex nanus *Sm.*, autumnalis *Thore*. — (3) Solidago virga aurea *L.* — (4) Œthusa cynapium *L.* — (5) Cerastium pumilum. — (6) Myosotis hispida *Schl.*, versicolor *Pers.* — (7) Cistus alyssoides *Lam.* — (8) Asterocarpus clusii *Gay.* — (9) Spergularia rubra *Pers.* — (10) Adenocarpus parvifolius *D C.* — (11) Teesdelia nudicaulis *R. B.*

Et dans un champ voisin l'on trouve encore
La Gypsophyle à si mignonne fleur (1)
D'un joli rouge étalant la couleur,
Aux lieux que la Corrigiole décore (2).

Dans le canal le Myriophyllum (3)
Fleurit tout à côté de l'Isnardie (4),
Tout près aussi le Ceratophyllum (5)
Montre sa feuille et menue et jolie.

Aux alentours, les fossés d'eaux dormantes
Sont tous couverts de blancs Ranunculus
Tripartitus (6) et Hederaceus (7),
Le Fluitans est dans les eaux courantes (8).

Non loin de là le ruisseau de Moussat
Vous offrira le long de la prairie
La Primevère (9) à la hampe garnie
D'une fleur jaune et rarement grenat (10).

Le Lin.

Au Lin j'ai vu près de l'église antique
Dans un terrain caillouteux et léger
Un petit Lin (11) un Jonc microscopique (12)
Et l'Oxalide auprès du potager (13).

---

(1) Gypsophyla muralis *L.* — (2) Corrigiola littoralis *L.* —
(3) Myriophyllum verticillatum *L.* — (4) Isnardia palustris *L.*—
(5) Ceratophyllum demersum *L.* — (6) Ranunculus tripartitus
D C. — (7) Ranunculus hederaceus *L.* — (8) Ranunculus fluitans *Lam.*— (9) Primula grandiflora *Lam.*— (10) J'en ai trouvé
un pied à fleur rouge grenat. — (11) Radiola linoides *Gmel.* —
(12) Juncus capitatus *Weigg.* — (13) Oxalis corniculata *L.*

Et dans l'étang que l'on a transformé
En champ fertile et fort grasse prairie,
La Potentille (1) avec le Chironie (2)
Contre la fièvre autrefois renommé.

Là, dans la lande, un curé botaniste
M'a montré la brillante et grande fleur
D'un Arnica qu'envierait le fleuriste (3)
Et qui fournit une utile liqueur.

Riscle.

Aux bords aimés du fleuve de l'Adour
On peut toujours revoir avec amour
Un Ononis à bien minces épines (4)
Avec la Canche aux allures si fines (5).

Sur les graviers un beau Chenopodium (6)
Et l'Œnothère à la grande fleur jaune (7),
Et le Lupin (8) dont une espèce donne
Un bon engrais pour chasser l'Oïdium (9).

Tout près du pont, à la grande chaussée
De Riscle, sur les tertres s'est semée
La graine d'un magnifique chardon
Par Saint-Amant dit Macrocephalon (10).

(1) Potentilla anserina *L.*— (2) Chironia centaurium *Swartz*,
vulgairement petite centaurée. — (3) Arnica montana *L.* —
(4) Ononis procurrens *Walr.* — (5) Aira multiculmis *Dumort.*
— (6) Chenopodium botrys *L.* — (7) Œnothera biennis *L.* —
(8) Lupinus reticulatus *Desv.* — (9) Le Lupin cultivé dans les
vignes comme engrais enfoui en vert. — (10) Carduus macrocephalus *St-Am.*

Aire.

Non loin de la gentille ville d'Aire,
Au lieu d'ébats du petit séminaire,
On trouve un bel et charmant Galium
A qui sa fleur vaut nom Purpureum (1).

Le long des murs et en deçà du pont
J'ai pris le bien joli Polycarpon (2),
Et sur la berge auprès de la rivière
Une Capselle (3) avec une épervière (4)

CONDOM.

Malausanne.

A Malausanne, au-dessous du rocher,
Voyez briller l'Adianth' deMontpellier (5).
Il vous invite à saisir au passage
Sur le bassin son aérien feuillage.

Dans le vignoble, au-dessus du bosquet,
Vous trouverez le beau Souci champêtre (6),
Sur l'autre côte à vos yeux va paraître
La Centaurée Solstitiale en bouquet (7).

Le Busca.

Visitez donc du Busca le château,
Près de Caussens, pays de la carotte (8)
Vous trouverez en remontant la côte
Le Lotus (9) non loin d'un vieil ormeau.

(1) Galium purpureum *L.* — (2) Polycarpon tetraphyllum *L.*
— (3) Capsella rubella *Reut.* — (4) Hicracium auricula *L.* —
(5) Adianthum capillum veneris *L.* — (6) Calendula arvensis *L.*
— (7) Centaurea solstitialis *L.* — (8) Caussens est un village où
l'on cultive beaucoup les carottes. — (9) Tétragonolobus siliquosus *Roth.*, lotus *L.*

Eauze.

Auprès d'Eauze on cueille dans la brande
Sous les Tauzins (1) ou bien en rase lande
La modeste et fraîche pinguicula (2)
De Portugal ou Luzitanica.

Tout à côté de la blanche Potentille (3)
Resplendissante, à nos yeux a paru
Et sous l'Ajonc la Violette gentille (4)
Que de son nom le vieux Thore a pourvu (5).

L'Asphodelus (6) dont la grosse racine (7)
Trouve un terrain bien propre à la nourrir
Et de sa touffe à ses pieds vient couvrir
La Scille à hampe et gracieuse et fine (8).

Suivant la route, à l'étang de Hittère
Nous voyons l'eau couvert'de Nymphœa (9),
De beaux Carex (10) avec l'Utriculaire (11),
La Pillulaire (12) et les Marsilœa (13).

On trouve aussi le flexible Roseau (14)
Sous lequel vient plus d'un timide oiseau
Chercher abri, comme sous les Massettes (15)
Dont les enfants vont secouer les têtes (16).

(1) Quercus tozza *Bosc.* — (2) Pingiucula lusitanica *L.* —
(3) Potentilla splendens *Ram.* — (4) Viola lancifolia *Thore.* —
(5) Thore, médecin des armées, natif de Montaut, près d'Auch,
auteur de la *Chloris des Landes.* — (6) Asphodelus albus *L.* —
(7) Racine fasciculée à très grosses divisions. — (8) Scilla umbellata *Ram.* — (9) Nymphæa alba *L.* — (10) Carex pseudo-
cyperus *L* — (11) Utricularia vulgaris *L.* et minor *L.* — (12) Pilularia pilulifera *L.*— (13) Marsilea quadrifolia *L.*— (14) Phragmites communis *Trin.* — (15) Typha latifolia *L.* et angustifolia
L.— (16) Allusion au jeu des enfants qui s'amusent à l'automne
à faire voler les graines plumeuses des massettes en les secouant.

Tout près, avec un ami du vieux temps (1),
J'ai rencontré la petite Orobanche (2)
Des sables, et collés à chaque branche
De beaux Lichens secs (3) ou adoucissants (4).

Barbotan.

A Barbotan, célèbre par son eau,
Comme aussi par la boue où l'on se plonge,
L'Osmonde croît tout le long du ruisseau (5)
Sur un terrain poreux comme une éponge.

Et le Carex qu'on nomme Pulicaire (6)
Y pousse avec la charmante Fougère
Aux gracieux contours frangés et fins
Lui valant un nom des plus féminins (7).

Au grand marais que l'on a desséché
Croît un Genêt à la piquante épine (8),
Et le Mouron à la fleur purpurine (9)
Si petit qu'il semble toujours caché.

Castex.

Près de Castex, dans la plaine féconde
Que le Midour engraisse de son onde,
J'ai recueilli le joli Mibora (10)
Si justement appelé Minima.

(1) Un de mes amis, curé à St-Amans, près d'Eauze.— (2) Phelipæa arenaria *Coss.* et *Germ.* — (3) Usnea florida *Ach.* —
(4) Sticta pulmonacea *Ach.*— (5) Osmunda regalis *L.* — (6) Carex pulicaris *L.* — (7) Polypodium filis femina *L.* — (8) Genista anglica *L.* — (9) Anagallis tenella *L.* — (10) **Mibora minima.**

Tout à côté la Villeuse Herniaire (1),
La Corrigiole (2) avec les deux Bidents (3)
Et les Carex, désespoir des savants (4),
Et la Canche à panicule légère (5).

Estang.

Estang est plein de Scirpes (6) et de Joncs (7),
De Renouée (8) et d'Osmunde fleurie (9),
De Bruyère (10) et des deux piquants Ajoncs (11),
Et de la plante à nom plein d'Ambroisie (12).

LOMBEZ.

A Lombez, lieu fiévreux, humide et bas,
Dans le canal on trouve les Massettes (13),
Les Sparganium (14) et les humbles Doucettes (15)
Dans les champs, presque à travers les frimas.

Au bord des prés on cueille la Cardère (16)
Dont la tige est pour les jeunes enfants
Quand elle est sèche une flèche légère
Qu'ils lanceront contre tous les passants.

---

(1) Herniaria hirsuta *L.* — (2) Corrigiola littoralis *L.* — (3) Bidens tripartita *L.* et cernua *L.* — (4) Carex, toutes les espèces marécageuses. — (5) Aira præcox *L.* — (6) Scirpus palustris *L.*, setaceus *L.*, etc. — (7) Juncus buffonius *L.*, bulbosus *L.*, etc. — (8) Polygonum persicaria *L.*, hydropiper *L.*, minus *Huds.* — (9) Blechnum spicant *Smith.* — (10) Erica cinerea *L.*, ciliaris *L.*, tetralis *L.* — (11) Ulex europæus *L.*, nanus *L.* — (12) Chenopodium ambrosioides *L.* — (13) Typha latifolia *L.* — (14) Sparganium ramosum *L.* — (15) Valerianella olitoria *Poll.*, eriocarpa *Desv.*, dentata *Soye Vill.*, etc. — (16) Dipsacus laciniatus *L.*

Samatan.

Non loin des murs de l'actif Samatan,
Je ne sais où, la belle Cupidone (1)
Cache sa fleur et légère et mignonne
Que l'on voudrait cueillir au moins chaque an.

En revenant de Toulouse, une fois
J'ai vu le long de la route le Ciste (2)
Qu'abondamment un zélé botaniste (3)
Sans le chercher a trouvé dans les bois.

Lahas.

Au vieux Lahas un jour par aventure
Je cueillis sur le sommet du coteau
Vers la pelouse à la riche verdure
Le Sisymbrium au feuillage si beau (4).

Saint-André.

A Saint-André dans la terre légère
Qu'arrose un lent et paisible ruisseau
Qu'on peut, l'été, nommer fleuve sans eau,
Croît une Gesse à feuille bien entière (5).

Sarcos.

En compagnie du cher Henri Bécanne
Près de Sarcos j'ai trouvé la Bardanne (6),
Et dans la cour à travers le caillou
La Salicaire (7) et la fleur de Coucou (8).

---

(1) Catananche cærulea *L.* — (2) Cistus salviæfolius *L.* —
(3) Sisymbrium sophia *L* — (4) M. Boutigny, déjà cité. — (5) Lathyrus nissolia *L.* — (6) Lappa major *Gaërtn.* — (7) Lythrum
hissopifolium *L.* — (8) Lychnis floscuculli *L.*

Et dans la friche au nord de la maison
Sous la bruyère une belle Gentiane (1)
Montre sa fleur à l'arrière-saison,
Comme au printemps on voit la Valériane (2).

Au bord des champs et non loin de l'église,
Dont le curé possède un beau jardin,
Un Trifolium (3) que je cherchais en vain
Depuis longtemps m'a fait une surprise.

Saramon.

Dans la forêt dite de Saramon
Le fin Muguet à si fraîche corolle (4)
En grelot et la Scabieuse au nom
Que l'on ne dit qu'en mauvaise parole (5).

Sémésies.

Sur les coteaux désolés de la Lauze,
A travers les horribles Genista (6),
L'abbé Du Pont un beau jour me porta
Un gros paquet de lavande à fleur clause (7).

(1) Gentiana pneumonanthe *L.* — (2) Valeriana officinalis *L.*
— (3) Trifolium elegans *Savi.* — (4) Convallaria maialis *L.* —
(5) Scabieuse mors du diable, scabiosa succisa *L.* — (6) Genista
horrida *D C.* — (7) Lavandula latifolia *Vill.*

PLANTES USUELLES

DANS LA

MÉDECINE DOMESTIQUE(1)

Plantes Pectorales et Bechiques (2).

PAVOT COQUELICOT (pétales). — VIOLETTE ODORANTE (fleurs). — MOLÈNE BOUILLON BLANC (fleurs). — GUIMAUVE OFFICINALE (fleurs. On emploie aussi la racine).

Les quatre réunies et mêlées forment ce qu'on appelle les quatre fleurs.

BOURRACHE OFFICINALE (feuilles et fleurs). — PEUPLIER NOIR (bourgeons).— BOURRACHE OFFICINALE (feuilles èt fleurs). — GLÉCHOME LIERRE TERRESTRE (feuilles et fleurs). — DORADILLE POLYTRIC et ADIANTHE CAPILLAIRE (toute la plante). Ces deux espèces connues sous le nom de *Capillaire.* — RAISINS SECS.

Toutes ces plantes sont employées en infusions ou en tisanes.

Plantes adoucissantes et émollientes.

LIN USUEL (graines employées en tisane et moulue en cataplasmes). — MAUVE SAUVAGE (feuilles en

---

(1) Les parties de la plante employées sont mises entre deux parenthèses à la suite du nom de la plante.
(2) Employées contre la toux.

cataplasmes et lavements). — Mercuriale annuelle (toute la plante, idem.).

Lierre grimpant. — Bette commune. — Chou des potagers (feuilles employées pour adoucir les vésicatoires).

Plantes rafraîchissantes.

Vigne vinifère (fruits, on doit choisir les espèces aqueuses et sucrées par exemple les chasselas). — Groseillier commun (fruits employés frais ou en sirop). Cerisier commun (fruits, ceux qui sont tendres, sucrés et légèrement acidulés). — Froment rampant, et F. des chiens (les rhizômes vulgairement racines). Ces deux plantes sont connues sous le nom de *Chiendent*.

Plantes cordiales et légèrement excitantes.

Œillet giroflée (pétales en infusion, en sirop ou en ratafia). — Thym serpollet (toute la plante). — Aneth fenouil, Carotte commune, angélique Archangélique (graines infusées dans de l'eau-de-vie de vin et en ratafia). — Noyer royal (noix vertes infusées dans l'eau-de-vie et en ratafia).

Plantes amères et apéritives (1).

Chicorée sauvage et Pissenlit officinal (feuilles mangées en salade ou bien employées en tisane).

Plantes amères, aromatiques et toniques.

Véronique officinale, V. de montagne, V. Teucriette, V. petit chêne (sommités des plantes en

_____

(1) Propres à dégager et exciter les voies digestives.

infusion). Ces plantes séchées, surtout les deux premières, sont connues sous le nom de *Thé de Suisse.*

Plantes légérement excitantes et digestives.

MENTHE POIVRÉE, MENTHE ODORANTE (feuilles en infusion).

Plantes dépuratives.

MORELLE DOUCE-AMÈRE (tiges sarmenteuses), l'un des meilleurs dépuratifs qui existent.

Il faut bien prendre garde quand on la cueille de la confondre avec la *Clématite vigne blanche* dont les tiges lui ressemblent et qui sont très âcres et vénéneuses. Pour ne pas confondre ne cueillir que lorsque la plante est en fleurs ou en fruits. La confusion devient alors impossible.

Plantes soporifiques et calmantes.

LAITUE cultivée (feuilles cuites ou bien en tisane).

Plantes sudorifiques et calmantes.

TILLEUL D'EUROPE et SUREAU NOIR (fleurs en infusion).

Plantes contre les vers intestinaux.

ARMOISE ABSYNTHE. — CHÉNOPODE AMBROSIOÏDE. — SPIRÉE ULMAIRE (feuilles et sommités). — POLYPODE FOUGÈRE MALE (racines). — GRENADIER COMMUN (écorce). Ces deux dernières en tisane, très recommandées contre le tœnia ou ver solitaire.

Plantes antiscorbutique.

CRESSON OFFICINAL. — VÉRONIQUE CRESSONNÉE. — CARDAMINE DES PRÉS. — CARDAMINE HÉRISSÉE. — PASSE-RAGE A LARGES FEUILLES (feuilles mangées crues en salade, ou bien jus exprimé).

Plantes anti-fiévreuses.

ERYTHRÉE PETITE CENTAURÉE (sommités fleuries employées en tisane) vulgairement QUINA DU PAUVRE. — CENTAURÉE CHAUSSE-TRAPE (fleurs bouillies dans du vin blanc).— SAULE BLANC (écorce prise sur les jeunes rameaux, séchée, pulvérisée et en tisane).

Plantes anti-goutteuses et anti-rhumatismales.

FRÊNE ÉLEVÉ (feuilles en infusion) — AIL CULTIVÉ (gousses avalées comme des pillules ou bien en huile d'ail, très lénitive dans les douleurs de goutte (1).

Plantes céphaliques (2).

VALÉRIANE OFFICINALE (racine en infusion, sirop ou teinture). — TILLEUL D'EUROPE (fleurs en infusion). — LAVANDE OFFICINALE (sommités en infusion).

Plantes astringentes.

RONCE FRUTESCENTE (feuilles et jeunes pousses). — AIRELLE MYRTILLE (fruits). — CHÊNE ROUVRE (écorce pulvérisée).

(1) S'adresser pour indications à M. Jules d'Abbadie, maire de Barcelonne, canton de Riscle (Gers).
(2) Contre les migraines.

Plantes vulnéraires.

ACHILLÉE MILLEFEUILLES (feuilles écrasées et appliquées). — SCABIEUSE MORS DU DIABLE (feuilles et racine). — HYPÉRIC PERFOLIÉ (fleurs infusées pendant longtemps dans l'huile d'olives). — ARNICA DE MONTAGNE (fleurs et feuilles en infusion, et en teinture, dans les contusions).

Plantes contre l'hydropisie.

COQUERET D'ALKÉKENGE (baies). — SPIRÉE ULMAIRE (feuilles en infusion). — IRIS D'ALLEMAGNE (rhizôme).

Plantes pour les brûlures.

LIERRE RAMPANT (feuilles appliquées). — HYPÉRIC PERFOLIÉ (huile comme elle a été indiquée plus haut).

Plantes pour synapismes.

MOUTARDE NOIRE (graines moulues ou pilées). — AIL CULTIVÉ (oignons broyés).

Plantes contre les cors aux pieds.

ORPIN HERBE DE NOTRE-DAME. — JOUBARBE DES TOITS (feuilles macérées dans le vinaigre et appliquées sur les cors).

Plantes vénéneuses.

ŒTHUSE PETITE CIGUË. Je ne cite que cette plante parce que, seule, parmi les plantes vénéneuses, elle peut occasionner des accidents à cause de la ressemblance de ses feuilles avec le *Persil* et le *Cerfeuil*, mais elle se distingue du *Persil* par ses fleurs blanches, tandis qu'elles sont jaunes dans ce dernier. Il est facile de la distinguer du *Cerfeuil* à son odeur.

PLANTES UTILES EN AGRICULTURE.

Les plantes utiles en agriculture qui croissent spontanément dans le pays sont exclusivement les plantes des prairies. Nous allons donc nous contenter d'indiquer celles qui doivent entrer dans la composition des meilleures prairies dans nos contrées. Elles appartiennent presque toutes à un petit nombre de familles. Ce sont :

Parmi les PAPILIONACÉES, les Sainfoin cultivé. — Trèfle incarnat des prés, agraire, couché, rampant. — Luzerne cultivée, maculée, denticulée, apiculée. — Lupuline dorée. — Lotier corniculé. — Gesse des prés. — Vesce cultivée, des haies, multiflore, variée. — Ers tétrasperme et hérissé.

Parmi les ROSACÉES, les Pimprenelle muriquée et sanguisorbe.

Parmi les RUBIACÉES, les Gaillet vrai, blanc et élevé.

Parmi les COMPOSÉES, la Chicorée sauvage.

Parmi les GRAMINÉES, les Phléole des prés. — Alopecure des prés, agreste et géniculé. — Flouve odorante. — Avoine jaunâtre et pubescente. — Arrhénatère élevé. — Houque laineuse et molle. — Paturin des prés. — Brize moyenne. — Dactyle aggloméré. — Cynosure à crêtes. — Fétuque des prés. — Brôme des champs et mou. — Orge sécalin. — Froment des chiens et rampant. — Ivraie vivace (Ray-Grass.)

PLANTES NUISIBLES EN AGRICULTURE.

1º Dans les champs en culture.

PAPAVERACÉES. Pavot coquelicot (nuisible aux blés).

CRUCIFÈRES. Ravenelle des champs (idem).

RUBIACÉES. Gaillet grateron (idem).

Composées Pterotèque de Nîmes (nuisible aux champs de luzerne ou de sainfoin). — Centaurée solstitiale. — Cirse des champs (vulgairement *Chardons*).

CONVOLVULACÉES. Liseron des champs (nuisibles à toutes les plantes annuelles, autour de la tige desquelles elle s'enroule en les serrant).

CUSCULÉES. Les diverses espèces de Cuscutes infestent les prairies artificielles et même quelquefois les prairies naturelles.

OROBANCHÉES. Phélipée rameuse, infeste les champs de chanvre. — Orobanche mineure, infeste les champs de trèfle.

LABIÉES. Menthe à feuilles rondes et pouliot, infestent les champs et les prairies humides.

POLYGONÉES. Renouée liseron, infeste les champs.— Renouée persicaire, les champs humides.

LILIACÉES. Tulipes, les diverses espèces, infestent les champs où elles pullulent.

GRAMINÉES. Le Froment rampant et des chiens (*Chiendent*), infeste souvent les champs et surtout les vignes.

2º Dans les prairies.

RENONCULACÉES (Toutes).

PAPILIONACÉES. Genet des teinturiers, Bugrane arrête bœuf et champêtre.

LYTHRARIÉES. Salicaire commune.

OMBELLIFÈRES. Ciguë maculée, Boucage élevée, Œnanthe pimprenelle. — Carotte sauvage. — Berce branc-ursine. — Silaüs des près. — Panicaut champêtre.

DIPSACÉES. Cardère sauvage et laciniée. — Scabieuse mors du diable.

COMPOSÉES. Paquerette vivace. — Leucanthème commun. — Aunée dissentirique et pulicaire. — Centaurée chausse-trape, noire et Jacée.

SCROPHULARINÉES. Les Rhinantes infestent les prairies sèches.

EUPHORBIACÉES. Euphorbe platyphylle, infeste les foins.

JONCÉE. Jonc diffus, infeste les prairies humides.

CYPÉRACÉES. Tous les Carex font un foin aigre et grossier.

PLANTES INDUSTRIELLES.

Plantes tannantes.

Chêne rouvre, pédonculé et Tozzin (l'écorce séchée et pilée). — Corroyère à feuilles de myrthe (les feuilles).

Plantes tinctoriales.

Réséda jaunâtre, vulgairement Gaude. (Toute la plante fournit une bonne couleur jaune). — Patience crépue, à feuilles obtuses, panduriforme (racines fournissant une bonne couleur jaune). — GARANCE étrangère (racines donnant une assez belle couleur rouge). — NOYER royal (feuilles bouillies donnent une couleur propre à teindre les bois blancs en couleur de noyer).

PLANTES ÉCONOMIQUES.

ORTIE dioïque et brûlante (servant après cuisson ou même simplement hachée à nourrir les jeunes dindons et à les préserver, dit-on, des maladies auxquelles ils sont sujets dans le jeune âge).

MASSETTE à larges feuilles, RUBANIER rameux et LAICHE géante (feuilles servant à pailler les chaises et autres siéges garnis de paille tordue).

SCIRPE globuleux (tiges servant à couvrir les bondes des .barriques pour empêcher le vin de s'échapper.

FUSAIN d'Europe (le bois carbonisé hors du contact de l'air servant à faire les fusains pour le dessin.)

PLANTES RARES OU MÉRIDIONALES

à cueillir autour des principales stations dès chemins de fer du Midi dans le Gers.

LECTOURE.

Helleborus fœtidus. — Adonis flammea. — Nigella hispanica.— Delphinium pubescens. — Glaucum luteum. —· Fumaria Vaillantii. — Diplotaxis viminea et Erucoïdes. — Sinapis alba. — Barbarea prostrata. — Cistus laurifolius. — Dianthus caryophyllus. — Arenaria trinervia. — Cerastium obscurum. — Erodium malacoïdes. — Acer Monspessulanum. — Rhus coriaria. — Trifolium lappaceum. — Medicago lappacea, apiculata, denticulata Vicia lathyroides. — Momordica elatherium. — Anethum fœniculum. — Ammi glaucifolium et visnaga. — Centranthus ruber. — Echinops spherocephalus.— Centaurea solsticialis. — Carduus Marianus. — Prismatocarpus hybridus. —· Jasminum fruticans. — Lycium barbarum. — Physalis alkekengi. — Veronica didyma.— Phelipea ramosa.— Orobanche hederæ. — Mentha odorata.— Galeobdolon luteum. — Stachys alpina.— Salvia aprica et horminioides. — Chenopodium hybridum, rubrum.— Allium roseum, magicum. — Tulipa præcox. — Gagea arvensis. — Ornithogallum pyrenaicum. — Phalaris brachystachys. — Avena Ludoviciana, barbata. —

Eragrostis megastachia. — Adianthum capillus Veneris.

FLEURANCE.

Silene annulata. — Malva niciensis. — Psoralea bituminosa. — Erigeron graveolens. — Galactites tomentosa. — Symphytum tuberosum. — Bartsia viscosa. — Passerina annua. — Scilla lilio-hyacinthus. — Serapias Rousii. — Echinaria capitala.

SAINTE-CHRISTIE.

Althœa hirsuta. — Medicago orbicularis.— Rhagadiolus stellatus. — Buphthalmum spinosum. — Tussilago fragrans.— Cynoglossum pictum.— Orobanche Eryngii.— Mentha Nouletiana.— Origanum vulgare. — Aristolochia rotunda. — Tulipa oculus solis. — Muscari neglectum.

AUCH.

Ranunculus parviflorus, villosus. — Helleborus viridis. — Nigella Damascena. — Isopirum Thalictroides. — Diplotaxis muralis. — Arabis hirsuta myagrum rugosum. — Iberis pinnata. — Polygala depressa. — Silène muscipula. — Linum strictum. — Lotus angustissimus. — Caucalis grandiflora. — Daucoïdes, latifolia. — Ammi majus. — Silaus pratensis. — Lonicera Etrusca. — Crucianella angustifolia. — Dipsacus laciniatus. — Tragopogon Crocifolius.— Centaurea amara. — Carduncellus mitissimus. — Cynara cardunculus. — Leuzea conifera. — Cicindia pusilla. — Convolvulus Cantabrica. — Echium pyrenaicum.— Anchusa italica. — Melampyrum cristatum. — Orobanche Ulicis, Carotæ. —

Teucrium montanum. — Brunella grandiflora. —
Satureia hortensis. — Cyclamen Neapolitanum. —
Mercurialis perennis. -- Aphyllanthes Monspeliensis. — Gladiolus communis. — Narcissus incomparabilis. — Epipactis grandiflora, ensifolia. — Carex
gynobasis. — Gastridium lendigerum. — Avena
sterilis. — Œgylops ovata. •

MIRANDE.

Cardamine impatiens. — Lepidium latifolium. —
Trifolium elegans. — Dorychnium suffruticosum et
hirsutum. — Podospermum laciniatum. — Xeranthemum cylindraceum. — Teucrium botrys. — Lavandula latifolia. — Globularia vulgaris. — Chenopodium.— Ambrosioïdes.— Convallaria maialis.—
Gladiolus segetum. — Orchis laxiflora. — Coriophora. — Serapias lancifera. — Brachypodium
distachion.

LAAS.

Draba Krocheri. — Hippocrepis comosa. — Trifolium angustifolium. — Asperula odorata. — Andryala sinuata.— Centaurea Debeauxii. — Clandestina rectiflora. — Stachys annua. — Orchis pyramidalis. — Ophrys lutea, fusca. — Serapias lingua.

MIÉLAN.

Œthusa cynapium. — Galeopsis tetrahit.

RISCLE.
(ENTRE RISCLE ET AIRE).

Nymphœa alba. — Teesdelia nudicaulis. — Ile-
liomthemum alyssoïdes. — Viola lancifolia.— Gyp-

sophyla muralis. — Mœnchia erecta. — Cerastium pumilum, arvense. — Spergula Morissonii Radiola linoïdes. — Malva alcea. — Erodium moschatum. — Lotus hispidus. — Adenocarpus complicatus. — Lupinus reticulatus. — Potentilla splendens. — Corrigiola littoralis. — Galium purpureum. — Scabiosa pyrenaica. — Arnica montana. — Carduus macrocephalus. — Lobelia urens. — Erica tetralix, ciliaris, vagans, Cinerea. — Cicindia filiformis. — Veronica persica. — Pinguicula lusitanica. — Primula grandiflora. — Chenopodium Botrys. — Quercus tozza, occidentalis. — Scilla umbellata. — Juncus capitatus. — Cyperus flavescens. — Scirpus acicularis et palustris. — Mybora minima. — Eragrostis pilosa.

LISTE

DES PRINCIPAUX AUTEURS CITÉS

ET DE LEURS OUVRAGES.

Adans.   *Adanson,* Fam. des Plantes, 2 v. in-8. 1763.

Aghard. Novitiæ Floræ Sueciæ, in-8. 1836.

Ait.   *Aiton,* Hortus Kewensis, 3 v. in-8. 1789, 5 v. 1813.

All.   *Allioni,* Flora Pedemontana, 3 v. in-fol. 1785.
Auctuarium ad Floram Pedemontanam, 1 v. in-4. 1789.

Andrz. *Andrzeiowsky,* in *D. C.* syst. regn. veg.

Babingt. *Babington,* Manual of Britich Botany, in-8. 1843.

Bartl.   *Bartling,* Ordines naturales planturum, etc., in-8. 1830.

Balb.   *Balbis,* Miscellanea botanica in-4. 1804.

Bast.   *Bastard,* Flore de Maine-et-Loire, in-12. 1809.

Bauh.   *Bauhin,* Universalis plantarum historia, 3. vol. in-fol., 1650.

Beauv. *Palisssot de Beauvois,* Essai d'une nouvelle Agrostographie, in-8. ou in-4. 1812.

Bell.   *Bellardi,* Appendix ad Floram Pedemontanam, iu-4. 1792.

Bess.   *Besser*, Primitiæ Floræ Galiciæ, 2 vol. in-12. 1808.

Benth.   *Bentham*, Catalogue des plantes indigènes des Pyrénées, etc., in-8. 1826.

Bert.   *Bertholoni*, Amænitates Italicæ, in-4. 1819.

Blum.   *Blume*, Cat. hort. Buitenzorg, in-8. 1823.

Boiss.   *Boissieu*, Flore d'Europe, 3 vol. in-8. 1805-1807.

Bor.   *Boreau*, Flore du centre de la France, 2 vol. in-8.

Brot.   *Brotero*, Flora Lusitanica, 2 vol. in-8. 1804.

R.Brown. Prodomus Floræ novæ hollandiæ, in-8. 1810.

Cass.   *Cassini*, articles insérés dans le Dictionnaire des Sciences naturelles, et le Bulletin de la Société philomàtique.

Cav.   *Cavanilles*, Monadelphiæ classis dissertationes decem., 1785-1789.

Chaix.   Dans la Flore du Dauphiné de Villars.

Chaub.   *Chaubard*, dans la Flore Agenaise.

Coss. et *Germ. Cosson, Germain* et *Weddel*, Introduction à la Flore des environs de Paris, in-8. 1840.

Flore des environs de Paris, 2 part., in-18. 1845.

Coult.   *Coulter*, Mémoire sur les Dipsacées, in-4. 1823.

Crantz,   Stirpium, Austriacarum fasc. 1-6 in-4. 1769.

Curt.   *Curtis*, Flora Londinensis, 2 vol. in-fol. 1777.

Miscellanea, in botanical magazine.

D. C. et *A. D. C.*	*De Candolle* et de *Lamark,* Flore Française, 6 v. in-8. 1805-1815 Prodromus regni vegetabilis, 16 vol. in-8. 1824-1866.
Delarb.	*Delarbre,* Flore d'Auvergne, in-8. 1795.
Desf.	*Desfontaines,* Flora Atlantica, 2 v. in-4· 1798-1799.
Desm.	*Desmoulins,* Catalogue raisonné des plantes de la Dordogne, 2 part., in-8. 1840-1846.
Desp.	*Desportes,* Notes inédites sur les plantes des environs du Mans, in D. C. Flore Française.
Desv.	*Desveaux,* Journal de Botanique, Flore de l'Anjou, in-8. 1827.
Dill.	*Dillennius,* hortus Elthamensis, 2 vol. in-fol. 1732.
Don.	*Donovan,* The botanical Review, in-8. 1790.
Dub.	*Duby,* Botanicon Gallicum, 2 part. in-8. 1828-1830.
Duf.	*Dufour* in Actes de la Société Linnéenne de Bordeaux.
Dun.	*Dunal* in *De Candolle,* Prodromus, etc.
Dur.	*Durieu de Maisonneuve,* in Catalogue des phanerogames de la Dordogne, par Charles Des Moulins, in-8. 1849-1858.
Ehrh.	*Ehrhard,* Beitrage zur Nasurkunde, 6 vol. in-8. 1787-1792.
Endl.	*Endlicher,* Genera Plantarum, in-4. 1836-1840.
Fries.	Novitiæ Floræ Suecicæ, 2e éd. in-8. 1828.
Gaërln.	*Gaertner,* De Fructibus et Seminibus plantarum, 2 vol. in-4. 1788-1791.

Gaud.   *Gaudin,* Agrostographia Helvetica, 2 vol·
in-8. 1811.

Flora Helvetica, 7 vol. in-8. 1828-1833.

Gilib.   *Gilibert,* Synopsis plantarum horti lugdu-
nensis, in-8. 1810.

Gmel.   *Gmelin,* Systema naturæ, in-8. 1789-1791.

Good.   *Goodenough,* in Transactions of the Lin-
næan Society.

Gouan.   Hortus regius Monspeliensis in-8. 1762.

Gray.   A natural arrangement of British plantes,
2 vol. in-8. 1821.

Gren. et Codr. *Grenier* et *Godron,* Flore de France,
3 vol. in-8. 1855-1856.

Griseb.   *Grisebach,* Genera et species Gentianea-
rum, in-8. 1839.

Guss.   *Gussone,* Floræ siculæ Prodromus, 2 vol.
in-8. 1827-1828.

Floræ siculæ synopsis, 2 vol. in-8. 1842-
1844.

Hall.   *Haller,* Historia specierum indigenarum
Helvetiæ, 3 vol. in-fol. 1768.

Hoffm.   *Hoffmann,* Deutchlands Flora, 4 v. in-12.
1791-1804.

Hopp.   *Hoppe,* Botanische Taschenbuch, in-12.
1791.

Hornem. *Horneman,* Hortus Hafniensis, in-8.1813.

Huds.   *Hudson,* Flora Anglica, in-8. 1778.

Jacq.   *Jacquin.* Observationes botanicæ, in-fol.
1764-1771.

Floræ Austiacæ icones, 5 vol. in-fol.
1773-1778.

Miscellanea Austriaca ad Botanicam spectantia, 2 vol. in-4. 1778-1781.

Collectanea ad Botanicam spectantia, 5
vol. in-4. 1786-1796.

Juss.	*Jussieu,* Genera plantarum, in-8. 1789.
Kock,	Sinopsis Floræ Germanicæ, 2ᵉ édit. 3 part. in-8. 1844-1845.
Kœl.	*Kœler,* Descriptio graminum in Germania et Gallia sponte nascentium, in-8. 1802.
Kunth,	Nova genera et species plantarum, 7 vol. in-fol. 1815-1825.
	Agrostographia synoptica, 2 vol. in-fol. 1833-1835.
	Flora Berolinensis, 2 vol. in-12. 1838.
	Enumeratio plantarum omnium, hucusque cognitarum, secundum familias naturales disposita, 4 vol. in-8. 1833-1843.
Lag.	*Lagascà,* Catalogus horti Madritensis.
Lam.	*De Lamark,* Flore Française, 3 vol. in-8. 1ʳᵉ édit. 1778, 2ᵉ édit. 1793.
	Encyclopédie méthodique, partie Botanique, in-4.
Leers,	Flora Herbornensis, in-8. 1789.
Less.	*Lessing,* de Generibús Cynarocephalarum, in-8. 1832.
Lév.	*Léveillé,* Miscellanea, in Annales des Sciences naturelles.
L'Hérit.	*L'Héritier,* Sertum Anglicum, in-fol. 1788.
	Stirpes novæ et minus cognitæ, in-fol. 1784-1785.
L.	*Linné,* Florula Laponica, deux part., in-4. 1ʳᵉ en 1732, 2ᵉ 1734, dans les *Acta Upsaliensia.*
	C'est le premier ouvrage de Linné qui ait été publié.
	Genera plantarum, in-8. 1737.

Flora Suecica. 1re édit. 1745, 2e édit. 1755.

Systema naturæ, 3 vol. in-8. 12 éd. 1760-1770.

Mantissa, in-8. 1767. Mantissa altera, in-8. 1771.

Lois.   *Loiselleur-Deslongschamps* et *Marquis,* Flora Gallica, 1re édit., 2 part. in-12. 1806-1807. 2e édit. 2 vol. in-8. 1828.

Lindl.   *Lindley,* A. Synopsis of the Britisch Flora in-18. 2^c édition. 1835, 3e édit. 1841.

Link,   Enumeratio plantarum horti Berolinensis, 2 vol. in-8. 1821-1822.

Mœnch,   Methodus plantas horti Botanici describendi, in-8. 1794.

Mey.   *Meyer,* Chloris Hannoverana, in-8. 1836.

Mill.   *Miller,* Gardiner's dictionnary, in-fol. 1731.

Micheli,   Nova plantarum genera, etc.

Moerh.   *Moerhing,* Ephémérides, etc.

Murr.   *Murray,* Caroli a Linne systema Vegetabilium, édit. xiv, in-8. 1784.

Neck.   *Necker,* Deliciæ Gallo-Belgicæ, seu tractatus generalis plantarum Gallo-Belgicarum, 2 vol. in-8. 1768.

Noul.   *Noulet,* Flore du bassin sous-Pyrénéen, in-8. 1837.

Noul.   *Noulet,* Flore de Toulouse, 2e édition, in-12. 1861.

Supplément, in-8. 1846.

Nutt.   *Nuttal,* the genera of North American plants, 2 vol. in-8. 1818.

Pers.   *Persoon,* Synopsis plantarum seu Enchiridion botanicum, 2 vol. in-18. 1805-1807.

Poir.   *Poiret,* Encyclopédie méthodique, suite de la partie Botanique, 4 vol. in-4. 1804-1808.

Poit. et *Turp.* *Poiteau* et *Turpin,* Flora Parisiensis, in-fol. 1808.

Poll.   *Pollich,* Historia plantarum in Palatinatu nascentium, 3 vol. in-8. 1776-1777.

Pourr.   *Pourret,* Chloris Narbonensis, in mémoires de l'Académie des sciences de Toulouse.

Presl,   Flora sicula, in-8. 1826.

Ram.   *Ramond.* Observations sur les Plantes des Pyrénées, dans la Flore Française de De Candolle.

Rhbc.   *Reichembach,* Iconographia botanica, seu plantæ criticæ, in-4, cent. 1-10, 1823-1832.
            Flora Germanica excursoria, 2 vol. in-18. 1830-1832.

Red.   *Redouté.* Les Liliacées, 8 vol. in-fol. 1802-1816.

Retz.   *Retzius,* Observationes botanicæ, 6 fasc. in-fol. 1779, 1791.

Rich.   *Richard,* De Orchideis Europœis adnotationes, in-4. 1817.

Rich.   *Ach. Richard,* Eléments de Botanique, in-8.

Roth,   Tentamen Floræ Germanicæ, 3 vol. in-8. 1788-1801.

Salisb.   *Salisbury,* Miscellanea, in, Transactions of the Linnœan society.

St-Am.   *St-Amans,* Flore Agenaise, in-8. 1821. Notice sur les Plantes rares ou peu connues du département du Lot-et-Garonne, extr. du Bull. de la Soc. d'Agriculture d'Agen, an XIII.

St-Hil. *St-Hilaire*, mémoire sur la nouvelle famille des *Paranychiées*, in-4. 1816.

Salisb. *Satisburg,* The gesseric characters, in the English Botany collated with those of Linné. in-8. 1906.

Santi, Viaggio al Montamiata, etc., 3 vol. in-8. 1795-1806.

Savi, Flora Pisana, 2 vol. in-8. 1798.

Botanicum Etruscum, 2 vol. in-8. 1808-1815.

Observationes in varias Trifoliorum species, in-8. 1810.

Schlecht. *Schlechtendal,* Flora Berolinensis, 2 vol. in-8. 1823-1824.

Schmidt, Flora Bohemic inchoata, in-fol. 1793-1794.

Schrad. *Schrader,* Monographia generis Verbasci, in-4. 1813-1823.

Schrank, Flora Baierschensis 2 vol. in-8. 1789.

Schreb. *Schreber*, Spicilegium Floræ Lipsiæ in-8. 1771.

Schult. *Schultes* et *Roemer*, Systema vegetabilium, 10 vol. in-8., y compris les Mantissæ, 1817 à 1830.

Schultz, archives de la Flore de France et d'Allemagne, 1841-1865.

Scop. *Scopoli*, Flora Carniolica, 2 vol. in-8. 1772.

Sibt. *Sibthorp* Flora Oxoniensis, in-8. 1794.

Sibthorp et *Smith*, Floræ Græcæ prodromus, 2 vol. in-8. 1806-1816.

Sond. *Sonder,* révision Derhelcophileen, in-4. 1846.   19

Smith,   Flora Britannica, 2 vol. in-8. 1800-1804.

Soland.   Solander, Miscellanea.

Sole.   Menthæ Britannicæ, in-fol. 1798.

Soy-Vill. Soyer-Willemet, Observations sur quelques Plantes de France, suivies du Catalogue des Plantes vasculaires des environs de Nancy. in-8. 1828.

Spach,   histoire naturelle des végétaux phanérogames, 1834-1848, 14 vol. in-8.

Spreng. Sprengel, Caroli Dinnei systema vegetabilium, édit. xvi, in-8, 1825-1828.

Sutt.   Sutton, Miscellanea, in, Transactions of
the Linnean Society,

Sw.   Swartz, Synopsis. Filicum in-8. 1806.

Ten   Tenore, Prodromus Floræ Neapolitanæ,
in-8. 1811-1813.
Flora Neapolitana, 5 vol. in-fol. 1811-
1836.
Sylloge plantarum vascularium Floræ
Neapolitanæ, in-8. 1831.

Th.   Thore, Chloris des Landes, in-12. an xi,
1803.

Thuil. Thuillier, Flore des environs de Paris,
1re édit. in-12. 1790, 2e édit. in-8. 1799.

Timb. Timbal-Lagrave, sur les espèces variétés
et hybrides de la société botanique de
France, 1860.

Tourn. Tournefort (Pitton de), Institutiones rei
herbariæ, 3 vol. in-4. 1717-1719.

Trin.   Trinius, Fundamenta Agrostographiæ,
in-8. 1820.
Symbolæ Botanicæ, 3 fasc. in-fol. 1790-
1794.

Vahl,   Enumeratio Plantarum, 2 vol. in-8. 1805-
1806.

Vail.   *Vaillant,* Botanicon Parisiense, in-fol. 1726.

Vauch.   *Vaucher,* Monographie des Orobanches, in-4. 1827.

Vent.   *Ventenat,* Tableau du Règne Végétal, 4 vol. in-8. An VII. 1799.

Vill.   *Villars,* Histoire des Plantes du Dauphiné, 3 vol. in-8. 1786.

Viv.   *Viviani,* Floræ Italicæ fragmenta, in-4. 1808.

Wahl.   *Wahlemberg,* Flora Carpathorum, in-8. 1814.

Flora Upsaliensis, in-8. 1820.

Flora Suecica, in-8. 1824-1826.

Wall.   *Walroth,* Annus Botanicus, in-12. 1815.

F. Walroth, Schedulæ criticæ de Plantis Floræ Halensis, in-8. 1822.

Weig.   *Weigel,* Observationes botanicæ, in-4. 1772.

Wend.   *Wendland,* collection plantarum tam exoticarum quam iudigenarum cum delineatione, descriptione cultura que earum, 3 vol. in-4. 1808-1819.

Wib.   *Wibel,* primitive Floræ Werthemensis, in-8. 1799.

Wig.   *Wiggers,* Primitiæ Floræ Hosaticæ, in-8. 1780.

Willd.   *Willdenow,* Linnæi species Plantarum, 5 vol. in-8. 1817-1818.

Enumeratio Plantarum horti Berolinensis, in-8, 1809.

Wimm.   *Wimmer,* Flora von Schlesien, etc., in-12. 1840.

With.   *Withering,* Miscellaneus Tracts, 2 vol. in-8. 1822.

DICTIONNAIRE

DES TERMES DE BOTANIQUE

EMPLOYÉS DANS LA FLORULE.

A, expression privative, apétale sans pétales aphylle sans feuilles, etc.

Akène, fruit sec, indéhiscent à une seule graine libre.

Aigrette, espèce de plumet qui surmonte d'ordinaire les graines de certaines plantes. Ex. la fam. des COMPOSÉES.

Aile voyez *papilionacé.*

Ailé, se dit d'une tige sur laquelle le limbe de la feuille se prolonge d'une manière continue sur toute la longueur.

Alterne, se dit surtout des feuilles, qui, étant opposées sur la tige, sont alternativement plus hautes d'un côté que de l'autre.

Alvéolé, à impressions profondes, régulières et polygonales, semblables aux alvéoles d'une ruche d'abeille.

Amplexicaule, embrassant la tige.

Androgyns (épis), composés de fl. mâles et femelles.

Anthère, partie supérieure et renflée de l'étamine qui renferme le pollen dans ses loges.

Apétale, sans pétales.

Aranéeux, munis de filaments semblables à ceux d'une toile d'araignée.

Aristée, muni d'une arête.

Axillaire, placé à l'aisselle d'un organe. Ex. fl. axill.,
  fl. placée à l'aisselle d'une feuille.

Bacciforme, en forme de baie.

Baie, fruit mou dans sa maturité, renfermant une
  ou plusieurs graines. Ex. les· *groseilles.*

Bractée, feuille ordinairement d'une forme diffé-
  rente des autres, placée immédiatement sous la
  fleur.

Bractéole, petite bractée.

Bulbe, ognon.

Bulbeux, en bulbe.

Bulbille, petite bulbe.

Caduc, qui tombe facilement.

Calice, partie la plus extérieure d'une fleur complète,
  ordinairement de couleur verte, tantôt d'une seule
  pièce (gamosépale ou monosépale), tantôt de plusieurs pièces (polysépale).

Calicinal, qui dépend du calice ou qui touche à cet
  organe.

Campanulé, en cloche.

Cannelé, marqué de sillons peu profonds, parallèles,
  et séparés par des angles assez saillants.

Capillaire, fin et délié comme un cheveu.

Capitule, têtes de fleurs, plusieurs fleurs sessiles
  réunies et serrées les unes contre les autres.

Capsule, fruit sec renfermant plusieurs graines et
  s'ouvrant en plusieurs panneaux. Ex. le fruit du
  Tilleul (Tilia).

Carène voyez *papilionacé.*

Carpelle, se dit ordinairement de petits fruits secs
  réunis, le plus souvent, plusieurs ensemble. Ex.
  les fr. des *Renoncules* (Ranunculus).

Caulinaire, inséré sur la tige.

Chaton, assemblage de petites fleurs entremêlées d'écailles, disposées le long d'un axe central. Ex. les fleurs des *Saules* (Salix).

Cilié, garni de cils.

Cime (en), réunion de fleurs pédonculées, à pédoncules une ou plusieurs fois ramifiés et arrivant à diverses hauteurs. Ex. les *Euphorbes*.

Conné, est employé pour les f. opposées et intimement unies par toute l'étendue de leur base, de manière à ne faire qu'un. Ex. les f. des *Cardères* (Dipsacus).

Corolle, portion colorée dans une fleur complète, placée en dedans du calice, elle peut être d'une seule pièce (gamopétale ou monopétale). Ex. les *Liserons* (convolvulus), ou bien composée de plusieurs pièces (polypétale). Ex. les *Renoncules*.

Corymbe (en), réunion de plusieurs fleurs pédonculées arrivant à la même hauteur, mais dont les pédoncules partent de divers points de la tige.

Cotylédon, première feuille de l'embryon.

Couronne, organes appendiculaires disposés en rond sur un organe (corolle ou fruit). Ex. les corolles des *Narcisses*.

Cotylédoné, muni de cotylédons.

Cunéiforme, en forme de coin.

Décurrent, se dit des feuilles dont le limbe se prolonge sur la tige.

Déhiscent, se dit des fruits qui s'ouvrent à la maturité pour laisser échapper les graines.

Diadelphes (étamines), soudées en deux faisceaux.

Dichotome (tige), se ramifiant, plusieurs fois, de deux en deux jusqu'au sommet de la plante.

Dicotylédoné, se dit des plantes à plusieurs cotylédons, ou qui, au moment de la germination, présente deux ou plusieurs feuilles séminales.

Dioïque, se dit des espèces de plantes qui portent sur un pied des fleurs mâles, et sur un autre des fleurs femelles. Ex. les *Saules.*

Distique, se dit des parties disposées en deux séries opposées, le long d'un axe commun, de manière à ce que chaque partie, prise isolément, soit alterne avec sa correspandante du côté opposé. Ex. les épis d'un grand nombre de GRAMINÉES.

Ensiforme (feuille), tranchante des deux côtés opposés.

Eperon, organe en forme de corne plus ou moins allongée.

Eperonné, muni d'un éperon. Ex. la fleur des *Violettes.*

Epillet, petit épi; plusieurs épillets, par leur réunion le long d'un axe commun, forment un épi. Ex. presque tous les épis des GRAMINÉES.

Etendard, voyez *papilionacée.*

Etamine, organe mâle de la fleur situé dans une fleur complète à l'intérieur de la corolle; elle se compose du filet et de l'anthère.

Fasciculé, réuni en faisceau. Ex. les rac. des *Asphodèles.*

Fleur femelle, fleur à pistil sans étamines.

Fleur mâle, fleur à étamines sans pistil.

Filet, partie mince, déliée et allongée de l'étamine qui supporte l'anthère.

Fistuleux, creux intérieurement. Ex. la tige des *Roseaux.*

Fleuron, petite fleur tubuleuse et régulière.

Demi-fleuron, petite fleur terminée en languette. Ex. dans la *Paquerette (Bellis perennis)*, les fleurs du centre sont des *fleurons* et celle de la circonférence des *demi-fleurons.*

Frutescent, presque ligneux.

Gaîne, sorte de fourreau formé par le prolongement de la feuille qui embrasse la tige. Ex. les GRAMINÉES.

Gamopétale (corolle), composée d'une seule pièce.

Gamosépale (calice), composé d'une seule pièce.

Géminé, se dit des organes placés ensemble deux à deux.

Glabre, sans poils.

Glauque, d'une couleur de . vert de mer, comme couvert d'une poussière d'un bleu cendré.

Glomérule, amas de fleurs sessiles et serrées les unes contre les autres.

Glume, enveloppe extérieure florale des GRAMINÉES, organe correspondant à peu près au calice dans la plupart des autres familles de plantes.

Glumelle, seconde enveloppe florale des GRAMINEÉS, organe correspondant à peu près à la corolle dans la plupart des autres familles de plantes.

Gorge, entrée du tube d'une corolle ou d'un calice.

Hampe, pédoncule radical herbacé, dépourvu de feuilles dans toute sa longueur et supportant une ou plusieurs fleurs. Ex. les *Narcisses.*

Hasté, en forme de fer de pique. Ex. les feuilles de *la petite oseille (Rumex acetosella).*

Hermaphrodite, se dit des fleurs qui renferment sous la même enveloppe florale des fleurs mâles et des fleurs femelles, c'est-à-dire des fleurs à étamines et à pistils. Ex. les *Roses.*

Hypocratériforme, en forme de soucoupe à pied. Ex. la fleur des *myosotis.*

Hypogyne (corolle ou étamines), inséré sous l'ovaire.

Imbriqué, se recouvrant mutuellement en partie comme les tuiles d'un toit. Ex. les ognons du *Lis blanc.*

Indéhiscent (fruit), qui ne s'ouvre pas à la maturité pour laisser échapper les graines. Ex. les siliques du *Raifort sauvage (Raphanistrum arvense)*.

Infléchi, fléchi en dedans.

Involucelle, petit involucre. On donne ce nom dans les OMBELLIFÈRES à la collerette de bractées qui se trouvent sous les fleurs à l'extrémité des pédicelles partiels. Ex. les *Buplèvres (Buplevrum)*.

Involucre, réunion des folioles qui se trouvent à la base commune de plusieurs pédoncules de fleurs, comme dans les OMBELLIFÈRES. On donne le même nom à l'ensemble des folioles ou écailles, qui forment ce que les anciens botanistes appelaient *calice commun*, dans la famille des COMPOSÉES.

Labelle, c'est le nom que l'on donne, dans la famille des *Orchidées*, à la division moyenne du périanthe d'ordinaire dirigée en bas et plus ou moins allongée. Ex. tous les *Orchis*.

Labié, à deux lèvres (calice ou corolle).

Lacinié, déchiré irrégulièrement.

Lancéolé, en forme de fer de lance; c'est-à-dire aplati plus ou moins antérieurement et atténué postérieurement.

Libres (étamines), non soudées entre elles, ni avec les organes voisins.

Ligule, membrane mince souvent scarieuse et laciniée, qui, dans les GRAMINÉES, sépare, du côté intérieur, la gaîne du limbe de la feuille.

Limbe, partie plane et mince d'un organe, se dit surtout des feuilles et des pétales.

Linéaire, allongé et à bords à peu près parallèles. Ex. les feuilles de la plupart des GRAMINÉES.

Lobes, divisions plus ou moins profondes des organes et surtout des feuilles et des pétales.

Lobé, qui a des *lobes.*

Loculaire, à loges, ainsi on dira capsule 1-*loculaire,* caps. à une *loge;* 5-*loculaire* à 5 *loges,* etc.

Lyrées (feuilles), à sommet élargi et dont les côtés sont découpés en lobes plus écartés et plus petits vers la base. Ex. la *Benoîte (Geum).*

Monadelphes (étamines), réunies en un seul faisceau.

Monoïque, plante qui porte sur le même pied, mais distinctes, des fleurs mâles et des fleurs femelles. Ex. le *Noyer (Juglans regia).*

Monopétale (corolle), d'une seule pièce.

Monophyle, à une seule feuille.

Monosépale (calice), d'une seule pièce.

Monosperme, à une seule graine.

Mucroné, toute partie d'une plante, dont le sommet est brusquement terminé par une pointe isolée.

Mutique, non terminé par une arête; c'est l'opposé d'*aristé.*

Nu, cette expression désigne toute partie d'une plante dépourvue des appendices qui l'accompagnent ordinairement. Ex. tige nue, c'est-à-dire dépourvue de feuilles.

Ob, cette expression unie à un adjectif désigne la forme indiquée par l'adjectif, mais renversé.
Ex. *Obcordiforme,* en forme de cœur renversé.

Ombelle, mode d'inflorescence dans lequel, les pédoncules partant du même point, les fleurs arrivent toutes à la même hauteur. Ex. la fleur de la *carotte (Daucus).*

Ombellule, ombelle secondaire.

Onglet, partie inférieure des pétales d'une corolle polypétale, surtout lorsque cette partie est étroite et allongée. Ex. les pétales d'un *œillet (Dianthus).*

Operculé, couvert par une pièce particulière qui bouche l'orifice. Ex. un calice operculé, comme dans les *Scutellaria*.

Opposé se dit de deux organes placés de deux côtés opposés, à la même hauteur. Ex. des feuilles opposées.

Ovaire, partie inférieure du pistil, renflée et renfermant les ovules ou graines à l'état rudimentaire.

Paléacé, muni de paillettes.

Panduriforme, en forme de violon, se dit d'un organe assez profondément échancré des deux côtés opposés, vers le milieu. Ex. les feuilles du *Rumex pulcher.*

Panicule, mode d'inflorescence dans laquelle les pédoncules plusieurs fois diversement ramifiés s'élèvent à des hauteurs différentes. Ex. plusieurs *Centaurées.*

Papilionacée (corolle), c'est une corolle polypétale composée comme dans le *pois* par ex. de cinq pétales dont le supérieur se nomme *étendard,* les deux latéraux portent le nom *d'ailes* et les deux inférieurs, d'ordinaire réunis par le bas, sont désignés sous le nom de *Carène.*

Partites se dit des parties profondément divisées. Ainsi feuilles *3-partites,* feuilles profondément séparées en trois parties.

Pédicelle, pédoncule très délié, inséré sur un pédoncule commun. Ex. les pédicelles des épillets, dans les Graminées.

Pedicellé, muni d'un pédicelle.

Pédoncule, queue de la fleur.

Pédonculé, muni d'un pédoncule.

Périanthe, mot qui désigne la corolle et le calice réunis.

Périgone, on désigne par ce mot le calice et la corolle soudés dans toute leur étendue, et ne formant qu'une seule enveloppe florale, que certains botanistes ont désignée sous le nom de calice, et d'autres sous celui de corolle. Ex. les *Tulipes.*

Persistant, se dit d'un organe qui dure plus longtemps qu'il ne semblerait devoir durer. Ex. *feuilles persistantes,* feuilles qui ne tombent pas tous les ans, comme celles des *Pins.*

Pétales, feuilles de la fleur, presque toujours colorées.

Pétiole, queue de la feuille.

Pétiolé, muni d'un pétiole.

Phanérogames, plantes à fleurs munies d'étamines et de pistils.

Pileux, muni de poils.

Pinnatifide, se dit des feuilles profondément découpées, mais dont les découpures n'atteignent pas la nervure du milieu.

Pinnules, sorte de folioles dont les divisions du limbe n'arrivent pas jusqu'au pétiole. Ex. la plupart des Fougères.

Pistil, organe femelle de la fleur, qui en occupe presque toujours le centre, ordinairement composé de trois parties, l'*Ovaire* (voyez ce mot), le *Style* (voyez ce mot, et le *Stigmate* (voyez ce mot).

Plumeux, muni de poils disposés comme les barbes d'une plume. Ex. les aigrettes des *Cirsium.*

Polyadelphes (étamines) réunies en plusieurs faisceaux. Ex. les étamines des Hypéricinées.

Polypétale, à plusieurs pétales.

Polyphylle, à plusieurs feuilles.

Polysperme, à plusieurs graines.

Quadrigone, à quatre côtés distincts.

Quaterné, disposé quatre à quatre. Ex. les feuilles de certaines *Bruyères* entre autres celle de l'*Erica tetralix.*

Rayons, on donne ce nom dans la famille des Composées aux demi-fleurons bien étalés en languette, à la circonférence des Corymbifères. Ex. les rayons de la *paquerette. (Bellis).*

Réceptacle, partie ordinairement renflée et souvent aplatie en dessus, de l'extrémité du pédoncule, sur laquelle sont insérées les fleurs.

Réfléchi, fléchi en dehors. Ex. le calice du *Ranunculus bulbosus.*

Réniforme, en forme de rein ou rognon. Ex. les feuilles du *Ranunculus hedeuraceus.*

Rhomboïdal, en losange.

Ronciné, se dit des feuilles qui, étant oblongues et pinnatifides, ont les lobes aigus et dirigés vers la base. Ex. le *Pissenlit. (Taraxacum officinale).*

Sagitté, en forme de fer de flèche. Ex. les feuilles de la *Sagittaire (Sagittaria).*

Scabre, très-rude.

Scarieux, sec, mince et membraneux.

Sétacé, raide, droit, cylindrique et assez mince.

Sessile, sans pétiole ni pédoncule.

Silicule, sorte de capsule assez courte, eu égard à sa largeur, et, d'ordinaire, séparée en deux par une cloison à laquelle sont attachées les graines. Ex. le fruit de la *bourse à pasteur. (Capsella bursa pastoris).*

Silique, sorte de capsule fort allongée eu égard à sa largeur et d'ordinaire séparée en deux par une cloison à laquelle sont attachées les graines. Ex. le fruit des *Choux. (Brassica).*

Sillonné, marqué de sillons parallèles et profonds. Ex. la tige du *Panais (Pastinaca sativa).*

Simple; ni ramifié, ni divisé.

Spathe; enveloppe foliacée, souvent sèche, toujours membraneuse, qui entoure, avant leur épanouissement, les fleurs d'un grand nombre de plantes monocotylédonées. Ex. l'*Ail (Allium)*.

Stipule, appendice foliacé, assez petit d'ordinaire, et quelquefois très développé à la base du pétiole. Ex. presque toutes les Légumineuses et en particulier le genre *Gesse (Lathyrus)*.

Strié, marqué de raies ou lignes parallèles, souvent un peu enfoncées. Ex. tige striée.

Stygmate, extrémité supérieure du pistil qui, le plus souvent, est lobé et toujours glanduleux.

Style, partie moyenne et souvent filiforme du pistil, qui est inséré sur l'ovaire et supporte le stygmate.

Subulé, en alène, c'est-à-dire en pointe prismatique ou à plusieurs pans.

Sub, ce mot ajouté à un adjectif signifie *à peu près;* ainsi : subovale, à peu près ovale.

Subcrénelé, à doubles crénelures.

Terné, se dit des organes disposés trois à trois sur le même point, ou autour du même point. Ex. les feuilles de la *bruyère ciliée (Erica ciliaris)*.

Tétragone, à quatre côtés.

Tomenteux, garni d'un duvet cotonneux. Ex. *l'épiaire d'Allemagne (Stachys Germanica)*.

Toruleux, renflé de distance en distance. Ex. les siliques de la *Moutarde des champs (Sinapis arvensis)*.

Trigone, à trois côtés.

Triquêtre, à trois côtés et trois angles bien marqués.

Tubercule, excroissances adhérentes le plus souvent aux racines. Ex. les *pommes de terre (Solanum tuberosum)*.

Tubérifère, qui porte des tubercules.

Urcéolé, en forme de godet. Ex. la fleur des *Muscari*.

Unisexuée, se dit d'une fleur qui ne porte que des pistils sans étamine ou des étamines sans pistils, en d'autres termes, d'une plante qui ne porte sur le même pied que : ou bien des fleurs mâles ou bien des fleurs femelles.

Valve, pièce qui dans une capsule se sépare d'une autre pour ouvrir un passage aux graines. 1-*valve* à une seule valve, 3-*valve* à trois valves, etc.

Vasculaires, végétaux, dans la composition desquels il entre des vaisseaux ou tubes plus ou moins allongés et diversement disposés.

Verticillé, placé sur un organe autour d'un point commun, par exemple les feuilles sont verticillées dans le Grateron (*Galium aparine*).

Villeux, à poils peu couchés, un peu mous et nombreux.

TABLE ALPHABÉTIQUE

DES NOMS DE GENRE ET DE FAMILLE

DES PLANTES DÉCRITES DANS LA FLORULE.

OUVRAGES DE L'ABBÉ D. DUPUY.

Mémoires d'un Botaniste accompagnés de la **Florule** des stations des chemins de fer du midi dans le Gers. Avec figures intercalées dans le texte. (Les figures sont tirées des nouveaux éléments de Botanique, par A. Richard et Ch. Martins. Librairie de F. SAVI, 14, rue Hautefeuille, Paris.)...................................... Prix : 3 fr. 50

Histoire naturelle des Mollusques terrestres et d'eau douce qui vivent en France, 6 fascicules in-8º, chacun de 20 feuilles de texte environ et de 5 à 6 planches, 1847-1852. L'ouvrage complet... 60 fr.
Il a été tiré quelques exemplaires de luxe sur grand papier. Prix 15 fr. le fasc. Complet...................................... 90 fr.

Essai sur les Mollusques terrestres et fluviatiles du département du Gers, et leurs coquilles vivantes et fossiles. 1 vol. in-8º avec une pl. lith. 1843.................................... 3 fr.

Florule du département du Gers et des contrées voisines, ou moyen facile d'arriver à la détermination des plantes qui y croissent spontanément, 1 vol. in-32, 1847..................... 2 fr.

Tableau de la conduite et de la taille des Arbres fruitiers. In-plano sur gr. colombier avec 80 fig. lithographiées, 1851.... 1 fr. 50

De la culture du Framboisier dans le sud-ouest de la France. Quelques pages in-8º avec une planche, 2e édition 1863........ 50 c.

Question préliminaire à la Culture des Arbres fruitiers, 16 pages in-8º 1857...................................... 50 c.

Traité de la Greffe des arbres fruitiers et spécialement de la greffe des boutons à fruit. 1 vol. in-12, avec 24 pl. lithographiées, 1859. 2 fr. 50

Compte-rendu de la visite de M. le docteur Guyot dans le Gers, 24 p. in-8º, 1862..................................... 50 c.

L'Abeille Pomologique, 1862-1863, 2 vol. in-8º, accompagnés d'un grand nombre de figures gravées sur bois ou lithographiées.... 20 fr.

Du Ver de la Vigne, 10 p. in-8º avec une pl. lithographiée... 50 c.

Revue Agricole et Horticole du Gers, publiée sous la direction de M. l'abbé D. Dupuy, 15 vol. in-8º; le 16e en cours de publication. Prix de chaque volume.......................... 6 fr.

LIBRAIRIE F. SAVY, 24, RUE HAUTEFEUILLE.

RICHARD (Achille) et **MARTINS** (Charles). **Nouveaux éléments de botanique** contenant l'organographie, l'anatomie et la physiologie végétales, les caractères de toutes les familles naturelles, par Achille RICHARD, 9e édit., augmentée de notes additionnelles par Charles MARTINS, professeur de botanique à la Faculté de médecine de Montpellier, directeur du Jardin des plantes de la même ville, correspondant de l'Institut de France et de l'Académie de médecine de Paris. Paris, 1864. 1 vol. in-18 avec 500 fig. dans le texte..... 6 fr.

Nouveaux éléments d'Histoire naturelle, à l'usage des lycées, des candidats au baccalauréat ès-sciences, par M. E. LAMBERT. 3 vol. in-18, avec 440 gr. dans le texte. .... 7 fr. 50

— **Géologie.** 2e édition. Paris, 1867. 1 v. in-18 de 240 p. avec 142 gr. dans le texte.

—**Botanique.** Paris, 1864. 1 vol. in-18 avec 202 gravures dans le texte.

—**Zoologie.** Paris, 1865. 1 vol. in-8º avec 100 gravures dans le texte. Chaque volume se vend séparément...................... 2 fr. 50

Lightning Source UK Ltd.
Milton Keynes UK
UKHW010309030119
334852UK00008B/490/P